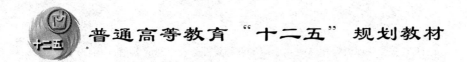

普通高等教育"十二五"规划教材

传感器与检测技术应用

主　编　蔡　丽
副主编　王国荣　雷　娟　左小琼

北　京
冶金工业出版社
2014

内 容 提 要

本书遵循理论够用、突出应用的教学思路，注意理论性和实用性的有机结合，应用实例贯穿于各章节理论中。全书共 10 章，分两大部分，第一部分为第 1~9 章，侧重传感器及检测技术的理论应用，第二部分是传感器的实践指导。第 1、2 章介绍了传感器和检测技术的基本理论和一般特性；第 3~5 章介绍了常用传感器的结构原理及应用，如电阻式、电感式、电容式、磁电式、压电式、光电式、热电式和新型传感器；第 6 章介绍了传感信号的分析与处理；第 7 章介绍了工程中常见的参数检测方法；第 8 章介绍了现代检测技术的应用；第 9 章是传感检测技术的综合应用实例。第二部分即第 10 章主要介绍了典型传感器的实践指导。此外，附录中还编写了一套模拟试题以供读者自测。

本书适合作为电气工程、自动化、机械设计制造、机电一体化、数控技术等专业的教材，也可供相关工程技术人员参考。

图书在版编目（CIP）数据

传感器与检测技术应用/蔡丽主编 . —北京：冶金工业出版社，2013.2（2014.6 重印）

普通高等教育"十二五"规划教材

ISBN 978-7-5024-6008-2

Ⅰ.①传… Ⅱ.①蔡… Ⅲ.①传感器—检测—高等学校—教材 Ⅳ.①TP212

中国版本图书馆 CIP 数据核字（2013）第 014266 号

出 版 人 谭学余
地 址 北京北河沿大街嵩祝院北巷 39 号，邮编 100009
电 话 (010)64027926 电子信箱 yjcbs@ cnmip. com. cn
责任编辑 张 晶 于昕蕾 美术编辑 李 新 版式设计 孙跃红
责任校对 李 娜 责任印制 牛晓波
ISBN 978-7-5024-6008-2
冶金工业出版社出版发行；各地新华书店经销；北京百善印刷厂印刷
2013 年 2 月第 1 版，2014 年 6 月第 2 次印刷
787mm×1092mm 1/16；13.5 印张；321 千字；203 页
28.00 元
冶金工业出版社投稿电话：(010)64027932 投稿信箱:tougao@cnmip. com. cn
冶金工业出版社发行部 电话：(010)64044283 传真：(010)64027893
冶金书店 地址:北京东四西大街 46 号(100010) 电话:(010)65289081(兼传真)
（本书如有印装质量问题，本社发行部负责退换）

前　言

随着科技的不断发展，人类已经进入信息时代。传感器技术与通信技术、计算机技术构成信息科学技术的三大支柱。传感器作为信息采集的第一个环节，是获得信息的主要途径，特别是自动检测、自动控制系统中的重要工具。因此，掌握传感器及检测技术应用知识在当今的信息时代显得尤为重要。

本书根据教育部推进的应用型人才培养目标，本着理论够用、突出应用性的编写原则，注重传感器与检测技术知识的系统性和实用性，将应用实例贯穿于各章节。本书选材深浅兼顾，以适应不同对象、层次使用，可作为电气工程、自动化、机械设计制造、机电一体化、数控技术等专业的"传感器与检测技术"课程教材，也可供相关工程技术人员参考。

本书在内容编排上首先介绍传感器与检测技术的理论基础，然后将传感器大致分成两类，在每一类中再细分类别介绍常用传感器的结构、原理及应用实例，这样有助于理解常用传感器之间的共性与区别，此外还介绍了新型传感器，以供读者了解传感器发展的新趋势。再者，本书将传感器与检测技术结合起来，集中列举了基本参量检测法及传感检测技术在工程中的应用实例，使教材更具广泛性。为了增强实践性，最后章节单独进行了典型传感器应用的实践指导。

本书由蔡丽主编，王国荣、雷娟、左小琼担任副主编。全书共10章，蔡丽编写了第1、2、3、6、9章，王国荣编写了第4、7、8章，雷娟编写了第5章，左小琼编写了第10章，全书由蔡丽统稿。

本书在编写过程中得到了武汉大学潘笑教授的指点，在此表示衷心的感谢。另外，在编写过程中，重点参考了杭州英联科技有限公司的传感器实验台资料，在此特别感谢杭州英联科技有限公司。此外还参考了其他教材资料，并参考了多个网站信息，在此一并表示感谢。

鉴于课程涉及的知识面广，而编著者能力水平有限，书中难免有不妥之处，恳请各位读者批评指正。

编　者

2012 年 10 月

目　　录

1 绪 论

本章要点

- 传感器与检测技术的作用;
- 传感器与检测技术的现状及发展;
- 课程内容及结构体系;
- 课程任务及学习目的。

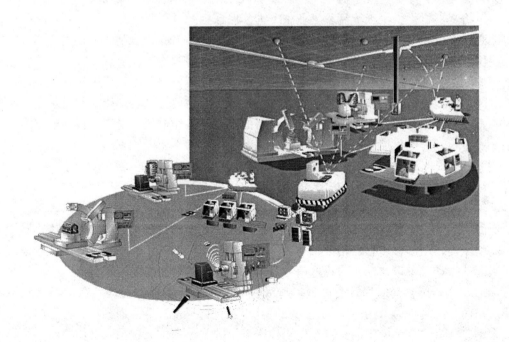

随着科技的不断发展，人类已经进入信息时代。传感器技术与通信技术、计算机技术构成信息科学技术的三大支柱，是当代科学技术发展的重要标志。信息技术对科学发展起到决定性作用，包括信息采集、信息传输与信息处理三部分。传感器技术是信息采集（即检测环节）的第一个环节，是人们获得信息的主要手段和途径。

传感器获取信息准确与否，直接关系到整个检测系统的精度。古语道："工欲善其事，必先利其器"，这里传感器就是"器"，检测系统就是"事"，只有传感器技术达到一定水平才能促进检测技术的发展。通俗一点理解，传感器就好比人的眼睛、鼻子、嘴巴、耳朵和手，是用来感知外界信息的，而"检测技术"好比人的大脑，是用来分析处理信号的。可见，传感器技术在检测技术中占有很重要的地位。

1.1　传感器与检测技术的应用

传感器与检测技术的应用非常广泛，不仅应用于家电产品、工农业生产、医学领域，而且应用于航空航天、军工产品、建筑、交通、灾害预测预防等领域。

（1）家用电器中的应用。在日常生活中，人们随处可见传感器的例子。例如大家熟悉的洗衣机一般有多种传感器，不同的传感器能实现不一样的实时检测，传感器的应用使得洗衣机的智能化程度升高。比如压力传感器相当于我们的触觉，可以检测衣物的重量；光敏传感器相当于我们的眼睛，可以检测洗涤液的清浊程度；湿度传感器可以检测衣服的干湿程度；而热敏传感器则可以感知滚筒内的温度，以免高温灼伤。

（2）工业生产中的应用。在工业生产中，几乎所有的参数获取都依靠传感器来检测。在电力、冶金、石化、化工等流程工业中，为了保证生产过程正常运行，保证产品质量合格等，必须对生产过程的某些重要工艺参数进行实时检测与优化控制。一条生产流水线通常要使用温度、压力、流量、物位、重量、成分等传感器和检测仪表。

例如污水处理厂，通常需要检测液位、流量、浊度等，然后由计算机对这些参量进行分析判断，再进一步进行流量控制、排泥控制和加药剂处理等。生产线上的设备运行状态关系到整个生产流程，因此还需要对电气设备的温度、工作电压、电流进行安全监测。通过引入实时检测与优化控制，其运行费用大为减少。

（3）科学研究中的应用。在科学研究中，一般可用各种传感器拾取信号，然后从检测到的混杂信号中提取需要的成分，进而对提取成分进行特征分析。比如机械故障诊断中的滚动轴承失效检测。滚动轴承失效会产生各种特征的振动或发射声，若能发现与失效形式对应的振动或发射声的特征，就可以判断运行轴承的状态。一般可用加速度传感器拾取轴承座的振动，用位移传感器拾取轴承套圈的表面振动，然后从检测到的混杂信号中提取轴承引起的振动或噪声，进而对提取信号进行特征分析。

（4）汽车传感器的应用。衡量现代高级轿车控制系统水平的关键就在于其传感器的水平。当前，一辆普通家用轿车上大约安装几十到近百只传感器，而豪华轿车上的传感器数量多达 200 只。汽车传感器是汽车电子控制系统的关键部件，包括温度传感器、压力传感器、位置和转速传感器、流量传感器、气体浓度传感器等。这些传感器将发动机吸入空气量、冷却水温度、发动机转速与加减速等状况转换成电信号送入控制器，控制器将这些信息与储存信息比较，可精确控制燃油供给量、点火提前角等，通过喷油和点火的精确控制，可以降低污染物排放。

（5）医疗领域中的应用。在医疗领域中，用各种医疗检测仪器可提高诊断速度、检查的准确性，有利于对症治疗。比如大家体检中接触到的心电图检查、B超检查、CT检查、抽血化验检查等，这些都是通过检测仪器来实现的，这些检测仪器能及时准确地反映身体指标以便及时发现病情。

（6）军工产品中的应用。在军工产品研制过程中也离不开检测技术。研制任何一种新武器，从零部件装配到样机试验，都要经过反复多次的严格试验，每次试验需要同时检测多个物理参量。比如飞机在正常使用时都装备了由成百上千个传感器组成的几十种检测仪表的实时监测系统。再比如在卫星的研制过程中，需要更多的动态参量检测，如果检测失误，卫星是不可能准确进入轨道的。

可见，无论是科学研究、工农业生产，还是日常生活都离不开传感器，传感器与检测技术在现代社会中发挥着重要的作用。

1.2　传感器与检测技术的现状及发展

1.2.1　传感器与检测技术的现状

传感器是检测技术和自动化技术的基础，因此世界各国都将传感器技术作为发展的一个重要领域。传感器技术是现代科技的前沿技术，具有巨大的应用潜力。

传感器技术主要是在各国工业不断发展的浪潮下诞生的，在早期多用于国家级项目的科研研发以及军事技术、航空航天领域的试验研究。随着工业自动化水平的提高，传感器的需求持续增长，应用越来越广泛。当前，世界上已有40多个国家研制生产传感器，产品多达20000多种。

1.2.1.1　国外传感器技术现状

随着各国机械工业、电子、计算机、自动化等相关信息化产业的迅猛发展，以日本和欧美等西方国家为代表的传感器研发及其相关技术产业的发展已在国际市场中逐步占有了重要的份额。

西方国家非常重视对传感器技术的开发，21世纪初，美国空军列出的提高空军能力的15项关键技术中，传感器技术排在第2位。美国国家安全的22项重要技术中有6项与传感器技术直接相关。日本把传感器技术与计算机、通信、激光、半导体、超导并列为6大核心技术，在20世纪90年代的70个重点科研项目中，有18项是与传感器技术密切相关的。德国和俄罗斯将军用传感器作为优先发展技术，英国和法国对传感器的开发投资也逐步增加。

国外传感器公司也十分重视传感器技术的更新，例如美国霍尼威尔公司的固态传感器发展中心，每年用于研究设备的投资达5000万美元，而且大约每三年更新其中的大部分设备。此外，国外公司还非常重视对传感器制作工艺的研究，一般来说，传感器原理不保密，保密的是生产工艺，国外传感器公司不惜重金加强工艺研究，通过工艺来突破。

1.2.1.2　我国传感器技术现状

我国从20世纪60年代开始传感器技术的研究，经过从"六五"到"九五"的国家攻关，已形成了一定规模的产业格局。目前，我国有 2000 多家传感器公司，研究领域由过去的少数品种扩展到 6000 多种，现有气敏、力敏、电压敏三个产业基地，并在国内近百所科研院所内成立了传感器国家工程研究中心和敏感技术国家重点实验室，并在数控机床攻关中取得了一批发明专利与工况监控系统的成果。

虽然我国传感器技术比过去有了很大提高，但从总体上讲，与国外发达国家相比还有较大差距。我国传感技术产品的市场竞争力优势尚未形成，国产传感器还远不能满足国内需求，存在的主要问题有：

（1）品种不全，生产工艺和装备落后。

（2）拥有自主知识产权的成果少，专业技术人才缺乏，产业发展后劲不足。国内大多数企业生产技术含量低，有的直接代理国外产品，多数研究院所的成果以研究型为主。

（3）产业的统筹规划不足，投资力度不够，使传感器技术的发展缓慢。虽然在"十五"、"十一五"等科技攻关中均有立项，但有很大局限性。

1.2.2　传感器与检测技术的发展方向

根据当前我国传感器的发展现状，今后传感器与检测技术的发展总体可着眼于传感器技术和检测技术两方面来进行。

1.2.2.1　传感器技术

传感器技术的发展方向如下：

（1）新型传感器的开发。利用各种物理、化学效应和定律制作新型产品，这是发展高性能、低成本和小型化传感器的重要途径。比如利用光子滞后效应制作的红外传感器，利用量子力学效应研制的高灵敏度阀传感器等。

传感器材料是传感器技术升级的重要基础。半导体材料、陶瓷材料、光导纤维以及超导材料的开发，为传感器的发展提供了物质基础。例如根据半导体材料易于微型化、集成化的特点，发展了红外传感器、光纤传感器等；在敏感材料中，陶瓷材料、有机材料可采用不同的配方混合原料，经过成型烧结，可用于制作新型气体传感器。

（2）传感器的集成化。传感器的集成化是利用集成电路制作技术和机械加工技术将多个传感器集成为一维线型传感器或二维面型传感器，具体有 3 种类型：

1）将多个功能相同的敏感元件集成在一起，检测被测量的分部信息；

2）将多个功能相近的敏感元件集成在一起，扩大传感器的测量范围；

3）将多个功能不同的敏感元件集成在一起，测量不同参数，实现综合测量，如压力、静压、温度三变量传感器，气压、风力、温度、湿度四变量传感器。

（3）传感器的智能化、网络化。智能传感系统采用微机械加工技术和大规模集成电路技术，将敏感元件、处理电路、微处理器单元集成在一块芯片上，也称集成智能传感器。智能传感器具有自检测、自补偿、自诊断、存储和记忆功能。如电子血压计，智能水、电、煤气、热量表，由传感器与微型计算机有机结合，构成智能传感器，用软件来实现系统功能。

1.2.2.2　检测技术

现代检测技术发展的总趋势大体有以下几个方面：

（1）完善成型工艺，不断拓展测量范围，努力提高检测精度和可靠性；

（2）开发适合智能化传感器的专用电路，提高专用电路集成度；

（3）结合多传感器融合技术，应用虚拟仪器技术，实行组合式检测技术；

（4）重视非接触式检测、在线检测技术研究，实现检测方式多样化。

1.3 课程内容和任务

伴随改革步伐我国高校自 20 世纪 80 年代陆续将传感器、检测技术课程安排在工科专业的教学计划中。随着传感器在工程检测应用中的逐步深入，又将传感器与检测技术重新组合，逐步成为工科专业的主干课程。

根据课程特点，本课程内容可分为传感器部分和检测技术部分两大块：传感器部分主要包括传感器的基本特性、各类常用传感器及新型传感器的工作原理及应用；检测技术部分主要包括检测技术的基本概念、常见的参数检测、检测信号分析与处理、虚拟仪器等，图 1-1 为传感器与检测技术课程的结构体系。

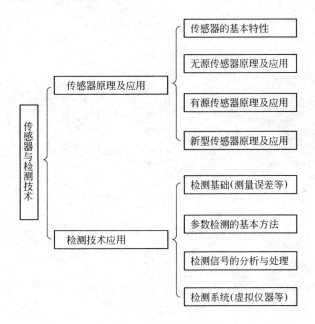

图 1-1 传感器与检测技术课程的结构体系

本书共分为两大部分：第一部分是传感器与检测技术的理论部分，第二部分是传感器实验指导部分。第一部分首先介绍传感器与检测技术的基本概念，然后侧重介绍常用传感器（包括电阻式、电容式、电感式、压电式、磁电式、光电式、热电式传感器等）的结构原理及应用，接着介绍了检测系统中的信号分析与处理方法，最后介绍了基本参量的检测方法、现代检测系统及行业应用实例；第二部分介绍了位移测量、转速测量和温度测量等基本实验内容，将典型实验项目与前文理论部分结合，使读者更好地理解传感器原理及检测技术的应用。

通过本课程的学习要求达到以下目的：

（1）掌握传感器与检测技术的基本概念，理解传感器的性能指标意义；

（2）掌握无源、有源传感器的结构原理，熟悉其应用领域；

（3）了解新型传感器的结构特点及应用；

（4）掌握传感信号的信号分析与处理方法；

（5）熟悉常用的非电量检测方法；

（6）掌握测量误差的概念，了解现代检测技术的应用；

（7）具备一定的工程实践基础，能设计相应的传感检测系统。

2 传感器与检测技术的基本理论

本 章 要 点

- 传感器的组成与分类;
- 传感器的静态特性及指标;
- 传感器的动态特性及描述方法;
- 系统不失真的状态判断;
- 检测技术的基本概念;
- 测量误差的分析。

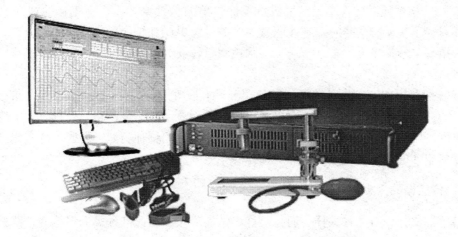

在检测控制系统和科学研究实验中，往往需要对各种参数进行检测，以实现良好的性能控制，因此要求传感器能够将被测量的变化不失真地转换为相应的可拾取信号。由于构成传感检测系统的物理装置不同，即使能实现同样功能，其使用也可能不同，因此这种不失真的转换很大程度上取决于传感器的基本特性和检测方法的选取。

本章主要介绍传感器与检测技术的理论基础，前两节介绍了传感器的组成与分类，传感器的特性以及系统不失真的条件，后两节介绍了检测技术的基本概念，包括测量的组成、测量方法以及测量误差的分析等。

2.1 传感器的组成及分类

传感器的种类繁多，其工作原理各不相同，因而各种传感器的结构组成也存在很大差异。这里主要介绍传感器的一般组成以及常规的分类方式。

2.1.1 传感器的组成

传感器一般由图 2 - 1 所示的 3 部分组成：敏感单元、转换单元和测量电路。

图 2 - 1 传感器的组成

（1）敏感单元。敏感单元能直接感受被测量的变化，并输出与被测量成确定关系的某一物理量。作为传感器的核心，敏感单元也是研究和设计传感器的关键部件。

（2）转换单元。转换单元能将敏感元件输出的物理量转换成适于传输或测量的电信号。注意，不是所有的传感器都能明显地区分敏感单元和转换单元两部分的，有些传感器的敏感单元与转换单元二合一，能直接将被测量转换为电量输出，如压电传感器、热敏电阻等。

（3）测量电路。测量电路能将转换单元输出的电信号进行进一步的转换和处理，如放大、滤波等，以获得更好的特性以便于后续控制显示。测量电路一般有电桥电路、信号放大电路、阻抗变换电路、振荡电路等形式，究竟选用哪种类型，需要综合考虑到敏感单元和转换单元的类型，以达到较好的整体转化效果。

2.1.2 传感器的分类

传感器的原理有多种多样，而且与许多学科交叉，因此其种类繁多。通常我们只从某个角度突出某一侧面特点而进行分类，如表 2 - 1 所示。

（1）按基本效应分类——物理型、化学型、生物型。

物理型传感器是基于物理效应，如光、电、声、磁、热等效应进行工作的，利用被测量物质的某些物理性质（如电阻、电压、电容、电场、磁场等）发生明显变化的特性制成的，如光电传感器、力学传感器等。

表 2-1 传感器的分类

分类方法	传感器的类型
按基本效应分类	物理型、化学型、生物型
按能量关系分类	能量转换型（有源型）、能量控制型（无源型）
按构成原理分类	结构型、物性型
按作用原理分类	应变式、电容式、压电式、热电式等
按敏感材料分类	半导体、光纤、陶瓷、高分子材料、复合材料传感器等
按输入量分类	位移、压力、温度、流量、气体、振动、温度、湿度等
按输出信号分类	模拟式、数字式
按与某高新技术结合分类	集成传感器、智能传感器、机器人传感器、仿生传感器等

化学型传感器是基于化学效应，如化学吸附、离子化学效应等进行工作的，利用能把化学物质的成分、浓度等化学量转换为电学量的敏感元件制成。

生物型传感器是基于酶、抗体、微生物等分子识别功能，利用各种生物或生物物质的特性做成的，用以检测与识别生物体内化学成分的传感器，如酶传感器、免疫传感器、微生物传感器等。生物传感器最典型的应用是在医疗卫生行业，医院中各种进行生化分析检验的仪器大多要用到生物传感器。

（2）按能量关系分类——能量控制型、能量转换型。

能量控制型传感器又称为无源传感器，它本身不是一个换能装置，被测非电量仅对传感器中的能量起控制或调节作用，所以它必须具有辅助能源，这类传感器有电阻式、电容式和电感式等。无源传感器常与电桥、谐振电路等配套使用。

能量转换型传感器又称有源传感器，它一般是将非电能量转换成电能量。通常它们配有电压测量和放大电路，如压电式、热电式传感器等。

这种分类方法的优点是对于传感器的能量转换形式分析得比较清楚，有利于从原理上进行归纳性的分析和研究，详见表 2-2。

表 2-2 传感器按能量转换形式的分类

传感器分类 转换形式	中间参量	转换原理	传感器名称	典型应用
能量控制型	电阻	移动电位器角点改变电阻	电位器传感器	位移
		改变电阻的尺寸	电阻应变传感器	微应变、力、负荷
		利用电阻的温度效应	热敏电阻传感器	温度
		利用电阻的光敏效应	光敏电阻传感器	光强
		利用电阻的湿度效应	湿敏电阻传感器	湿度
	电容	改变电容的几何尺寸	电容传感器	力、负荷、位移
		改变电容的介电常数		液位、厚度、含水量
	电感	改变磁路中导磁体位置	电感传感器	位移
		涡流效应	涡流传感器	位移、厚度、含水量
		改变互感	差动变压器传感器	位移

传感器分类		转换原理	传感器名称	典型应用
转换形式	中间参量			
能量 转换型	电动势	温差电动势	热电偶传感器	温度热流
		霍尔效应	霍尔传感器	磁通、电流
		电磁感应	磁电传感器	速度、加速度
		光电效应	光电池传感器	光强
	电荷	压电效应	压电传感器	动态力、加速度

（3）按构成原理分类——结构型、物性型。

结构型传感器是利用物理学中场的定律构成的，如电磁场的电磁定律等，在工作时传感器的数学模型可看作是这些定律对应的方程式。这类传感器的特点是以传感器中元件相对位置变化引起场的变化为基础，而不是以材料特性变化为基础。

物性型传感器是利用物质定律构成的，如胡克定律、欧姆定律等。物质定律是表示物质某种客观性质的法则。这种法则，大多数以物质本身的常数形式给出，这些常数的大小决定了传感器的主要性能。因此，物性型传感器的性能随材料的不同而异。例如，光电管就是物性型传感器，它利用了物质法则中的外光电效应。

实际上，在大量被测量中，只有少数非电量可直接利用某些敏感材料的特性转换成电信号，不能直接转换成电信号的非电量需要采用中间环节，然后再利用相应的物性型敏感元件将其转换成电信号。

2.2　传感器的特性

在工程检测中，需要传感器来感受被测非电量的变化并将其不失真地变换成相应的电量。为了更好地掌握和使用传感器，必须充分地了解传感器的基本特性。传感器的基本特性主要是指系统的输入、输出之间的关系。

根据传感器输入信号是否随时间变化而变化，其基本特性分为静态特性和动态特性两类，它们是系统对外呈现的外部特性，但与其内部参数密切相关。不同的传感器，由于其内部参数不同，会表现出不同的特性。一个精度高的传感器，应该具有良好的静态特性和动态特性，才能保证信号无失真地按规律转换，因此有必要了解传感器的静态特性和动态特性。

2.2.1　传感器的静态特性

传感器的静态特性是指当被测量的值处于稳定状态时的输入、输出关系。只考虑传感器的静态特性时，输入量与输出量之间的关系式中不含有时间变量。衡量静态特性的主要指标有线性度、灵敏度、迟滞和漂移等。

2.2.1.1　线性度

一般我们希望传感器的输入、输出具备线性关系，但实际的传感器大多为非线性，所以需要引入各种非线性补偿环节，使传感器的输出与输入关系接近线性。这里我们引入线性度的概念，可反映传感器的输出与输入之间数量关系的线性程度。

如果输入量变化范围较小时，可用一条拟合直线近似地代表实际曲线的一段，使传感器输入、输出特性线性化，如图2-2所示。

传感器的线性度可用非线性误差 r_L 表示，是指在全量程范围内实际特性曲线与拟合直线之间的最大偏差值 B 与满量程输出值 A 之比，即：

$$r_L = \frac{B}{A} \times 100\% \tag{2-1}$$

式中　B——最大偏差值；

　　　A——满量程输出。

2.2.1.2　灵敏度

灵敏度 S 指传感器的输出量增量 Δy 与引起输出量增量的输入量增量 Δx 的比值，如图2-3所示。灵敏度可由式（2-2）计算：

$$S = \frac{\Delta y}{\Delta x} \tag{2-2}$$

可见，对于线性传感器，其灵敏度为常数，而非线性传感器的灵敏度为变量。

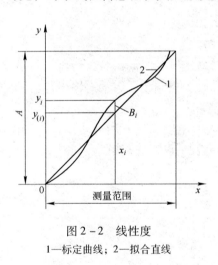

图2-2　线性度
1—标定曲线；2—拟合直线

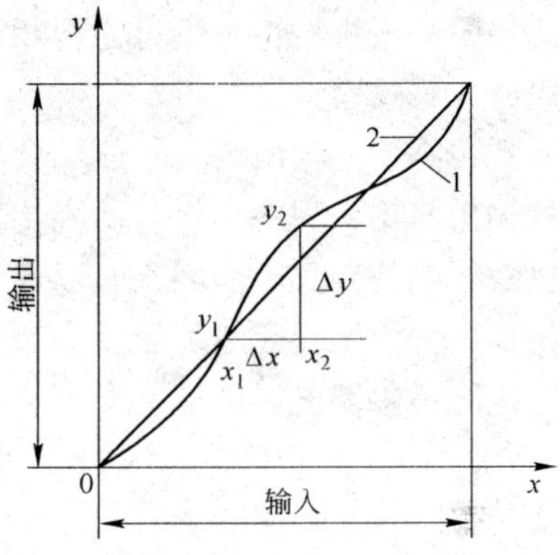

图2-3　传感器的灵敏度
1—标定曲线；2—拟合直线

【例2-1】　有一个位移传感器，当位移变化为0.5mm时，输出电压变化为150mV，则灵敏度是多少？

解：灵敏度　　　　　　$$S = \frac{\Delta y}{\Delta x} = \frac{150\text{mV}}{0.5\text{mm}} = 300\text{mV/mm}$$

2.2.1.3　迟滞

迟滞指传感器在正反行程期间特性曲线不重合的现象，如图2-4所示。这种现象主要是由于敏感元件的物理性质和机械零部件的缺陷所造成的，例如弹性滞后、运动摩擦、紧固件松动等。

迟滞大小通常由实验确定，迟滞误差 r_H 可由式（2-3）计算：

$$r_H = \frac{1}{2} \cdot \frac{h_{max}}{A} \times 100\% \tag{2-3}$$

式中　h_{max}——正反行程输出值间的最大差值。

2.2.1.4 漂移

传感器的漂移是指在输入量不变的情况下，传感器输出量随着时间变化，此现象称为漂移。产生漂移的原因有两个方面：一是传感器自身结构参数；二是周围环境，如周围环境的温度、湿度等参数变化。

最常见的漂移是温度漂移，即周围环境温度变化而引起输出量的变化。一般抑制零点漂移可通过引入直流负反馈或者采用温度补偿的方法来实现。

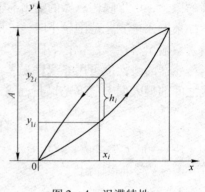

图 2-4　迟滞特性

2.2.2　传感器的动态特性

传感器的动态特性是指输入量随时间作快速变化时，系统的输出随输入而变化的关系。对于一般的传感检测任务来说，常常希望输入与输出之间是一一对应的确定关系。而传感器的输入量和输出量都随时间的变化而变化时，动态检测是以输出信号去估计输入信号，动态检测系统特性，不可能再用简单的代数方程式表达，需要用输入、输出信号对时间的微分方程式表达。

实际传感器的输出信号一般不会与输入信号具有相同的时间函数，可用动态误差来衡量这种输出与输入间的差异。研究传感器的动态特性，有利于了解动态输出与输入之间的差异以及影响差异大小的因素，以便于减少动态误差。

例如，把传感器突然从温度为 t_1℃ 环境中放入一温度为 t_0℃ 的冷水槽中，如图 2-5 所示。这时传感器的温度从 t_1℃ 下降到 t_0℃ 需要一段时间，其过渡过程如图 2-6 所示。

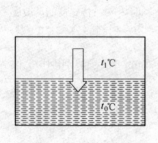

图 2-5　动态测温

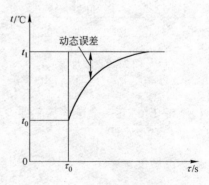

图 2-6　温度变化的过渡过程

传感器反映出来的温度与介质温度的差值就是动态误差。产生动态误差的原因是温度传感器有热惯性和传热热阻，使得在动态测温时传感器输出总是滞后于被测介质的温度变化。

2.2.2.1 系统的数学模型

为了分析传感器的动态特性，必须建立动态数学模型，如微分方程、传递函数、频率响应函数、脉冲响应函数等。建立微分方程是对传感器动态特性进行数学描述的基本方法，在忽略了一些影响不大的非线性误差和随机因素后，可将传感器作为线性定常系统来考虑，因而其动态数学模型可用线性常系数微分方程来表示传感器系统与输入、输出的关系。

$$a_n \frac{\mathrm{d}^n y}{\mathrm{d}t^n} + a_{n-1} \frac{\mathrm{d}^{n-1} y}{\mathrm{d}t^{n-1}} + \cdots + a_1 \frac{\mathrm{d}y}{\mathrm{d}t} + a_0 y = b_m \frac{\mathrm{d}^m x}{\mathrm{d}t^m} + b_{m-1} \frac{\mathrm{d}^{m-1} x}{\mathrm{d}t^{m-1}} + \cdots + b_1 \frac{\mathrm{d}x}{\mathrm{d}t} + b_0 x$$

$$(2-4)$$

式中，a_0、a_1、$\cdots$、a_n，b_0、b_1、$\cdots$、b_m 是与传感器的结构特性有关的常系数。

能用一、二阶线性微分方程来描述的传感器分别称为一、二阶传感器，虽然传感器的种类和形式很多，但它们一般可以简化为一阶或二阶环节的传感器。

为了研究和运算的方便，常通过拉普拉斯变换在复数域中建立其相应的"传递函数"，在频域中应用传递函数的特殊形式——频率响应函数，在时域中用传递函数的拉普拉斯逆变换——权函数，以利于更简明地描述传感器的动态特性。

2.2.2.2　系统的动态特性描述

传感器的动态特性与其输入信号的变化形式密切相关，在研究传感器动态特性时，通常是根据不同输入信号的变化规律来考察传感器响应的。实际传感器输入信号随时间变化的形式可能是多种多样的，最常用的标准输入信号有阶跃信号和正弦信号两种。传感器对标准输入的信号容易用实验方法求得，并且它对标准输入信号的响应与它对任意输入信号的响应之间存在一定的关系，往往知道了前者就能推定后者。

对于阶跃输入信号，传感器的响应称为阶跃响应或瞬态响应，它是指传感器在瞬变的非周期信号作用下的响应特性。如传感器能复现这种信号，那么就能很容易地复现其他种类的输入信号，其动态性能指标也必定符合要求。

而对于正弦输入信号，传感器的响应则称为频率响应或稳态响应。它是指传感器在振幅稳定不变的正弦信号作用下的响应特性。稳态响应的重要性，在于工程上所遇到的各种非电信号的变化曲线都可以展开成傅里叶级数或进行傅里叶变换，即可用一系列正弦曲线的叠加来表示原曲线。若知道传感器对正弦信号的响应特性后，也就可判断它对各种复杂变化信号的响应了。

A　阶跃响应法

下面对传感器输入阶跃信号，用阶跃响应法来描述传感器的动态特性。

a　一阶传感器的单位阶跃响应

一阶传感器动态特性指标有：静态灵敏度 k 和时间常数 τ。时间常数 τ 越小，系统的频率特性就越好。在工程上，一阶传感器单位阶跃响应的通式可表示为：

$$\tau \frac{\mathrm{d}y(t)}{\mathrm{d}t} + y(t) = kx(t) \qquad (2-5)$$

式中，$x(t)$、$y(t)$ 分别为传感器的输入量和输出量，均是时间的函数，表征传感器的时间常数，具有时间"秒（s）"的量纲。

设传感器的静态灵敏度 $k=1$，写出它的传递函数为：

$$H(s) = \frac{Y(s)}{X(s)} = \frac{1}{\tau s + 1} \qquad (2-6)$$

对初始状态为零的传感器，当输入一个单位阶跃信号：

$$x(t) = \begin{cases} 0, t \leq 0 \\ 1, t > 0 \end{cases}$$

由于输入信号 $x(t)$ 的拉氏变换为：

$$X(s) = \frac{1}{s} \qquad\qquad (2-7)$$

传感器输出的拉氏变换为：

$$Y(s) = H(s)X(s) = \frac{1}{\tau s + 1} \cdot \frac{1}{s} \qquad\qquad (2-8)$$

对式（2-8）进行拉氏反变换，可得一阶传感器的单位阶跃响应信号为：

$$y(t) = 1 - e^{-\frac{t}{\tau}} \qquad\qquad (2-9)$$

相应的响应曲线如图 2-7 所示。由图可见，传感器存在惯性，其输出不能立即复现输入信号，而是按指数规律上升，最终达到稳态值。理论上传感器的响应只在 t 趋于无穷大时才达到稳态值，但实际上，当 $t = 4\tau$ 时其输出达到稳态值的 98.2%，可以认为已达到稳态。τ 越小，响应曲线越接近于输入阶跃曲线，因此，τ 值是一阶传感器重要的性能参数。

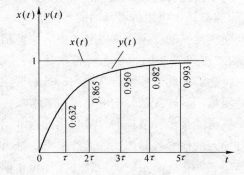

图 2-7 一阶传感器单位阶跃响应曲线

b 二阶传感器的单位阶跃响应

二阶传感器的单位阶跃响应的通式为：

$$\frac{d^2 y(t)}{dt^2} + 2\zeta\omega_n \frac{dy(t)}{dt} + \omega_n^2 y(t) = \omega_n^2 k x(t) \qquad\qquad (2-10)$$

式中 ω_n —— 传感器的固有频率；

       ζ —— 传感器的阻尼比。

设传感器的静态灵敏度 $k = 1$，二阶传感器的传递函数为：

$$H(s) = \frac{\omega_n^2}{s^2 + 2\zeta\omega_n s + \omega_n^2} \qquad\qquad (2-11)$$

传感器输出的拉氏变换为：

$$Y(s) = H(s)X(s) = \frac{\omega_n^2}{s(s^2 + 2\zeta\omega_n s + \omega_n^2)} \qquad\qquad (2-12)$$

二阶传感器对阶跃信号的响应在很大程度上取决于阻尼比 ζ 和固有频率 ω_n。图 2-8 为二阶传感器的单位阶跃响应曲线。

固有频率 ω_n 由传感器主要结构参数所决定，ω_n 越高，传感器的响应越快。当 ω_n 为常数时，传感器的响应取决于阻尼比 ζ。阻尼比 ζ 直接影响超调量和振荡次数。

$\zeta = 0$，为临界阻尼，超调量为 100%，产生等幅振荡，达不到稳态。

$\zeta > 1$，为过阻尼，无超调也无振荡，但达到稳态所需时间较长。

$\zeta < 1$，为欠阻尼，衰减振荡，达到稳态值所需时间随 ζ 的减小而加长。

$\zeta = 1$ 时响应时间最短。

可见，欠阻尼系统比临界阻尼系统更快地达到稳态值；过阻尼系统反应迟钝，动作缓慢，所以一般传感器都设计成欠阻尼的，一般 ζ 取 0.7~0.8 为最好。

B 频率响应法

下面对传感器输入正弦信号，用频率响应法来描述传感器的动态特性。

a 一阶传感器的频率响应

一阶传感器的频率响应特性曲线如图 2-9 所示，将一阶传感器的传递函数中的 s 用 $j\omega$ 代替后，即可得频率特性表达式，即：

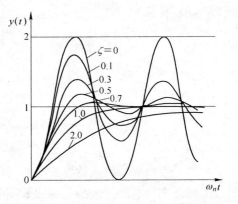

图 2-8 二阶传感器单位阶跃响应曲线

$$H(j\omega) = \frac{1}{j\omega\tau + 1} = \frac{1}{1 + (\omega\tau)^2} - j\frac{\omega\tau}{1 + (\omega\tau)^2} \qquad (2-13)$$

幅频特性：

$$A(\omega) = \frac{1}{\sqrt{1 + (\omega\tau)^2}} \qquad (2-14)$$

相频特性：

$$\varphi(\omega) = -\arctan(\omega t) \qquad (2-15)$$

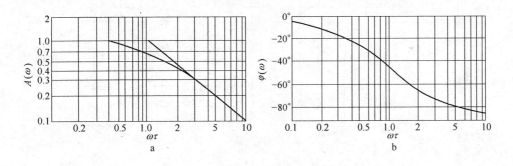

图 2-9 一阶传感器频率响应特性曲线
a—幅频特性；b—相频特性

从图 2-9 看出，当 $\omega\tau \ll 1$ 时，$A(\omega) \approx 1$，$\varphi(\omega) \approx 0$，表明传感器输出与输入可近似为线性关系，输出 $y(t)$ 比较真实地反映输入 $x(t)$ 的变化规律。可见，时间常数 τ 越小，频率响应特性越好，减小 τ 可改善传感器的频率特性。

b 二阶传感器的频率响应

由二阶传感器的传递函数式，可写出它的频率特性表达式，即：

$$H(j\omega) = \frac{\omega_n^2}{(j\omega)^2 + 2\zeta\omega_n(j\omega) + \omega_n^2} = \frac{1}{1 - \left(\frac{\omega}{\omega_n}\right)^2 + j2\zeta\frac{\omega}{\omega_n}} \qquad (2-16)$$

其幅频特性和相频特性分别为：

$$A(\omega) = |H(j\omega)| = \frac{1}{\sqrt{\left[1 - \left(\frac{\omega}{\omega_n}\right)^2\right]^2 + \left(2\zeta\frac{\omega}{\omega_n}\right)^2}} \tag{2-17}$$

$$\varphi(\omega) = \angle H(j\omega) = -\arctan\frac{2\zeta\frac{\omega}{\omega_n}}{1 - \left(\frac{\omega}{\omega_n}\right)^2} \tag{2-18}$$

二阶传感器的频率响应特性曲线如图 2-10 所示，从图 2-10 可见，传感器的频率响应特性的好坏主要取决于传感器的固有频率 ω_n 和阻尼比 ζ。当 $\zeta<1$，$\omega_n \ll \omega$ 时，$A(\omega) \approx 1$，$\varphi(\omega)$ 很小，此时，传感器的输出 $y(t)$ 再现了输入 $x(t)$ 的波形。通常固有频率 ω_n 至少应大于被测信号频率 ω 的 3~5 倍。一般欠阻尼系统比临界阻尼系统更快地达到稳态值，而过阻尼系统反应迟缓，所以一般传感器都设计成欠阻尼的。

为了减小动态误差和扩大频率响应范围，一般是提高传感器固有频率 ω_n。而固有频率 ω_n 与传感器运动部件质量 m 和弹性敏感元件的刚度 k 有关，即：

$$\omega_n = \sqrt{\frac{k}{m}} \tag{2-19}$$

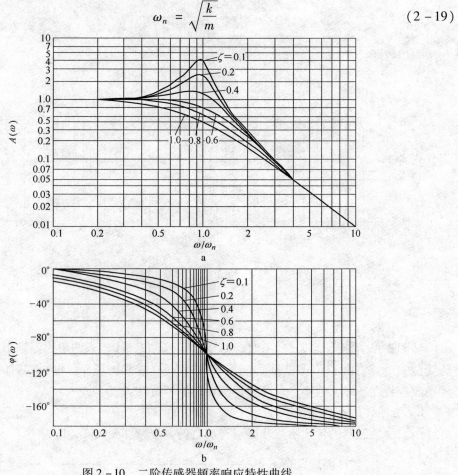

图 2-10   二阶传感器频率响应特性曲线

a—幅频特性；b—相频特性

　　增大刚度 k 和减小质量 m 可提高固有频率 ω_n，但刚度 k 增加，会使传感器灵敏度降低。因此在实际操作中要综合各种因素来确定传感器的特征参数。

　　大部分传感器的动态特性可以近似地用一阶系统或二阶系统来描述，但实际的传感器往往比这种简化的数学模型要复杂。因此动态响应特性一般要结合实验给出传感器的阶跃响应曲线和频率相应曲线上的某些特征值来表示传感器的动态响应特性。

　　【例 2 - 2】　某测试系统传递函数 $H(s) = \dfrac{1}{1 + 0.5s}$，当输入信号分别为 $x_1 = \sin\pi t$、$x_2 = \sin 4\pi t$ 时，试分别求系统稳态输出。

　　分析：首先根据传递函数把对应的频率响应函数写出来，然后分析频率响应函数的幅频特性和相频特性。

$$H(\mathrm{j}f) = \frac{1}{1 + \mathrm{j} \times 0.5 \times 2\pi f} = \frac{1 - \mathrm{j}\pi f}{1 + \pi^2 f^2}$$

　　解：频率响应函数。

　　幅频特性：
$$A(f) = \frac{1}{\sqrt{1 + \pi^2 f^2}}$$

　　相频特性：
$$\varphi(f) = -\arctan(\pi f)$$

信号 x_1：$f_1 = 0.5\,\mathrm{Hz}$　$A(f_1) = 0.537$　$\varphi(f_1) = -57.52°$

信号 x_2：$f_2 = 2\,\mathrm{Hz}$　$A(f_2) = 0.157$　$\varphi(f_2) = -80.96°$

由此可写出稳态输出：

$$y_1(t) = 0.537\sin(\pi t - 57.52°)$$
$$y_2(t) = 0.157\sin(4\pi t - 80.96°)$$

2.2.2.3　系统不失真的条件

　　传感检测系统的目的是应用传感器精确地复现被测的特征量，但实际上并不是所有传感器都能满足这一条件。因此在传感检测过程中需要采取相应的方式，使传感器的输出信号能够尽可能真实地反映出被测对象的信息，这种检测方式称为不失真检测。

　　一个传感检测系统，对于图 2 - 11 中的输入信号 $x(t)$，传感检测系统的输出 $y(t)$ 可能出现以下 3 种情况：

　　（1）输出波形与输入波形完全一致，这是最理想的情况，仅仅只有幅值按比例常数 A_0 进行放大，即输出与输入之间满足下列关系式：

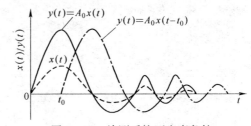

图 2 - 11　检测系统不失真条件

$$y(t) = A_0 x(t) \tag{2-20}$$

　　（2）输出波形与输入波形相似的情况，输出不但按比例常数 A_0 对输入进行了放大，而且还相对于输入滞后了时间 t_0，即满足下列关系式：

$$y(t) = A_0 x(t - t_0) \tag{2-21}$$

　　（3）失真情况，输出与输入完全不一样，产生了畸变波形，这是传感检测系统不希望有的情况。

　　很显然，传感检测系统的第一种情况和第二种情况在进行动态检测时具有不失真条件。由此可得传感检测系统的幅频特性和相频特性在满足不失真传感检测要求时应具有的条件，进行傅里叶变换有：

$$Y(j\omega) = A_0 X(j\omega) \qquad (2-22)$$

$$Y(j\omega) = A_0 e^{-j\omega t_0} X(j\omega) \qquad (2-23)$$

要满足第一种不失真测试情况，系统的频率响应为：

$$H(j\omega) = \frac{Y(j\omega)}{X(j\omega)} = A_0 = A_0 e^{j0} \qquad (2-24)$$

而要满足第二种不失真测试情况，系统的频率响应为：

$$H(j\omega) = \frac{Y(j\omega)}{X(j\omega)} = A_0 e^{j(-t_0)\omega} \qquad (2-25)$$

所以系统要实现动态测试不失真，应满足下列条件：

幅频特性：　　　　　　　$A(\omega) = A_0$　（A_0为常数）　　　　　　　　（2-26）

相频特性：　　　　　　　$\varphi(\omega) = -\omega t_0$　（t_0为常数）　　　　　　　　（2-27）

检测系统实现动态不失真的幅频特性曲线应当是一条平行于ω轴的直线，系统实现动态不失真的相频特性曲线应是与水平坐标重合的直线（理想条件）或是一条通过坐标原点的斜直线，如图2-12所示。

任何一个检测系统不可能在无限宽广的频带范围内满足不失真的检测条件，将由于$A(\omega)$不等于常数所引起的失真称为幅值失真，由$\varphi(\omega)$与ω之间的非线性关系而引起的失真称为相位失真。在检测过程中要根据不同的检测目的，合理地利用波形不失真的条件，否则会得到相反的结果。由于检测系统通常由若干个检测环节组成，因此，只有保证所使用的每一个检测环节满足不失真的检测条件，才能使最终的输出波形不失真。

一般来说，为了实现动态检测不失真，都要求系统满足$A(\omega) = A_0$和$\varphi(\omega) = -\omega t_0$的条件。

【例2-3】　某一检测装置的幅频、相频特性如图2-13所示，判断当输入信号分别为：

$$x_1(t) = A_1 \sin\omega_1 t、x_2(t) = A_1 \sin\omega_1 t + A_4 \sin\omega_4 t \text{ 时，输出信号是否失真。}$$

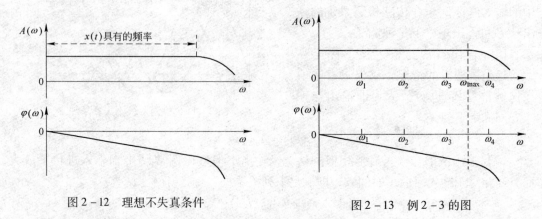

图2-12　理想不失真条件　　　　　　　　图2-13　例2-3的图

解：根据检测系统实现不失真的条件，若要输出波形精确地与输入波形一致而没有失真，则装置的幅频、相频特性应分别满足：

$$A(\omega) = A_0$$

$$\varphi(\omega) = -\omega t_0$$

由图 2 – 13 可以看出：当输入信号频率 $\omega > \omega_{max}$ 时，装置的幅频特性 $A(\omega) = A_0$（为常数），且相频曲线为线性，而当 $\omega \leqslant \omega_{max}$ 时，幅频曲线下跌且相频曲线呈非线性。因此在输入信号 $x_1(t)$ 频率 $\omega \leqslant \omega_{max}$ 范围内，能保证输出不失真。而在 $x_2(t)$ 中，有 $\omega > \omega_{max}$，所以输出会出现失真现象。

2.3 检测技术的基本概念

为了满足产品的功能要求，往往需要对产品质量进行检测，一般的方法是在对产品进行测量后判断是否合格，这个过程简称为"检测"。可见，测量是检测技术的关键环节，本节主要介绍测量的基本概念。

2.3.1 测量系统的组成

测量系统是具有对被测对象的特征量进行检测、传输、处理及显示等功能的系统，是传感器、变送器和其他变换装置等的有机组合，如图 2 – 14 所示。

图 2 – 14 测量系统组成框图

传感器感受被测量的大小，并输出相对应的可用信号；变送器将传感器输出的信号变换成便于传输和处理的信号；传输通道将测量系统各环节间的输入、输出信号连接起来；信号处理环节将传感器输出信号进行处理和变换，如对信号进行放大、运算、线性化、数模或模数转换，使其输出信号便于显示、记录。

测量系统可分为开环测量系统和闭环测量系统。

（1）开环测量系统。开环测量系统全部信息变换只沿着一个方向进行，如图 2 – 15 所示。其中 x 为输入量，y 为输出量，k_1、k_2、k_3 为各个环节的传递系数。输入、输出关系表示如下：

$$y = k_1 k_2 k_3 x \tag{2 – 28}$$

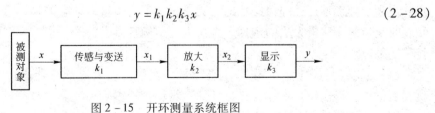

图 2 – 15 开环测量系统框图

因为开环测量系统是由多个环节串联而成的，因此系统的相对误差等于各环节相对误差之和，即：

$$\delta = \delta_1 + \delta_2 + \cdots + \delta_n = \sum_{i=1}^{n} \delta_i \tag{2 – 29}$$

（2）闭环测量系统。闭环测量系统有两个通道，一为正向通道，一为反馈通道，其结构如图 2 – 16 所示。其中 Δx 为正向通道的输入量，β 为反馈环节的传递系数，正向通道的总传递系数 $k = k_1 k_2 k_3$。

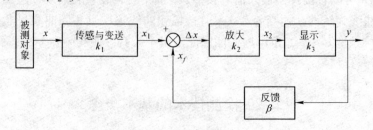

图 2 – 16　闭环测量系统框图

由图 2 – 16 可知：

$$\Delta x = x_1 - x_f \tag{2 – 30}$$

$$x_f = \beta y \tag{2 – 31}$$

$$y = k\Delta x = k(x_1 - x_f) = kx_1 - k\beta y \tag{2 – 32}$$

$$y = \frac{k}{1 + k\beta}x_1 = \frac{1}{\beta + \dfrac{1}{k}}x_1 \tag{2 – 33}$$

2.3.2　测量方法的分类

测量方法是指测量时所采用的测量原理、测量器具和测量条件的总和。针对不同测量任务，进行具体分析，找出切实可行的测量方法，对测量工作是十分重要的。

对于测量方法，不同角度有不同的分类方法。根据获得测量值的方法可分为直接测量、间接测量和组合测量；根据测量方式可分为偏差式测量、零位式测量与微差式测量；按测量结果的读数值不同可分为绝对测量和相对测量；按被测件表面与测量器具测头是否有机械接触分类为接触测量和非接触测量；按测量在工艺过程中所起作用可分为主动测量和被动测量；按被测工件在测量时所处状态可分为静态测量和动态测量；按测量中测量因素是否变化可分为等精度测量和不等精度测量。

对于一个具体的测量过程，可能兼有几种测量方法的特征。例如，在内圆磨床上用两点式测头在加工零件过程中进行的检测，属于主动测量、动态测量、直接测量、接触测量和相对测量等。测量方法的选择应考虑零件结构特点、精度要求、生产批量、技术条件及经济效果等。

（1）直接测量、间接测量与组合测量。在使用仪表或传感器进行测量时，测得值直接与标准量进行比较，不需要经过任何运算，直接得到被测量的数值，这种测量方法称为直接测量。被测量与测得值之间的关系可用式（2 – 34）表示：

$$y = x \tag{2 – 34}$$

式中　y——被测量的值；

　　　x——直接测得值。

（2）偏差式测量、零位式测量与微差式测量。用仪表指针的位移（即偏差）决定被测量的量值，这种测量方法称为偏差式测量。用指零仪表的零位反映测量系统的平衡状态，在测量系统平衡时，用已知的标准量决定被测量的量值，这种测量方法称为零位式测量。微差式测量是综合了偏差式测量与零位式测量的优点而提出的一种测量方法。它将被测量与已知的标准量相比较，取得差值后，再用偏差法测得此差值。

（3）等精度测量与不等精度测量。在测量过程中，若影响和决定误差大小的全部因素（条件）始终保持不变，如由同一个测量者，用同一台仪器，用同样的方法，在同样的环境条件下，对同一被测量进行多次重复测量，称为等精度测量。

有时在科学研究或高精度测量中，往往在不同的测量条件下，用不同精度的仪表，不同的测量方法，不同的测量次数以及不同的测量者进行测量和对比，这种测量称为不等精度测量。

（4）静态测量与动态测量。被测量在测量过程中认为是固定不变的，对这种被测量进行的测量称为静态测量。静态测量不需要考虑时间因素对测量的影响。若被测量在测量过程中是随时间不断变化的，对这种被测量进行的测量称为动态测量。

2.3.3 测量的技术性能指标

技术性能指标是选择和使用测量器具、研究和判断测量方法正确性的重要依据，它主要有以下几项：

（1）量具的标称值。标注在量具上用以标明其特性或指导其使用的量值。如标在量块上的尺寸、标在刻线尺上的尺寸、标在角度量块上的角度等。

（2）分度值。测量器具的标尺上，相邻两刻线所代表的量值之差。如一外径千分尺的微分筒上相邻两刻线所代表的量值之差为 0.01mm，则该测量器具的分度值为 0.01mm。分度值是一种测量器具所能直接读出的最小单位量值，它反映了读数精度的高低，从一个侧面说明了该测量器具的测量精度高低。

（3）示值范围。由测量器具所显示或指示的最低值到最高值的范围。如机械式比较仪的示值范围为 $-0.1 \sim +0.1$mm（或 ± 0.1mm）。

（4）标称范围。标称范围是指测量仪器的操纵器件调到特定位置时可得到的示值范围。量程是标称范围的上限和下限之差的绝对值。某温度计的标称范围为 $-10 \sim 80℃$，则其量程为 $|80 - (-10)|℃ = 90℃$。

（5）测量范围。测量范围是指测量仪器的误差处于规定的极限范围内的被测量的示值范围。例如：万用表的操纵器件调到 ×10 一挡，其标尺上、下限的数码为 0～10，则其标称范围为 0～100V。

有些测量仪器的测量范围与其标称范围相同，例如体温计、电流表等。而有的测量仪器处在下限时的相对误差会急剧增大，例如地秤，这时应规定一个能确保其示值误差处在规定极限内的示值范围作为测量范围。可见，测量范围总是等于或小于标称范围。

2.4　测量误差的分析

测量误差是测得值减去被测量的真值。由于真值往往不知道，因此测量的目的是希望通过测量获取被测量的真实值。但由于种种原因，例如，传感器本身性能不十分优良，测量方法不十分完善，外界干扰的影响等，造成被测量的测得值与真实值不一致，因而测量中总是存在误差。由于真值未知，所以在实际中，有时用约定真值代替真值，常用某量的多次测量结果来确定约定真值，或用精度高的仪器示值代替约定真值。

2.4.1　测量误差的表示方法

测量误差的表示方法有如下几种。

（1）绝对误差。绝对误差也称示值误差，是测量仪器的示值与被测量的真值之差。可用式（2-35）定义：

$$\Delta = x - L \tag{2-35}$$

式中　Δ——绝对误差（示值误差）；

　　　x——测量值；

　　　L——真值。

仪器示值范围内的不同工作点，示值误差可能是不相同的。一般可用适当精度的量块或其他计量标准器来检定测量器具的示值误差。采用绝对误差（示值误差）表示测量误差，不能很好地说明测量质量的好坏。例如，在温度测量时，绝对误差（示值误差）$\Delta = 1℃$，对体温测量来说是不允许的，而对钢水温度测量来说是极好的测量结果，所以用相对误差可以比较客观地反映测量的准确性。

（2）相对误差。相对误差的定义由式（2-36）给出：

$$\delta = \frac{\Delta}{L} \times 100\% \tag{2-36}$$

式中　δ——相对误差，一般用百分数给出；

　　　Δ——绝对误差；

　　　L——真值。

由于被测量的真值 L 无法知道，实际测量时用测量值 x 代替真值 L 进行计算，这个相对误差称为标称相对误差，即：

$$\delta = \frac{\Delta}{x} \times 100\% \tag{2-37}$$

（3）引用误差。引用误差是仪表中通用的一种误差表示方法。它是相对于仪表满量程的一种误差，又称满量程相对误差，一般也用百分数表示，即：

$$\gamma = \frac{\Delta}{测量范围上限 - 测量范围下限} \times 100\% \tag{2-38}$$

式中　γ——引用误差；

　　　Δ——绝对误差。

仪表精度等级是根据最大引用误差来确定的。例如，0.5 级表的引用误差的最大值不超过 ±0.5%；1.0 级表的引用误差的最大值不超过 ±1%。

（4）基本误差。基本误差是指传感器或仪表在规定的标准条件下所具有的误差。例如，某传感器是在电源电压（220±5）V、电网频率（50±2）Hz、环境温度（20±5）℃、湿度（65±5）%的条件下标定的。如果传感器在这个条件下工作，则传感器所具有的误差为基本误差。仪表的精度等级就是由基本误差决定的。

（5）附加误差。附加误差是指传感器或仪表的使用条件偏离额定条件下出现的误差。例如，温度附加误差、频率附加误差、电源电压波动附加误差等。

2.4.2 测量误差的性质

根据测量数据中的误差所呈现的规律及产生的原因可将其分为系统误差、随机误差和粗大误差。

（1）系统误差。在相同条件下多次测量同一量值时，误差值保持恒定；或者当条件改变时，其值按某一确定的规律变化的误差，统称为系统误差。系统误差按其出现的规律又可分为定值系统误差和变值系统误差。

系统误差的定义是，在重复性条件下对同一被测量进行无限多次测量所得结果的平均值与被测量的真值之差。它可用式（2-39）表示：

$$系统误差 = x_\infty - L \tag{2-39}$$

式中 L——被测量的真值。

（2）随机误差。在相同条件下，以不可预知的方式变化的测量误差，称为随机误差。在一定测量条件下对同一值进行大量重复测量时，总体随机误差的产生满足统计规律，即具有有界性、对称性、抵偿性、单峰性。因此，可以分析和估算误差值的变动范围，并通过取平均值的办法来减小其对测量结果的影响。

随机误差可用式（2-40）表示：

$$随机误差 = x_i - \bar{x}_\infty \tag{2-40}$$

式中 x_i——被测量的某一个测量值；

$\bar{x}_\infty$——重复性条件下无限多次的测量值的平均值，即：

$$\bar{x}_\infty = \frac{x_1 + x_2 + \cdots + x_n}{n} \tag{2-41}$$

（3）粗大误差。超出在规定条件下预期的误差称为粗大误差，粗大误差又称疏忽误差。粗大误差的出现具有突然性，它是由某些偶尔发生的反常因素造成的。这种显著歪曲测得值的粗大误差应尽量避免，且在一系列测得值中按一定的判别准则予以剔除。

在数据处理时，要采用的测量值不应该包含有粗大误差，即所有的坏值都应当剔除。所以进行误差分析时，要估计的误差只有系统误差和随机误差两类。

本 章 小 结

本章主要介绍传感器的组成与分类，传感器的特性以及检测技术的基本概念，测量方法以及测量误差的分析等。

传感器一般由敏感单元、转换单元和测量电路三部分组成。按不同分类标准，传感器有不同的类别，如按能量的转换分能量控制型（无源型）、能量转换型（有源型）。

传感器的静态特性是指当被测量的值处于稳定状态时的输入、输出关系。衡量静态特性的主要指标有线性度、灵敏度、迟滞和漂移等。

传感器的动态特性是指传感器对于随时间变化的输入量的响应特性。经常使用正弦、阶跃信号作为动态特性的标准输入。动态特性的性能指标主要有时域单位阶跃响应性能指标和频域频率特性性能指标。一阶传感器动态特性指标有灵敏度和时间常数，一般用阶跃响应曲线由零上升到稳态值的 63.2% 所需的时间作为时间常数。二阶系统的响应可分成欠阻尼、过阻尼和临界阻尼三种情况，一般传感器设计成欠阻尼状态。

　　测量系统是具有对被测对象的特征量进行检测、传输、处理及显示等功能的系统，是传感器、变送器和其他变换装置等的有机组合，分为开环测量系统和闭环测量系统。测量方法按照不同标准可分不同测量类别。

　　测量误差的表示方法有绝对误差、相对误差、引用误差、基本误差和附加误差等。根据测量数据中的误差产生的原因可将其分为系统误差、随机误差和粗大误差。

习　　题

2-1　传感器在检测系统中有什么作用？

2-2　传感器由哪几部分组成，各部分的作用是什么？

2-3　传感器的静态特性指标有哪些，动态特性指标有哪些，动态特性的描述方法有哪些？

2-4　动态测量不失真的条件是什么？

2-5　某位移传感器，输入量变化 5mm 时，输出电压变化 200mV，求灵敏度。

2-6　某检测系统由传感器、放大器和记录仪组成，各环节灵敏度为 $S_1 = 0.2mV/℃$，$S_2 = 2.0V/mV$，$S_3 = 5.0mm/V$，求系统的灵敏度。

2-7　有 3 台量程均为 0~800℃ 的温度仪表，精度等级分别为 2.5 级、2.0 级和 1.5 级，若要测量 500℃ 的温度，要求相对误差不超过 2.5%，选哪台合适？

2-8　某传感器为一阶系统，受阶跃函数作用时，在 $t = 0$ 时输出为 10mV，t 趋于无穷时，输出为 100mV，在 $t = 5s$ 时输出为 50mV，求该传感器的时间常数。

2-9　测量系统由什么组成，测量方法有哪些？

2-10　测量误差有哪些？

3 无源传感器

本章要点

- 弹性元件特性;
- 电阻传感器的应变效应、温度补偿;
- 电阻传感器的测量电桥电路及应用;
- 电容传感器的分类、工作原理;
- 电容传感器的测量电路及应用;
- 电感传感器的分类、工作原理;
- 电感传感器的测量电路及应用。

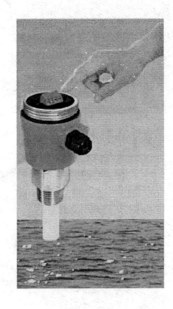

根据能量的传递方式，传感器可分为有源传感器和无源传感器。无源传感器使用时需要外加能源，被测量仅对传感器中的能量起控制或调节作用。

本章主要介绍了 3 种基本类型的无源传感器：电阻传感器、电容传感器和电感传感器。这 3 种传感器基本上是以机械力作用（或磁场力作用）下产生的位移量为基础，通过器件本身或者弹性元件变换构成的相应传感器。

3.1　弹性敏感元件

在传感器的工作过程中常采用弹性敏感元件把力、力矩、振动等被测参量转换成应变量或位移量，然后再通过各种转换元件把应变量或位移量转换成电量。能将被测物理量变换成位移或者应变的弹性元件，称为弹性敏感元件。

弹性元件能够完成变换、隔离、补偿、储能和连接等各种不同的功能。由于它结构简单，价格低廉，在电气元件和仪器仪表中有广泛应用，尤其在弹性元件作为敏感元件时，会直接影响传感器的性能，从而影响仪器仪表的精度，因此在传感器中占有很重要的地位。

本节先介绍与弹性元件相关的基本概念，然后侧重介绍弹性元件的类型及特性。

3.1.1　相关概念

由于弹性元件的静力平衡和几何变形是与物体的材料性质相联系的，因此有必要先了解材料的应力和应变的内在联系。对于每一种材料，在一定温度下，应力和应变之间有明确的关系。

3.1.1.1　应力与应变

材料在外力作用下，几何形状和尺寸将发生变化，将单位长度的变形量称为应变，即被测试材料尺寸的变化率，这里用 ε 表示，应变是无量纲的。

例如，一个圆柱体在没有外力和内应力作用时，长度为 l，半径为 r，受拉力作用后长度和半径都发生了变化，其轴向和径向上的应变分别为：

轴向应变：
$$\varepsilon = \frac{\Delta l}{l} \tag{3-1}$$

径向应变：
$$\varepsilon_r = \frac{\Delta r}{r} \tag{3-2}$$

圆柱体受拉力时，沿轴向伸长，沿径向缩短，由泊松比系数得到轴向应变和径向应变的关系式为：

$$\varepsilon_r = -\mu\varepsilon \tag{3-3}$$

材料发生变形时内部产生了大小相等但方向相反的反作用力抵抗外力，定义这种单位面积上的反作用力为应力，这里用 σ 表示，单位可用千帕（kPa）或兆帕（MPa）表示。

$$\sigma = \frac{F}{S} \tag{3-4}$$

由式（3-4）可知，应力会随着外力的增加而增大，但对于某一种材料，应力的增长是有限度的，超过这一限度，材料就要破坏。

对某种材料来说，应力可能达到的这个限度称为该种材料的极限应力。极限应力值要通过材料的力学试验来测定。一般将测定的极限应力作适当降低作为许用应力，规定出材料能安全工作的应力最大值。

3.1.1.2 胡克定律

胡克定律是英国科学家胡克发现的，是材料力学和弹性力学的基本规律之一，指在材料的线弹性范围内（在应力低于比例极限的情况下），固体中的应力 σ 与应变 ε 成正比，即：

$$\sigma = E\varepsilon \tag{3-5}$$

式中，E 为常数，称为弹性模量或杨氏模量。胡克定律为弹性力学的发展奠定了基础。

3.1.2 弹性元件类型

弹性元件利用各自的结构特点、不同的制造材料和变形来完成不同的功能。弹性元件按照受力变形可分为：拉伸弹簧、压缩弹簧、扭转弹簧和弯曲弹簧；按照几何形状可分为：片簧、螺旋弹簧、蜗卷弹簧、蝶形弹簧和环形弹簧；在电气开关和仪器仪表中使用的有：热敏双金属片簧、膜片、膜盒、弹簧管、波纹管、张丝等。这里主要介绍仪器仪表中常用的弹性元件类型。

3.1.2.1 片簧和双金属片簧

片簧是用狭长的金属带料和薄板料制成的弹性元件，最常见的工作方式为单端刚性固定和两端铰支。片簧可分为直片簧和曲片簧两种。

双金属片簧由两层不同线膨胀系数的金属片牢固结合而成，主动层的线膨胀系数较大，被动层的线膨胀系数较小。由于两层金属的线膨胀系数不同，导致膨胀量不同，从而使得整个金属片向被动层弯曲。

3.1.2.2 膜片和膜盒

膜片和膜盒是压力测量仪表中的测压弹性元件，见图 3 - 1。膜片是由金属或非金属材料制成、周边固定而受力后中心可移动的薄片。

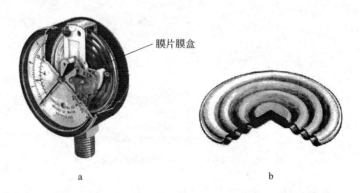

图 3 - 1　压力计中的膜片和膜盒
a—压力计内部结构；b—膜盒结构

按型面的形状不同膜片可分为平膜片、波纹膜片和球形膜片。型面平坦无波纹的膜片为平膜片；型面具有同心环形波纹的膜片为波纹膜片。将两个膜片的外边缘密封而构成的盒体称为膜盒。在压力、轴向力作用下，膜片、膜盒均能产生位移。膜片具体结构见图3-2。

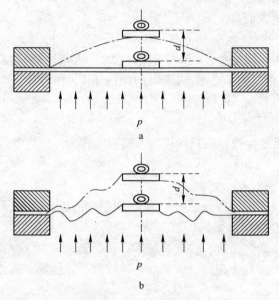

图3-2　膜片结构示意图
a—平膜片；b—波纹膜片

膜盒常见的外形结构如图3-3所示。

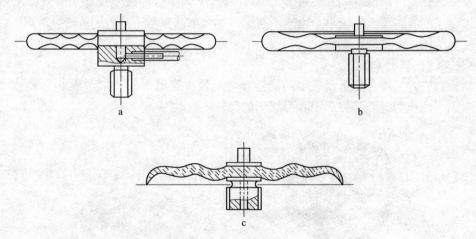

图3-3　膜盒的3种常见外形结构
a—压力膜盒；b—真空膜盒；c—填充式膜盒

膜片用于测量不超过数兆帕的低压，也可用作隔离元件。膜盒用于测量微小压力，如需更大范围，可将数个膜盒串联成膜盒组。在相同的条件下，平膜片位移最小，波纹膜片次之，膜盒最大。

3.1.2.3　波纹管

波纹管是具有多个横向波纹的圆柱形薄壁折皱的壳体，它的开口端固定，密封端处于自由状态，并利用辅助的螺旋弹簧或簧片增加弹性。工作时在内部压力的作用下沿管子长度方向伸长，使活动端产生与压力成一定关系的位移，活动端带动指针即可直接指示压力的大小。

波纹管按构成材料可分为金属波纹管、非金属波纹管两种；按结构可分为单层和多层。单层波纹管（见图3-4）应用较多。多层波纹管强度高，耐久性好，应力小，用在重要的测量中。波纹管的材料一般为青铜、黄铜、不锈钢、蒙乃尔合金等。

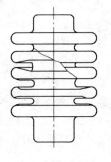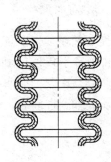

图3-4　单层波纹管

a—实物图；b—侧视图；c—剖视图

波纹管主要用途是作为压力测量仪表的测量元件，将压力转换成位移或力，常常与位移传感器组合起来构成输出为电量的压力传感器。波纹管管壁较薄，灵敏度较高，测量范围为数十帕至数十兆帕，适于低压测量，在仪器仪表中应用广泛。

另外，波纹管也可以用作密封隔离元件，将两种介质分隔开来或防止有害流体进入设备的测量部分。它还可以用作补偿元件，利用其体积的可变性补偿仪器的温度误差。

3.1.2.4　弹簧管

弹簧管是压力测量仪表中的一种压力检测元件。它是用弹性材料制作的，弯成C形、螺旋形和盘簧形等形状的中空管（见图3-5）。最早的弹簧管弯成C形，因为法国人波登所发明，故又称波登管，现代仍大量应用。C形管的角度标准270°，它的自由端可移动，开口端固定。弹簧管常见的截面形状有椭圆形、扁形、圆形（见图3-6），其中扁管适用于低压，圆管适用于高压，盘成螺旋形弹簧管可用于要求弹簧管有较大位移的仪表。

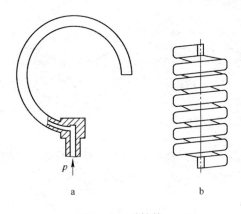

图3-5　弹簧管

a—C形管；b—螺旋弹簧管

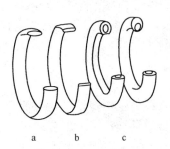

图3-6　弹簧管的截面形状

a—椭圆形；b—扁形；c—圆形

弹簧管按形状可分为 C 形管、螺旋管，压力 $p \leqslant 0.4MPa$ 时，选用宽口 C 形管，压力 $p \leqslant 10MPa$ 时，选用窄口，C 形管压力越低弹簧管的宽度越宽。当压力 $p \geqslant 16MPa$ 时，选用螺旋管。按材质可分为锡磷青铜、黄铜、不锈钢、铬钒钢等。锡磷青铜适用于对铜及铜合金无腐蚀性的介质。黄铜测量介质为乙炔，可检测易燃易爆物品。铬钒钢的测量压力范围 $p \geqslant 16MPa$，适用于高温、有腐蚀性的介质。

3.1.3　弹性元件特性

弹性元件在工作中具有两种基本效应：弹性效应和非弹性效应。所谓弹性效应，是指弹性元件的变形仅仅是由于受载荷的影响所表现出来的性质，其具体参数为体现载荷和变形的刚度和灵敏度；而非弹性效应是指弹性元件的变形受温度等其他因素的影响所表现出来的性质，如弹性滞后、弹性后效和松弛等；温度变化能使弹性元件的弹性模量和几何尺寸产生变化。

弹性元件在工作中体现的弹性效应称为使用特性，变形与载荷的对应关系曲线如图 3-7 所示；非弹性效应则使弹性元件产生工作误差，称为弹性误差。弹性误差影响工作精度和工作可靠性，应该尽量限制。

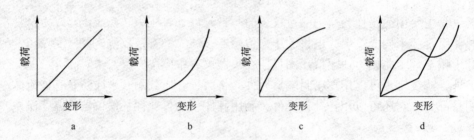

图 3-7　弹性特性曲线

a—直线型；b—渐增型；c—渐减型；d—混合型

3.1.3.1　刚度
刚度是对弹性敏感元件在外力作用下变形大小的描述，即产生单位位移所需要的力。

$$K = \frac{\mathrm{d}F}{\mathrm{d}x} \tag{3-6}$$

3.1.3.2　灵敏度
灵敏度是刚度的倒数，它表示单位作用力（或压力）使弹性敏感元件产生形变的大小。

$$k = \frac{\mathrm{d}x}{\mathrm{d}F} \tag{3-7}$$

3.1.3.3　弹性滞后
弹性滞后是指弹性材料在加载、卸载的正反行程中，位移曲线不重合，构成弹性滞后环，即当载荷增加或减少至同一数值时位移之间存在一差值。弹性滞后的存在表明在卸载过程中没有完全释放外力所做的功。

弹性后效是指载荷在停止变化之后，弹性元件在一段时间之内还会继续产生类似蠕动的位移，又称弹性蠕变。

实际的弹性材料在不同程度上普遍存在弹性滞后和弹性后效现象。这两种现象在弹性元件的工作过程中是相随出现的，其后果是降低元件的品质因素并引起测量误差和零点漂移，在传感器的设计中应尽量使它们减小。

3.2 电阻式传感器

电阻传感器能将被测量参数变化转化为电阻参数变化，利用电阻传感器可进行位移、形变、加速度、温度等物理量的测量。由于各种电阻材料在转换机理上的不同，形成了多种类型的电阻传感器，比如最简单的滑动电阻、热敏电阻、光敏电阻等。本节主要讨论应用比较广泛的应变式电阻传感器。

应变式电阻传感器是以粘贴在弹性元件上的电阻应变片为核心，当被测物理量作用在弹性元件上时，弹性元件的变形引起电阻应变片的阻值变化，然后通过测量电路将其转变成电压输出，电压变化的大小反映了被测物理量的大小，如图 3 - 8 所示。这种应变式传感器的结构简单、性能稳定、灵敏度较高，对静态测量和动态测量都能适用，因此在电力、化工、机械、建筑、医疗等领域得到广泛应用。

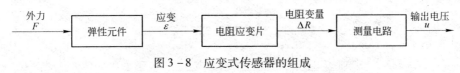

图 3 - 8　应变式传感器的组成

3.2.1　电阻应变片的结构原理

3.2.1.1　电阻应变片的结构

电阻应变片的结构形式多样，但总体结构基本与图 3 - 9 所示的结构相同。常用的电阻应变片可分为两类：金属电阻应变片和半导体电阻应变片。

（1）金属电阻应变片。金属电阻应变片主要由敏感栅、基片、覆盖层和引线组成，其中敏感栅有丝式、箔式和薄膜式 3 种。

图 3 - 9 所示的敏感栅为金属电阻丝，是应变片的核心部分，粘贴在绝缘的基片上，然后在金属电阻丝上面再粘贴覆盖层，起保护作用，最后在金属电阻丝的两端引出导线。这种应变片使用最早，具有制作简单、价格低廉、易于粘贴的特点。

图 3 - 10 所示为箔式应变片，是利用光刻、腐蚀等工艺制成的一种很薄的金属箔栅，厚度一般在 $0.003 \sim 0.01\,mm$。箔式应变片散热条件好，允许通过的电流较大，工艺成熟，便于批量生产，可制成各种所需的形状。

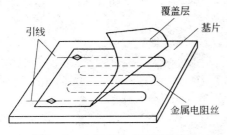

图 3 - 9　电阻丝式应变片的结构

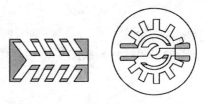

图 3 - 10　不同形状的箔式应变片

薄膜式应变片是采用真空蒸发的方法成型的，具有应变灵敏度系数大，允许电流密度大，工作范围广的特点，因此也备受重视。

（2）半导体电阻应变片。半导体电阻应变片是用半导体材料制成的，其工作原理是基于半导体材料的压阻效应。所谓压阻效应，是指半导体材料在某一轴向受外力作用时，其电阻率 ρ 发生变化的现象。

半导体电阻应变片的突出优点是灵敏度高，比金属丝式应变片高 50～80 倍，尺寸小，横向效应小，动态响应好，但温度稳定性不如金属丝式应变片好。

3.2.1.2　电阻应变片的原理

电阻应变片的工作原理基于应变效应，即导体或半导体产生机械变形时，它的电阻值随之发生相应的变化。如图 3-11 所示，一根金属电阻丝，在其未受力时，原始电阻值为：

$$R = \frac{\rho l}{S} \qquad (3-8)$$

式中　ρ——电阻丝的电阻率；

　　　　l——电阻丝的长度；

　　　　S——电阻丝的截面积。

图 3-11　金属电阻丝应变效应

当电阻丝受到拉力 F 作用时，将伸长 Δl，横截面积相应减小 ΔS，电阻率将因晶格发生变形等因素而改变 $\Delta\rho$，故引起电阻值相对变化量可通过等式两边求偏导数得到：

$$\frac{\Delta R}{R} = \frac{\Delta l}{l} - \frac{\Delta S}{S} + \frac{\Delta\rho}{\rho} \qquad (3-9)$$

式中，$\Delta l/l$ 是长度相对变化量，用金属电阻丝的轴向应变 ε 表示，ε 数值一般很小，常以微应变度量。

$$\varepsilon = \frac{\Delta l}{l} \qquad (3-10)$$

$\Delta S/S$ 为圆形电阻丝的截面积相对变化量，即：

$$\frac{\Delta S}{S} = \frac{2\Delta r}{r} \qquad (3-11)$$

由材料力学可知，在弹性范围内，金属丝受拉力时，沿轴向伸长，沿径向缩短，那么轴向应变和径向应变的关系可表示为：

$$\frac{\Delta r}{r} = -\mu\frac{\Delta l}{l} = -\mu\varepsilon \qquad (3-12)$$

式中，μ 为电阻丝材料的泊松比，一般金属 $\mu = 0.3～0.5$；负号表示应变方向相反。

将式（3-10）、式（3-11）、式（3-12）代入式（3-9），可得：

$$\frac{\Delta R}{R} = (1 + \mu)\varepsilon + \frac{\Delta\rho}{\rho} \qquad (3-13)$$

又因为：

$$\frac{\Delta\rho}{\rho} = \lambda\sigma = \lambda E\varepsilon \qquad (3-14)$$

式中，λ 为压阻系数，与材质有关；σ 为试件的应力；E 为试件材料的弹性模量，所以：

$$\frac{\Delta R}{R} = (1 + 2\mu + \lambda E)\varepsilon \qquad (3-15)$$

用应变片测量应变或应力时，被测对象产生微小机械变形，应变片随着发生变化，使得应变片电阻值发生相应变化。当测得应变片电阻值变化量 ΔR 时，便可得到被测对象的应变值。应力值 σ 正比于应变 ε，而试件应变 ε 正比于电阻值的变化，所以应力 σ 正比于电阻值的变化，这就是利用应变片测量应变的基本原理。

3.2.1.3 电阻应变片的参数

为了选用合适的应变片，需要了解应变片的主要参数：标准电阻值、灵敏系数、最大工作电流、机械滞后、蠕变和零漂。

（1）标准电阻值。标准电阻值指应变片的原始阻值，应变片的电阻值已趋于标准化，目前常用的电阻系列有 60Ω、120Ω、200Ω、350Ω、500Ω、1000Ω、1500Ω 等，其中以 120Ω 最常用。

（2）灵敏系数。灵敏系数 K 指应变片粘贴于实试件表面，在应力作用下，应变片阻值相对变化 $\Delta R/R$ 与轴向应变 ε_1 之比。实践表明，在一定应变范围内满足式（3-16）：

$$K = \frac{\dfrac{\Delta R}{R}}{\varepsilon_1} \qquad (3-16)$$

式中，ε_1 为应变片的轴向应变；电阻应变片的电阻 R 是应变片未经安装也不受外力的情况下，于室温测得的电阻值。

一般情况下，由于黏结层的传递变形失真和栅端圆弧部分的横向效应的影响，应变片的灵敏系数 K 小于其敏感栅应变丝的灵敏系数 K_0。因此，须通过实验的方法对 K 值重新测定，如对同一批产品采样 5% 进行标定，取其平均值作为这批产品的灵敏系数。

（3）最大工作电流。最大工作电流是指应变片不因为工作电流产生的热量而影响测量精度所允许通过的最大电流。工作电流大时，输出信号也大，灵敏度就高，但是工作电流过大会使应变片过热，灵敏系数产生变化，零漂及蠕变增加。

（4）机械滞后、蠕变和零漂。机械滞后指应变片在加载、卸载的循环过程中，对同一机械应变量，两过程的特性曲线不重合，曲线之间的最大差值称为应变片的机械滞后值。产生机械滞后的主要原因是敏感栅、基底和黏合剂在承受机械应变之后留下残余变形。

零漂指在温度保持恒定，没有机械应变的情况下，应变片的指示随着时间增长而逐渐变化。蠕变指温度保持恒定，在承受某一恒定的机械应变长时间作用下，应变片的指示随时间的变化而变化。这两项指标都用来衡量应变片特性对时间的稳定性。

3.2.2 应变式电阻传感器的测量电路

由于机械应变一般都很小，要把微小应变引起的微小电阻变化测量出来，同时要把电阻相对变化 $\Delta R/R$ 转换为电压或电流的变化，需要有专用测量电路用于测量应变变化而引起电阻变化的测量电路, 通常采用直流电桥和交流电桥两种, 这里主要介绍直流电桥。

3.2.2.1 单臂电桥

（1）电桥平衡原理。电桥如图 3－12 所示,
E 为直流电源 U_i, R_1、R_2、R_3 及 R_4 为桥臂电
阻, R_L 为负载电阻。输出电压为:

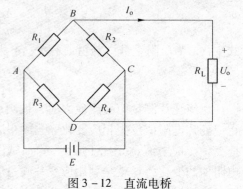

$$U_o = \left(\frac{R_1}{R_1 + R_2} - \frac{R_3}{R_3 + R_4} \right) U_i \quad (3-17)$$

当电桥平衡时, $U_o = 0$, 则有:

$$R_1 R_4 = R_2 R_3$$

或
$$\frac{R_1}{R_2} = \frac{R_3}{R_4} \quad (3-18)$$

图 3－12　直流电桥

可见, 电桥平衡的条件是其相邻两臂电阻的比值应相等, 或相对两臂电阻的乘积
相等。

（2）单臂电桥。设如图 3－12 电桥中的 R_1 为电阻应变片, R_2, R_3, R_4 为电桥固定电
阻。若有应变产生时, 应变片电阻变化为 ΔR_1, 其他桥臂固定不变, 会使电桥输出电压
U_o 不为 0, 电桥不平衡的输出电压表达式为:

$$\begin{aligned}
U_o &= \left(\frac{R_1 + \Delta R_1}{R_1 + \Delta R_1 + R_2} - \frac{R_3}{R_3 + R_4} \right) U_i \\
&= \frac{\Delta R_1 R_4}{(R_1 + \Delta R_1 + R_2)(R_3 + R_4)} U_i \\
&= \frac{\dfrac{\Delta R_1 R_4}{R_1 R_3}}{\left(1 + \dfrac{\Delta R_1}{R_1} + \dfrac{R_2}{R_1} \right)\left(1 + \dfrac{R_4}{R_3} \right)} U_i \quad (3-19)
\end{aligned}$$

设桥臂比 $n = \dfrac{R_2}{R_1}$, 由于 ΔR_1 变化值很小, 有 $\Delta R_1 \ll R_1$, 故分母中 $\Delta R_1 / R_1$ 可忽略, 再结
合前面分析的电桥平衡条件式（3－18）, 则式（3－19）可写为:

$$U_o = \frac{n}{(1+n)^2} \frac{\Delta R_1}{R_1} U_i \quad (3-20)$$

电桥电压灵敏度 K_V 定义为:

$$K_V = \frac{U_o}{\dfrac{\Delta R_1}{R_1}} = \frac{n}{(1+n)^2} U_i \quad (3-21)$$

从式（3－21）可知:

1）在桥臂比 n 一定时, 电桥电压灵敏度 K_V 正比于电桥供电电压 U_i, 供电电压越高,
电桥电压灵敏度越高, 但要考虑到应变片允许功耗的限制;

2）恰当地选择桥臂比 n 的值, 保证电桥具有较高的电压灵敏度 K_V。

3.2.2.2 双臂半桥和四臂全桥

电桥测量过程中有非线性误差, 减少非线性误差的办法是采用双臂半桥和四臂全桥接

法。由式（3 – 19）求出的输出电压因略去分母中的 $\dfrac{\Delta R_1}{R_1}$ 项而得出的是理想值，实际值 U'_o

与 $\dfrac{\Delta R_1}{R_1}$ 的关系呈非线性。

为了减小和克服非线性误差，常采用差动电桥，在试件上安装两个工作应变片，一个受拉应变，一个受压应变，接入电桥相邻桥臂，称为半桥差动电路，如图 3 – 13a 所示，该电桥输出电压为：

$$U_o = \left(\frac{R_1 + \Delta R_1}{R_1 + \Delta R_1 + R_2 - \Delta R_2} - \frac{R_3}{R_3 + R_4} \right) U_i \qquad (3 - 22)$$

若 $\Delta R_1 = \Delta R_2$，$R_1 = R_2$，$\Delta R_3 = \Delta R_4$，则得：

$$U_o = \frac{U_i \Delta R_1}{2 \ R_1} \qquad (3 - 23)$$

$$K_V = \frac{U_i}{2} \qquad (3 - 24)$$

由式（3 – 23）可知，U_o 与 $\Delta R_1 / R_1$ 呈线性关系，差动电桥无非线性误差，而且电桥电压灵敏度 K_V 比单臂工作时提高一倍，同时还具有温度补偿作用。

若将电桥四臂接入四片应变片，即两个受拉应变，两个受压应变，将两个应变符号相同的接入相对桥臂上，则构成全桥差动电路，如图 3 – 13b 所示。

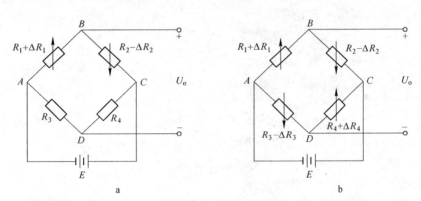

图 3 – 13 差动电桥
a—半桥差动；b—全桥差动

若 $\Delta R_1 = \Delta R_2 = \Delta R_3 = \Delta R_4$，且 $R_1 = R_2 = R_3 = R_4$，则：

$$U_o = U_i \frac{\Delta R_1}{R_1} \qquad (3 - 25)$$

$$K_V = U_i \qquad (3 - 26)$$

由式（3 – 25）可知，此时全桥差动电路没有非线性误差，而且电压灵敏度是单臂工作时的 4 倍，同时还具有温度补偿作用。

应变片工作时，其电阻值变化很小，电桥相应输出电压也很小，一般需要加入放大器放大。由于放大器的输入阻抗比桥路输出阻抗高很多，故可将电桥仍近似为开路状态，因此开路状态下分析的电桥平衡条件，在加入了放大器等后续电路后仍可适用。

【例 3 - 1】　图 3 - 13a 为半桥双臂电路，已知输入电压 $U_i = 10V$，$R_2 = R_3 = R_4 = R_0 = 120\Omega$，

（1）若应变片变化 0.5 Ω，求此时的输出电压；

（2）若再外加两片应变片，构成全桥如图 3 - 13b 所示，求输出电压。

解：根据半桥和全桥的输入输出关系，可得：

（1）半桥输出电压：

$$U_o = \frac{\Delta R}{2R_0}U_i = \frac{0.5}{2 \times 120} \times 10 = 0.021V$$

（2）全桥输出电压：

$$U_o = \frac{\Delta R}{R_0}U_i = \frac{0.5}{120} \times 10 = 0.042V$$

3. 2. 3　应变片的温度误差及补偿

3. 2. 3. 1　应变片的温度误差

应变片的温度误差是由于敏感栅温度系数、栅丝与试件线膨胀系数之间的差异而给测量带来的附加误差，一般在当现场的环境温度变化时会出现这种温度误差。下面主要从敏感栅温度系数和线膨胀系数两方面介绍对温度误差的影响。

（1）电阻温度系数的影响。设敏感栅的电阻丝在温度为 t_0℃ 时的电阻值为 R_0，则随温度变化 Δt 时的电阻值 R_t 可用式（3 - 27）表示：

$$R_t = (1 + \alpha\Delta t)R_0 \tag{3 - 27}$$

式中　α——金属丝的电阻温度系数。

当温度变化 Δt 时，电阻丝电阻的变化值为：

$$\Delta R_t = R_t - R_0 = \alpha\Delta tR_0 \tag{3 - 28}$$

（2）试件材料和电阻丝材料的线膨胀系数的影响。当试件与电阻丝材料的线膨胀系数相同时，不论环境温度如何变化，电阻丝的变形仍和自由状态一样，不会产生附加变形。否则，随着环境温度的变化，电阻丝会产生附加变形，从而产生附加电阻。

3. 2. 3. 2　应变片的温度补偿方法

电桥测量过程中有温度误差，温度补偿的方法通常有线路补偿法和应变片自补偿两大类。

（1）线路补偿法。电桥补偿是最常用的且效果较好的线路补偿法，原理图如图 3 - 14a 所示，其中 R_3 和 R_4 为固定电阻，R_1 为工作应变片，R_B 为补偿应变片（应和 R_1 特性相同），电桥输出电压 U_o 与桥臂参数的关系为：

$$U_o = M(R_1R_4 - R_BR_3) \tag{3 - 29}$$

式中，M 为桥臂电阻和电源电压决定的常数。由式（3 - 29）可知，利用 R_1 和 R_B 对电桥输出电压 U_o 的作用方向相反的特点，可实现对温度的补偿。测量应变时，工作应变片 R_1 粘贴在被测试件表面上，补偿应变片 R_B 粘贴在与被测试件材料完全相同的补偿块上，但只让工作应变片承受应变，如图 3 - 14b 所示。

当被测试件不承受应变时，R_1 和 R_B 又处于同一环境温度为 t℃ 的温度场中，调整电桥参数，使之达到平衡，有：

$$U_o = M(R_1 R_4 - R_B R_3) = 0 \tag{3-30}$$

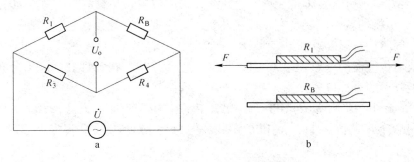

图 3-14 电桥补偿法原理图

a—电桥补偿线路；b—工作应变片和补偿应变片

工程上，一般按 $R_1 = R_B = R_3 = R_4$ 选取桥臂电阻。当温度升高或降低时，两个应变片因温度而引起的电阻变化量相等，电桥仍处于平衡状态。若此时被测试件有应变 ε 的作用，则工作应变片电阻 R_1 又有新的增量 $\Delta R_1 = R_1 K \varepsilon$，而补偿片因不承受应变，故不产生新的增量，此时电桥输出电压为：

$$U_o = M R_1 R_4 K \varepsilon \tag{3-31}$$

由式（3-31）可知，电桥的输出电压 U_o 仅与被测试件的应变 ε 有关，而与环境温度无关。若要实现上述完全补偿，必须满足三个条件：

1）应变片 R_1 和 R_B 应具有相同的特性：具有相同的应变灵敏度系数 K、初始电阻值 R_0、电阻温度系数 α 和线膨胀系数 β。

2）除了保证 $R_3 = R_4$ 外，R_1 和 R_B 两个应变片应处于同一温度场。

3）被测试件材料和补偿块材料必须一样，两者线膨胀系数相同。

电桥补偿法能在较大的温度范围内补偿，但上面的 3 个条件不一定能同时具备，因此实现起来有一定困难。

（2）应变片的自补偿法。这种温度补偿法是利用自身具有温度补偿作用的应变片，称之为温度自补偿应变片。要实现应变片的温度自补偿，必须有：

$$\alpha_0 = -K_0 (\beta_g - \beta_s) \tag{3-32}$$

式（3-32）表明，当被测试件的线膨胀系数 β_g 已知时，如果合理选择敏感栅材料，即其电阻温度系数 α_0、灵敏系数 K_0 和线膨胀系数 β_s，使式（3-32）成立，则不论温度如何变化，则电阻均不产生变化（没有外加应变时），从而达到温度自补偿的目的。

3.2.4 应变式电阻传感器的应用

（1）应变式力传感器。被测物理量为荷重或力的应变式传感器时，统称为应变式力传感器，检测思路如图 3-15 所示，将检测到的电压信号与电阻变化及应变联系起来，从而根据应变与应力大小的对应关系来分析应力大小，从而检测力的大小。

$$\text{输出电压 } U_o \xrightarrow{U_o = f(\frac{\Delta R}{R})} \text{变化电阻 } \frac{\Delta R}{R} \xrightarrow{\frac{\Delta R}{R} = K\varepsilon} \text{应变 } \varepsilon \xrightarrow{\varepsilon = f(F)} \text{检测力 } F$$

图 3-15 应变式力传感器的检测思路

应变片的位置分布和桥路组成应该遵循下列原则：

1）应变片应该分布在弹性元件产生应变最大的位置，并且沿主应力方向粘贴；

2）根据电桥的特性，将具有正负极性变化的应变片合理接入电桥，使得电桥输出灵敏度最大，同时进行温度补偿。

应变式力传感器的外形如图 3-16a 所示，应变片粘贴在弹性外壁应力分布均匀的中间部分，展开后的对称位置如图 3-16b 所示，后续转换电路通过电桥实现，电路连线如图 3-16c 所示，其中 R_1 和 R_3 串联，R_2 和 R_4 串联，位于桥路的对应桥臂上，以减小弯矩影响。横向贴片 R_5 和 R_7 串联，R_6 和 R_8 串联，作为另一对桥臂，作温度补偿。

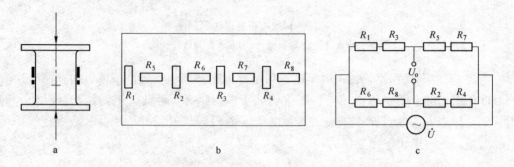

图 3-16　柱式力传感器及线路图

a—柱式力传感器外形；b—柱面的展开图；c—电桥连线图

应变式力传感器要求有较高的灵敏度和稳定性，当传感器在受到侧向作用力或力的作用点少量变化时，不应对输出有明显的影响。其主要用途是作为各种电子秤的测力元件、发动机的推力测试等。

（2）应变式液体重量传感器。应变式容器内的液体重量传感器示意图如图 3-17 所示，该传感器有一根传压杆，为了提高灵敏度，上端安装了两只微压传感器，下端安装感压膜，感压膜感受上面液体的压力。

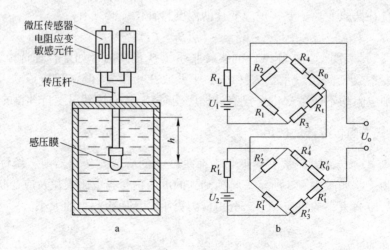

图 3-17　液体重量传感器及线路图

a—液体重量传感器；b—电桥接线图

当容器中溶液增多时，感压膜感受的压力就增大。将上端两个传感器的电桥接成正向串接的双电桥电路，此时输出电压与柱式容器内感压膜上面溶液的重量呈线性关系，因此可以测量容器内储存的溶液重量。

$$U_o = U_1 - U_2 = (K_1 - K_2)\rho gh \tag{3-33}$$

式中，K_1，K_2 为传感器传输系数。

3.3　电容式传感器

电容式传感器能将被测量参数转换为电容参数，通常由一个或几个电容器组成。电容式传感器结构简单、体积小、分辨率高，且可非接触测量，广泛应用于位移、加速度、介质几何尺寸等非电量测量。

3.3.1　电容式传感器的分类

由绝缘介质分开的两个平行金属板组成的平板电容器，如图 3-18 所示。如果不考虑边缘效应，其电容量为：

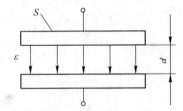

$$C = \frac{\varepsilon_0 \varepsilon_r S}{d} \tag{3-34}$$

图 3-18　电容式传感器的原理图

式中　ε_0——电容极板间的真空介电常数；

　　　ε_r——极板间介质相对介电常数；

　　　S——两平行板所覆盖的面积；

　　　d——两平行板之间的距离。

当被测参数变化使得式（3-34）中的覆盖面积 S、极板间距 d 或介电常数 ε 发生变化时，电容量 C 也随之变化。如果保持其中两个参数不变，而仅改变其中一个参数，就可把该参数的变化转换为电容量的变化，通过测量电路就可转换为电量输出。因此，电容式传感器可分为变极距型、变面积型和变介电常数型 3 种类型，具体外形如图 3-19 所示。

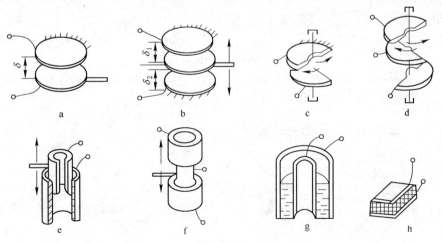

图 3-19　电容式传感器的各种外形

a，b—变极距型；c~f—变面积型；g，h—变介电常数型

3.3.2　电容式传感器的工作原理

3.3.2.1　变极距型电容式传感器

变极距型电容式传感器的原理图同图 3 – 18，当传感器的 ε_r 和 S 为常数，初始极距为 d_0 时，由式（3 – 34）可知其初始电容量 C_0 为：

$$C_0 = \frac{\varepsilon_0 \varepsilon_r S}{d_0} \tag{3-35}$$

若极板间距离减小 Δd，电容量增加 ΔC，则有：

$$C = C_0 + \Delta C = \frac{\varepsilon_0 \varepsilon_r S}{d_0 - \Delta d} = \frac{C_0 d_0}{1 - \frac{\Delta d}{d_0}} = \frac{C_0 \left(1 + \frac{\Delta d}{d_0}\right)}{1 - \left(\frac{\Delta d}{d_0}\right)^2} \tag{3-36}$$

可见，传感器的输出特性 $C = f(d)$ 是如图 3 – 20 所示的曲线关系。

在式（3 – 36）中，当 $\frac{\Delta d}{d_0} \ll 1$ 时，$1 - \left(\frac{\Delta d}{d_0}\right)^2 \approx 1$，则式（3 – 36）可简化为：

$$C = C_0 + C_0 \frac{\Delta d}{d_0} \tag{3-37}$$

此时 C 与 d 呈近似线性关系，所以变极距型电容式传感器只有在 $\frac{\Delta d}{d_0}$ 很小时，才有近似的线性输出。

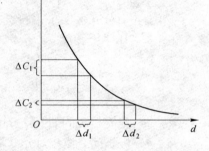

图 3 – 20　电容量与极板间距离的关系

由式（3 – 37）可知，对于同样的 Δd 变化，在 d_0 越小所引起的 ΔC 越大，从而使传感器灵敏度提高。但 d_0 过小，容易引起电容器击穿或短路。为此，极板间可采用高介电常数的材料作介质。例如用相对介电常数是空气的 7 倍的云母片作介质，这样可大大减小极板间的起始距离而不容易击穿，同时传感器的输出特性的线性度得到改善。

一般变极板间距离电容式传感器的极板间距离在 25 ~ 200μm 的范围内，最大位移应小于间距的 1/10，故在微位移测量中应用最广。

【例 3 – 2】　有一电容测微仪，圆形极板半径 $r = 5$mm，开始初始间隙 $d_0 = 0.3$mm，问：

（1）如果工作时间隙缩小 1μm（如图 3 – 18 所示），电容变化量为多少？

（2）如果测量电路的灵敏度 $S_1 = 100$mV/pF，读数仪表的灵敏度为 $S_2 = 5$ 格/mV，则仪表指示变化多少格？

解：（1）根据变极板型电容传感器特点可知：$\Delta C = \dfrac{\varepsilon_0 \varepsilon_r S \Delta d}{d_0^2}$

$$\Delta C = \frac{\varepsilon_0 \varepsilon_r \pi r^2 \Delta d}{d_0^2} = \frac{1 \times 8.85 \times 10^{-12} \times \pi \times (5 \times 10^{-3})^2 \times 1 \times 10^{-6}}{(0.3 \times 10^{-3})^2} = 7.72 \times 10^{-15} \text{F} = 7.72 \times 10^{-3} \text{pF}$$

（2）仪表指示值变化为：$\Delta C = 7.72 \times 10^{-3} \times 100 \times 5 = 3.86$ 格

3.3.2.2　变面积型电容式传感器

被测量通过动极板移动引起两极板有效覆盖面积 S 改变，从而改变电容量，其原理结构示意图如图 3 – 21 所示，当动极板相对于定极板沿长度 a 方向平移 Δx 时（见图

3 - 21a)，可得：

$$\Delta C = C - C_0 = -\frac{\varepsilon_0 \varepsilon_r b \Delta x}{d} \qquad (3-38)$$

式中，$C_0 = \dfrac{\varepsilon_0 \varepsilon_r ba}{d}$ 为初始电容。电容相对变化量为：

$$\frac{\Delta C}{C_0} = \frac{\Delta x}{a} \qquad (3-39)$$

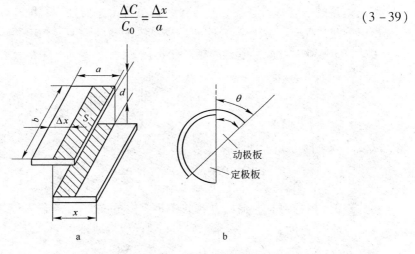

图 3 - 21　变面积型电容式传感器原理图

a—线位移型；b—角位移型

灵敏度为：

$$\frac{\Delta C}{\Delta x} = \frac{\varepsilon_0 \varepsilon_r b}{d} \qquad (3-40)$$

很明显，这种形式的传感器其电容量 C 与水平位移 Δx 是线性关系，因而其量程不受线性范围的限制，适合于测量较大的直线位移和角位移。

3.3.2.3　变介电常数型电容式传感器

常用的结构形式如图 3 - 22 所示，两平行电极固定不动，极距为 d_0，相对介电常数为 ε_{r2} 的电介质以不同深度插入电容器中，从而改变两种介质的极板覆盖面积。传感器总电容量 C 为：

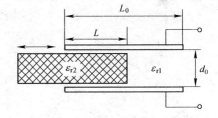

$$C = C_1 + C_2 = \varepsilon_0 b_0 \frac{\varepsilon_{r1}(L_0 - L) + \varepsilon_{r2}L}{d_0}$$

$$(3-41)$$

图 3 - 22　变介电常数型电容式传感器

式中　L_0，b_0——极板长度和宽度；

　　　L——第二种介质进入极板间的长度。

若电介质 $\varepsilon_{r1} = 1$，当 $L = 0$ 时，传感器初始电容 $C_0 = \dfrac{\varepsilon_0 \varepsilon_{r1} b_0 L_0}{d_0}$。当介质 ε_{r2} 进入极间 L 后，引起电容的相对变化为：

$$\frac{\Delta C}{C_0} = \frac{C - C_0}{C_0} = \frac{(\varepsilon_{r2} - 1)L}{L_0} \qquad (3-42)$$

可见，电容的变化与电介质 ε_{r2} 的移动量 L 呈线性关系。

变介电常数型电容式传感器有较多的结构形式，可以用来测量纸张、绝缘薄膜等的厚度，也可用来测量粮食、纺织品、木材或煤等非导电固体介质的湿度。

3.3.3 电容式传感器的灵敏度

前面讨论的电容式传感器，除变极距型电容传感器外，其他几种形式传感器的输入量与输出电容量之间的关系均为线性的，故只讨论变极距型平板电容传感器的灵敏度。

由式（3-36）可知，电容的相对变化量为：

$$\frac{\Delta C}{C_0} = \frac{\Delta d}{d_0}\left(\frac{1}{1 - \dfrac{\Delta d}{d}}\right) \tag{3-43}$$

当 $|\Delta d/d_0| \ll 1$ 时，则上式可按级数展开，故得：

$$\frac{\Delta C}{C_0} \approx \frac{\Delta d}{d_0}\left[1 + \left(\frac{\Delta d}{d_0}\right) + \left(\frac{\Delta d}{d_0}\right)^2 + \left(\frac{\Delta d}{d_0}\right)^3 + \cdots\right] \tag{3-44}$$

由式（3-44）可见，输出电容的相对变化量 $\Delta C/C_0$ 与输入位移 Δd 之间呈非线性关系。当 $\Delta d/d_0 \ll 1$ 时，可略去高次项，得到近似的线性：

$$\frac{\Delta C}{C_0} \approx \frac{\Delta d}{d_0} \tag{3-45}$$

电容式传感器的灵敏度为：

$$K = \frac{\dfrac{\Delta C}{C_0}}{\Delta d} = \frac{1}{d_0} \tag{3-46}$$

由式（3-46）可知，单位输入位移所引起输出电容相对变化的大小与 d_0 呈反比关系。要提高灵敏度，应减小起始间隙 d_0，但会引起非线性误差的增大。在实际应用中，为了提高灵敏度，减小非线性误差，大都采用差动式结构。图3-23是变极距型差动平板式电容传感器结构示意图。

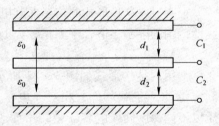

图3-23 差动平板式电容传感器结构

在差动式平板电容器中，当动极板位移 Δd 时，电容器 C_0 的间隙 d_1 变为 $d_0 - \Delta d$，电容器 C_2 的间隙 d_2 变为 $d_0 + \Delta d$，则：

$$C_1 = C_0 \frac{1}{1 - \dfrac{\Delta d}{d_0}} \tag{3-47}$$

$$C_2 = C_0 \frac{1}{1 + \dfrac{\Delta d}{d_0}} \tag{3-48}$$

在 $\Delta d/d_0 \ll 1$ 时，则按级数展开：

$$C_1 = C_0\left[1 + \left(\frac{\Delta d}{d_0}\right) + \left(\frac{\Delta d}{d_0}\right)^2 + \left(\frac{\Delta d}{d_0}\right)^3 + \cdots\right] \tag{3-49}$$

$$C_2 = C_0 \left[1 - \left(\frac{\Delta d}{d_0} \right) + \left(\frac{\Delta d}{d_0} \right)^2 - \left(\frac{\Delta d}{d_0} \right)^3 + \cdots \right] \tag{3-50}$$

电容值总的变化量为：

$$\Delta C = C_1 - C_2 = C_0 \left[2 \left(\frac{\Delta d}{d_0} \right) + 2 \left(\frac{\Delta d}{d_0} \right)^3 - 2 \left(\frac{\Delta d}{d_0} \right)^5 + \cdots \right] \tag{3-51}$$

电容值相对变化量为：

$$\frac{\Delta C}{C_0} = 2 \frac{\Delta d}{d_0} \left[1 + \left(\frac{\Delta d}{d_0} \right)^2 + \left(\frac{\Delta d}{d_0} \right)^4 + \cdots \right] \tag{3-52}$$

略去高次项，则：

$$\frac{\Delta C}{C_0} \approx 2 \frac{\Delta d}{d_0} \tag{3-53}$$

可见，电容传感器做成差动式之后，灵敏度提高一倍。

【例 3 - 3】 已知两极板电容传感器，极板面积为 Am^2，极板间介质为空气，极板间距为 1mm，当极距减少 0.1mm 时，电容灵敏度为多少？如参数不变，改为差动结构，分析灵敏度有何变化。

解： 根据变极板型电容传感器特点可知：

初始电容：$C = \frac{\varepsilon_0 \varepsilon_r S}{d_0} = \frac{8.85 \times 10^{-12} A}{1 \times 10^{-3}} = 8.85 \times 10^{-9} A$（F）

极板间距变化后电容：$C' = \frac{\varepsilon_0 \varepsilon_r S}{d_0 - \Delta d} = \frac{8.85 \times 10^{-12} A}{0.9 \times 10^{-3}} = 9.83 \times 10^{-9} A$（F）

变化电容：$\Delta C = C' - C = (9.83 - 8.85) \times 10^{-9} A = 0.98 \times 10^{-9} A$（F）

灵敏度：$S = \frac{\Delta C}{C} = \frac{0.98 \times 10^{-9} A}{8.85 \times 10^{-9} A} = 11\%$

如果是差动结构，变化电容为：

$$\Delta C' = 2\Delta C = 2 \times 0.98 \times 10^{-9} A = 1.96 \times 10^{-9} A \text{（F）}$$

灵敏度：$S' = \frac{\Delta C}{C} = \frac{1.96 \times 10^{-9} A}{8.85 \times 10^{-9} A} = 22\%$

可见，灵敏度提高了一倍。

3.3.4　电容式传感器的测量电路

电容式传感器中电容值以及电容变化值都十分微小，这样微小的电容量还不能直接被目前的显示仪表显示，也很难被记录仪接受，不便于传输。这就必须借助于测量电路检出这一微小电容增量，并将其转换成与其成单值函数关系的电压、电流或者频率。电容转换电路有调频电路、二极管双 T 型交流电桥等。

3.3.4.1　调频测量电路

调频测量电路把电容式传感器作为振荡器谐振回路的一部分。当输入量导致电容量发生变化时，振荡器的振荡频率就发生变化。虽然可将频率作为测量系统的输出量，用以判断被测非电量的大小，但此时系统是非线性的，不易校正，因此加入鉴频器，用此鉴频器可调整地非线性特性去补偿其他部分的非线性，并将频率的变化转换为振幅的变化，经过放大就可以用仪器指示或记录仪记录下来。调频测量电路原理框图如图 3 - 24 所示，C_x 为电容变换器。

图 3-24 中调频振荡器的振荡频率为：

$$f = \frac{1}{2\pi \sqrt{L_0 C}} \tag{3-54}$$

式中　L_0——振荡回路的电感；

　　　C——振荡回路的总电容，$C = C_1 + C_2 + C_x$。其中，C_1 为振荡回路固有电容；C_2 为传感器引线分布电容；$C_x = C_0 \pm \Delta C$ 为传感器的电容。

图 3-24　调频测量电路原理框图

当被测信号为 0 时，$\Delta C = 0$，则 $C = C_0 + C_1 + C_2$，所以振荡器有一个固有频率 f_0：

$$f_0 = \frac{1}{2\pi \sqrt{L_0(C_0 + C_1 + C_2)}} \tag{3-55}$$

当被测信号不为 0 时，$\Delta C \neq 0$，振荡器频率有相应变化，此时频率为：

$$f = \frac{1}{2\pi \sqrt{L_0(C_0 \mp \Delta C + C_1 + C_2)}} = f_0 \pm \Delta f \tag{3-56}$$

调频电容传感器测量电路具有较高灵敏度，可以测至 $0.01\mu m$ 级位移变化量。信号输出易于用数字仪器测量和与计算机通讯，抗干扰能力强，可以发送、接收以实现遥测遥控。

3.3.4.2　二极管双 T 型交流电桥

二极管双 T 型交流电桥又称为二极管 T 型网络，如图 3-25 所示。

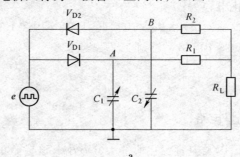

a

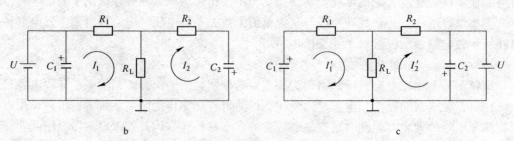

b　　　　　　　　　　　　　　　c

图 3-25　二极管双 T 型交流电桥

a—双 T 型交流电桥；b—正半周等效电路；c—负半周等效电路

图中 e 是高频电源，它提供幅值为 U_i 的对称方波，V_{D1}、V_{D2} 为特性完全相同的两个二极管，$R_1 = R_2 = R$，C_1、C_2 为传感器的两个差动电容。当传感器没有输入时，$C_1 = C_2$。

电路工作原理如下：当 e 为正半周时（如图 3 - 25b 所示），二极管 V_{D1} 导通、V_{D2} 截止，于是电容 C_1 充电；在随后负半周出现时，电容 C_1 上的电荷通过电阻 R_1、负载电阻 R_L 放电，流过 R_L 的电流为 I_1。

在负半周内（如图 3 - 25c 所示），V_{D2} 导通、V_{D1} 截止，则电容 C_2 充电；在随后出现正半周时，C_2 通过电阻 R_2，负载电阻 R_L 放电，流过 R_L 的电流为 I_2。根据上面所给的条件，则电流 $I_1 = I_2$，且方向相反，在一个周期内流过 R_L 的平均电流为零。

若传感器输入不为 0，则 $C_1 \neq C_2$，那么 $I_1 \neq I_2$，此时 R_L 上必定有信号输出，其输出电压 U_0 不仅与电源电压的幅值和频率有关，而且与 T 型网络中的电容 C_1 和 C_2 的差值有关。当电源电压确定后，输出电压 U_0 是电容 C_1 和 C_2 的函数。电路的灵敏度与电源幅值和频率有关，故输入电源要求稳定。

3.3.5 电容式传感器的应用

3.3.5.1 电容式压力传感器

电容式压力传感器如图 3 - 26 所示，由膜片、金属镀层、过滤器、凹形玻璃、外壳等构成，其中膜片与金属镀层构成两个电容器。

当左右两边的压力相等时，膜片处于中间位置，输出为零。当左右两边压力不等时，由于压力差，使得膜片发生变形，使得对应电容器的电容发生变化，具体电容参数与压力的函数关系式如下：

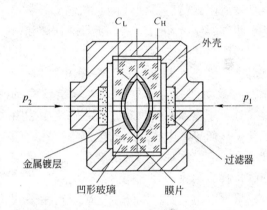

图 3 - 26 差动式电容式压力传感器结构

$$\frac{C_L - C_H}{C_L + C_H} = K(p_H - p_L) = K\Delta p \tag{3-57}$$

因此通过检测到电容参数的变化可以推算两边的压力差。

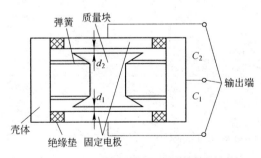

图 3 - 27 差动式电容加速度传感器结构

3.3.5.2 电容式加速度传感器

电容式加速度传感器如图 3 - 27 所示，由质量块、固定电极、壳体、弹簧等构成，固定电极与质量块的上下平面形成两个电容器，当壳体随被测物移动时，质量块由于惯性作用与固定电极的间距发生变化，间距的变化使得电容器的对应电容值发生变化，从而根据电容、位移以及加速度之间的关系来推算加速度大小。

3.4 电感式传感器

电感式传感器是利用电磁感应原理将被测非电量如位移、压力、流量、重量、振动等

转换成线圈自感量 L 或互感量 M 的变化，再由测量电路转换为电压或电流的变化量输出的装置。电感式传感器具有结构简单，测量精度高，测量范围宽，输出功率较大等一系列优点，但频率响应低，存在交流零位信号，不适用于快速动态测量。这种传感器能实现信息的远距离传输和控制，在工业自动控制系统中被广泛采用。

电感式传感器种类很多，有利用自感原理的可变磁阻式传感器，利用互感原理做成的差动变压器式传感器，还有利用涡流原理的涡流式传感器等，本节主要介绍可变磁阻式、变压器式和电涡流式 3 种传感器。

3.4.1　可变磁阻式传感器

变磁阻式传感器是基于电感线圈的自感变化来检测被测量的变化，从而实现位移、压强、荷重、液位等参数的测量。

3.4.1.1　工作原理

变磁阻式传感器由线圈、铁芯和衔铁 3 部分组成，结构如图 3-28 所示。铁芯和衔铁由导磁材料如硅钢片或坡莫合金制成，在铁芯和衔铁之间有气隙，气隙厚度为 δ，传感器的运动部分与衔铁相连。当衔铁移动时，气隙厚度 δ 发生改变，引起磁路中磁阻变化，从而导致电感线圈的电感值变化，因此只要能测出这种电感量的变化，就能确定衔铁位移量的大小和方向。

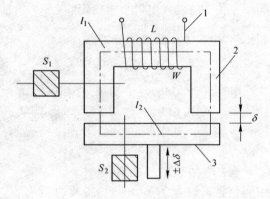

图 3-28　变磁阻式传感器
1—线圈；2—铁芯；3—衔铁

根据电感定义，线圈中电感量可由下式确定：

$$L = \frac{\psi}{I} = \frac{N\Phi}{I} \tag{3-58}$$

式中　ψ——线圈总磁链；
　　　　I——通过线圈的电流；
　　　　N——线圈的匝数；
　　　　Φ——穿过线圈的磁通。

由磁路欧姆定律，得磁通表达式为：

$$\Phi = \frac{IN}{R_m} \tag{3-59}$$

式中　R_m——磁路总磁阻。

对于变隙式传感器，因为气隙很小，所以可以认为气隙中的磁场是均匀的。

设气隙的厚度为 δ，磁通通过铁芯的长度为 L_1，磁通通过衔铁的长度 L_2，气隙的截面积 S_0，铁芯的截面积 S_1，衔铁的截面积 S_2，则忽略磁路磁损，有磁路总磁阻为：

$$R_m = \frac{L_1}{\mu_1 S_1} + \frac{L_2}{\mu_2 S_2} + \frac{2\delta}{\mu_0 S_0} \tag{3-60}$$

式中　μ_0——空气的磁导率，$4\pi \times 10^{-7}$ H/m；

μ_1——铁芯材料的磁导率，H/m；

μ_2——衔铁材料的磁导率，H/m。

通常气隙磁阻远大于铁芯和衔铁的磁阻，则式（3-60）可近似为：

$$R_{\mathrm{m}} \approx \frac{2\delta}{\mu_0 S_0} \qquad (3-61)$$

联立式（3-59）、式（3-60）及式（3-61），可得：

$$L = \frac{N^2}{R_{\mathrm{m}}} = \frac{N^2 \mu_0 S_0}{2\delta} \qquad (3-62)$$

式（3-62）表明，当线圈匝数为常数时，电感 L 仅仅是磁路中磁阻 R_{m} 的函数，改变 δ 或 S_0 均可导致电感变化，因此变磁阻式传感器又可分为变气隙厚度 δ 的传感器和变气隙面积 S_0 的传感器。使用最广泛的是变气隙厚度 δ 式电感传感器，其输出特性曲线如图3-29所示。

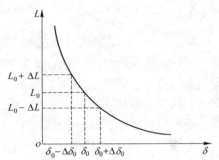

图 3-29　变间隙型传感器输出特性曲线

3.4.1.2　测量电路

电感式传感器的测量电路有交流电桥式和谐振式等形式。谐振式测量电路有谐振式调幅电路和谐振式调频电路两种，这里主要介绍谐振式调幅电路，如图3-30a所示。在调幅电路中，传感器电感 L 与电容 C 和变压器原边串联在一起，接入交流电源 $\dot{U}$，变压器副边将有电压 $\dot{U}_{\mathrm{o}}$ 输出，输出电压的频率与电源频率相同，而幅值随着电感 L 而变化。图3-30b所示为输出电压 $\dot{U}_{\mathrm{o}}$ 与电感 L 的关系曲线，其中 L_0 为谐振点的电感值，此电路灵敏度很高，但线性差，适用于线性要求不高的场合。

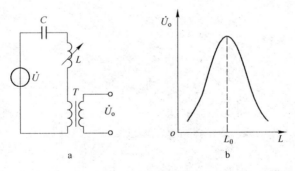

图 3-30　谐振式调幅电路

a—谐振式调幅电路；b—输出电压与电感的关系曲线

【例3-4】　可变磁阻式传感器铁芯导磁截面积 $A = 1.5\mathrm{cm}^2$，长度 $l = 20\mathrm{cm}$，铁芯相对磁导率为5000，线圈匝数为3000，原始气隙 $d_0 = 0.5\mathrm{cm}$，间距变化为0.1mm，求灵敏度，若采用差动方式，灵敏度有无变化？

解：由于铁芯磁阻相比空气隙磁阻是很小的，可以忽略，因此根据可变磁阻式传感器的特点，可得灵敏度为：

$$S = \frac{\Delta L}{\Delta d} = \frac{N^2 \mu_0 S_0}{2d^2} = \frac{3000^2 \times 4\pi \times 10^{-7} \times 1.5 \times 10^{-4}}{2 \times (0.5 \times 10^{-2})^2} = 33.9 \, \text{H/m}$$

若改为差动结构，则电感一个增加，一个减小：

$$L_1 = \frac{N^2 \mu_0 S_0}{2(d + \Delta d)} = \frac{3000^2 \times 4\pi \times 10^{-7} \times 1.5 \times 10^{-4}}{2 \times (0.5 + 0.1) \times 10^{-2}} = 0.141 \, \text{H}$$

$$L_2 = \frac{N^2 \mu_0 S_0}{2(d - \Delta d)} = \frac{3000^2 \times 4\pi \times 10^{-7} \times 1.5 \times 10^{-4}}{2 \times (0.5 - 0.1) \times 10^{-2}} = 0.211 \, \text{H}$$

则差动结构的灵敏度为 $S' = \dfrac{\Delta L}{\Delta d} = \dfrac{L_2 - L_1}{\Delta d} = \dfrac{0.211 - 0.141}{0.1 \times 10^{-2}} = 70 \, \text{H/m}$

3.4.1.3 变磁阻式传感器的应用

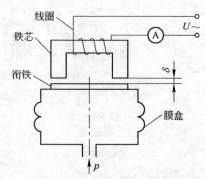

变隙电感式压力传感器的结构如图 3－31 所示，由膜盒、铁芯、衔铁及线圈等组成。当压力进入膜盒时，膜盒的顶端在压力 p 的作用下产生与压力 p 大小成正比的位移，由于衔铁与膜盒的上端连在一起，于是衔铁也发生移动，从而使气隙发生变化，流过线圈的电流也发生相应的变化，电流表指示值就反映了被测压力的大小。

图 3－31   变隙电感式压力传感器结构图

变隙式差动电感压力传感器如图 3－32 所示，由 C 形弹簧管、衔铁、铁芯和线圈等组成。当被测压力进入 C 形弹簧管时，C 形弹簧管产生变形，其自由端发生位移。自由端移动时，会带动与自由端连接成一体的衔铁运动，使线圈 1 和线圈 2 中的电感发生大小相等、符号相反的变化，即一个电感量增大，另一个电感量减小。电感的这种变化通过电桥电路转换成电压输出。由于输出电压与被测压力之间成比例关系，所以只要用检测仪表测量出输出电压，即可得知被测压力的大小。

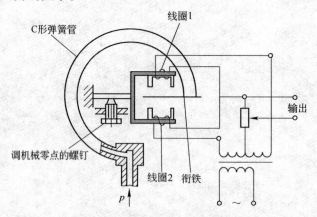

图 3－32   变隙式差动电感压力传感器

3.4.2   变压器式传感器

变压器式传感器是根据变压器的基本原理制成的，并且次级绕组通常都用差动形式连接，故又称为差动变压器式传感器，能把被测的非电量变化转换为线圈互感量变化。

差动变压器结构形式较多，有变隙式、变面积式和螺线管式等，但工作原理相似。非电量测量中，应用最多的是螺线管式差动变压器，它可以测量 $1 \sim 100\text{mm}$ 范围内的机械位移，并具有测量精度高，灵敏度高，结构简单，性能可靠等优点。下面以螺线管式差动变压器为例来说明差动变压器式传感器的工作原理。

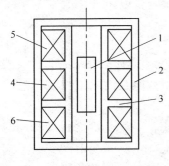

图 3 - 33　螺线管式差动变压器结构

1—活动衔铁；2—导磁外壳；3—骨架；

4—匝数为 W_1 初级绕组；5—匝数为 W_{2a}

的次级绕组；6—匝数为 W_{2b} 的次级绕组

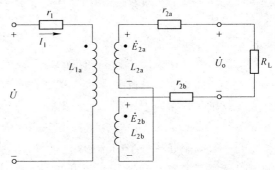

图 3 - 34　差动变压器等效电路

3.4.2.1　工作原理

螺线管式差动变压器结构如图 3 - 33 所示。它由一个初级线圈，两个次级线圈和插入线圈中央的圆柱形铁芯等组成。

差动变压器式传感器中两个次级线圈反向串联，并且在忽略铁损、导磁体磁阻和线圈分布电容的理想条件下，其等效电路如图 3 - 34 所示。

当初级绕组 W_1 加以激励电压 $\dot{U}_1$ 时，根据变压器的工作原理，在两个次级绕组 W_{2a} 和 W_{2b} 中便会产生感应电势 $\dot{E}_{2a}$ 和 $\dot{E}_{2b}$。如果工艺上保证变压器结构完全对称，则当活动衔铁处于初始平衡位置时，必然会使两互感系数 $M_1 = M_2$。根据电磁感应原理，将有 $\dot{E}_{2a} = \dot{E}_{2b}$。

由于变压器两次级绕组反向串联，因而 $\dot{U}_2 = \dot{E}_{2a} - \dot{E}_{2b} = 0$，即差动变压器输出电压为零。实际上，当衔铁位于中心位置时，差动变压器输出电压并不等于零，图 3 - 35 给出了变压器输出电压 $\dot{U}_2$ 与活动衔铁位移 x 的关系曲线。我们把差动变压器在零位移时的输出电压称为零点残余电压，记作 $\Delta \dot{U}_o$，它的存在造成传感器的实际特性与理论特性不完全一致。

零点残余电压主要是由传感器的两次级绕组的电气参数与几何尺寸不对称，以及磁性材料的非线性等问题引起的。传感器的两次级绕组的电气参数和几何尺寸不对称，导致它们产生的感应电势的幅值不等、相位不同，因此不论怎样调整

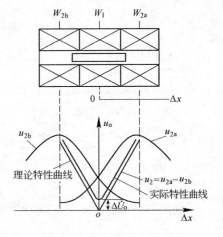

图 3 - 35　差动变压器输出电压特性曲线

衔铁位置，两线圈中感应电势都不能完全抵消。零点残余电压一般在几十毫伏以下，在实际使用时应尽量减小。

活动衔铁向上移动时，由于磁阻的影响，W_{2a} 中磁通将大于 W_{2b}，使 $M_1 > M_2$，因而 $\dot{E}_{2a}$ 增加，而 $\dot{E}_{2b}$ 减小。因为 $\dot{U}_2 = \dot{E}_{2a} - \dot{E}_{2b}$，所以当 $\dot{E}_{2a}$、$\dot{E}_{2b}$ 随着衔铁位移 x 变化时，$\dot{U}_2$ 也必将随 x 变化。

3.4.2.2　测量电路

差动变压器随衔铁的位移而输出的是交流电压，若用交流电压表测量，只能反映衔铁位移的大小，而不能反映移动方向。为了达到能辨别移动方向及消除零点残余电压的目的，实际测量时，常常采用相敏检波电路。

如图 3-36 所示为二极管相敏检波电路。V_{D1}、V_{D2}、V_{D3}、V_{D4} 为四个性能相同的二极管，以同一方向串联成一个闭合回路，形成环形电桥。输入信号 u_2（差动变压器式传感器输出的调幅波电压）通过变压器 T_1 加到环形电桥的一条对角线。参考信号 u_s 通过变压器 T_2 加入环形电桥的另一个对角线。输出信号 u_o 从变压器 T_1 与 T_2 的中心抽头引出。

图 3-36 中的平衡电阻 R 起限流作用，避免二极管导通时变压器 T_2 的次级电流过大。R_L 为负载电阻。u_o 的幅值要远大于输入信号 u_2 的幅值，以便有效控制四个二极管的导通状态，且 u_s 和差动变压器式传感器激磁电压 u_1 由同一振荡器供电，保证二者同频、同相（或反相）。

由图 3-37a、图 3-37c、图 3-37d 可知，当位移 $\Delta x > 0$ 时，u_s、u_2 同频同相；当位移 $\Delta x < 0$ 时，u_s 与 u_2 同频反相。$\Delta x > 0$ 时，u_s 与 u_2 为同频同相，当 u_s 与 u_2 均为正半周时，见图 3-36a，环形电桥中二极管 V_{D1}、V_{D4} 截止，V_{D2}、V_{D3} 导通，则可得图 3-36b 的等效电路。

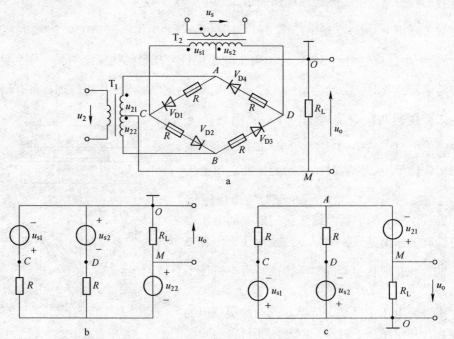

图 3-36　相敏检波电路

a—相敏检波电路图；b—正半周时等效电路；c—负半周时等效电路

同理，当 u_2 与 u_s 均为负半周时，二极管 V_{D2}、V_{D3} 截止，V_{D1}、V_{D4} 导通。其等效电路如图 3−36c 所示，输出电压 u_o 表达式与正半周时相同，说明只要位移 $\Delta x > 0$，不论 u_2 与 u_s 是正半周还是负半周，负载 R_L 两端得到的电压 u_o 始终为正。

当 $\Delta x < 0$ 时，u_2 与 u_s 为同频反相。采用上述相同的分析方法不难得到当 $\Delta x < 0$ 时，不论 u_2 与 u_o 是正半周还是负半周，负载电阻 R_L 两端得到的输出电压 u_o 表达式总是为负。

所以上述相敏检波电路输出电压 u_o 的变化规律充分反映了被测位移量的变化规律，即 u_o 的值反映位移 Δx 的大小，而 u_o 的极性则反映了位移 Δx 的方向。

3.4.3 涡流式传感器

根据法拉第电磁感应原理，块状金属导体置于变化的磁场中或在磁场中作切割磁力线运动时，导体内将产生呈涡旋状的感应电流，该电流的流线呈闭合回线，该电流叫电涡流，该现象称为电涡流效应。根据电涡流效应制成的传感器称为电涡流式传感器。按照电涡流在导体内的贯穿情况，可分为高频反射式和低频透射式两类。

电涡流式传感器结构简单，能对位移、厚度、速度、应力、材料损伤等进行非接触式连续测量，由于灵敏度高，频率响应宽，在工业检测中得到广泛应用。

3.4.3.1 工作原理

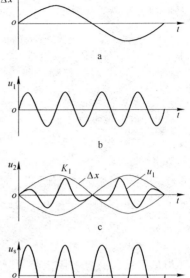
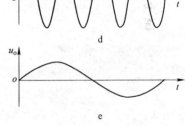

图 3−37　波形图
a—被测位移变化波形图；
b—差动变压器激励电压波形；
c—差动变压器输出电压波形；
d—相敏检波解调电压波形；
e—相敏检波输出电压波形

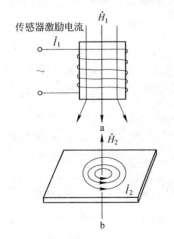

图 3−38　电涡流式传感器原理图
a—传感器激励线圈；b—被测金属导体

电涡流式传感器的原理图如图 3−38 所示，该图由传感器线圈和被测导体组成线圈−导体系统。

根据法拉第定律，当传感器线圈通以正弦交变电流 $\dot{I}_1$ 时，线圈周围空间必然产生正弦交变磁场 $\dot{H}_1$，使置于此磁场中的金属导体中感应电涡流 $\dot{I}_2$，$\dot{I}_2$ 又产生新的交变磁场 $\dot{H}_2$。根据楞次定律，$\dot{H}_2$ 的作用将反抗原磁场 $\dot{H}_1$，导致传感器线圈的等效阻抗发生变化，此电涡流的闭合流线的圆心同线圈在金属板上的投影的圆心重合。由以上可知，线圈阻抗的变化完全取决于被测金属导体的电涡流效应。

而电涡流效应既与被测体的电阻率 ρ、相对磁导

率 μ 以及几何形状有关，又与线圈几何参数、线圈中激磁电流频率 f 有关，还与线圈和导体间的距离 x 有关。因此，传感器线圈受电涡流影响时的等效阻抗 Z 的函数关系式为：

$$Z = F(f,x,\rho,\mu,\gamma) \tag{3-63}$$

式中　f——线圈激磁电流的频率；

　　　x——线圈与导体间的距离；

　　　ρ——被测体的电阻率；

　　　μ——相对磁导率；

　　　γ——线圈与被测体的尺寸因子。

如果保持式（3-63）中其他参数不变，而只改变其中一个参数，传感器线圈阻抗 Z 就仅仅是这个参数的单值函数。通过与传感器配用的测量电路测出阻抗 Z 的变化量，即可实现对该参数的测量。电涡流式传感器等效电路参数均是互感系数和电感 L、L_1 的函数，故把这类传感器归为电感式传感器。

3.4.3.2　电涡流式传感器的应用

电涡流式传感器可用来测量金属件的静态或动态位移、厚度，最大量程达数百毫米，分辨率为 0.1%。目前电涡流位移传感器的分辨率最高已做到 0.05μm（量程 0~15μm）。凡是可转换为位移量的参数，都可用电涡流式传感器测量，如机器转轴的轴向窜动、金属材料的线膨胀系数、钢水液位、流体压力等。另外，电涡流式传感器利用转矩变化引起的振荡器幅值和频率的变化可实现非接触转速测量等。

（1）测厚度。低频透射式涡流厚度传感器如图 3-39 所示，在被测金属板的上方设有发射传感器线圈 L_1，在被测金属板下方设有接收传感器线圈 L_2。

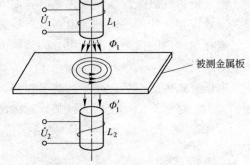

当在 L_1 上加低频电压 $\dot{U}_1$ 时，L_1 上产生交变磁通 Φ_1，产生的磁场将导致在金属板中产生电涡流，并将贯穿金属板，此时磁场能量受到损耗，使到达 L_2 的磁通将减弱为 Φ_1'，从而使 L_2 产生的感应电压 $\dot{U}_2$ 下降。金属板越厚，涡流损失就越大，电压 U_2 就越小。因此，可根据 U_2 电压的大小得知被测金属板的厚度。透射式涡流厚度传感器的检测范围可达 1~

图 3-39　低频透射式涡流厚度传感器结构原理图

100mm，分辨率为 0.1μm，线性度为 1%。

（2）无损探测。涡流探伤可以用来检查金属的表面裂纹、热处理裂纹以及用于焊接部位的探伤等，如图 3-40 所示的多通道涡流探伤仪。多通道涡流探伤仪用于提取微弱的裂纹信号，再由后台放大器放大，经过处理后在显示器上显示裂纹缺陷的相对大小，最后可以由蜂鸣器报警。

多通道涡流探伤仪可用于轴承外圈、轴承内圈、铜管、钢管、不锈钢管、双层管、金属棒材等的无损探伤检测。

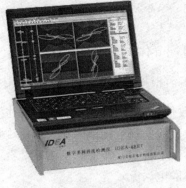

图 3-40　多通道涡流探伤仪

除厚度测量、损伤探测应用外，电涡流式传感器还可利用转矩变化引起的振荡器幅值和频率的变化，来实现非接触转速测量，利用磁导率与硬度有关的特性来实现非接触式硬度连续测量等。

本 章 小 结

本章主要介绍了弹性元件、电阻传感器、电容传感器和电感传感器。电阻式、电容式和电感式 3 种传感器有共性，即通过器件本身或者弹性元件变换构成的相应传感器。

弹性元件能将被测物理量变换成位移或者应变，利用各自的结构特点、不同的制造材料和变形来完成不同的功能。弹性元件的具体参数为刚度和灵敏度。

电阻传感器能将被测量参数变化转化为电阻参数变化，其中应变式电阻传感器是以电阻应变片为核心，利用应变效应检测被测值，测量电路为电桥形式，有单臂、双臂、全桥形式。

电容式传感器能将被测量参数转换为电容参数，可分为变极距型、变面积型和变介质型 3 种类型，电容式传感器结构简单、体积小、分辨率高，且可非接触测量。

电感式传感器是利用电磁感应原理将被测非电量转换成线圈自感量 L 或互感量 M 的变化，有变磁阻式传感器、差动变压器式传感器、涡流式传感器等。可变磁阻式传感器由线圈、铁芯和衔铁组成，又可分为变气隙厚度 δ 的传感器和变气隙面积 S_0 的传感器。变压器式传感器是根据变压器的基本原理制成的，能把被测的非电量变化转换为线圈互感量变化。为了达到能辨别移动方向及消除零点残余电压的目的，实际测量时，常常采用相敏检波电路。

习　题

3-1　弹性元件有哪些类型，有什么特性？

3-2　金属电阻应变片与半导体材料的电阻应变效应有何不同？

3-3　图 3-13a 半桥双臂电路，已知输入电压 $U_i = 12V$，$R_2 = R_3 = R_4 = R_0 = 60\Omega$，

　　（1）若应变片变化 0.5Ω，求此时输出电压；

　　（2）若再外加两片应变片，构成全桥如图 3-13b 所示，求输出电压。

3-4　直流电桥的供电电源为 3V，$R_3 = R_4 = 100\Omega$，R_1 和 R_2 为同型号的电阻应变片，电阻均为 50Ω，灵敏度 $K = 2.0$，两只应变片分别粘贴在等强度梁同一截面的正反两面，设等强度梁在受力后产生的应变为 5000，求此时电桥输出端电压 U_0。

3-5　采用阻值 120Ω 灵敏度系统 $K = 2.0$ 的金属电阻应变片，和固定阻值为 120Ω 的电阻组成电桥，供桥电压为 4V，假定负载电阻无穷大，当应变片的应变分别为 1 和 1000 时，求单臂电桥、双臂电桥和全桥工作时的输出电压，并对比三种情况的灵敏度。

3-6　电阻传感器的温度补偿怎么实现？

3-7　电容传感器有哪些分类，采取什么措施可改善变间隙型电容传感器的非线性特征？

3-8　有一差动位移型电容传感器，测量电路采用变压器交流电桥，电容初始时 $b_1 = b_2 = b = 200mm$，$a_1 = a_2 = 20mm$，极距 $d = 2mm$，极间介质为空气，测量电路 $u_1 = 3\sin\omega t$ V，且 $u = u_0$。试求当动极板上输入一位移量 $\Delta x = 5mm$ 时，电桥输出电压 u_0。

3-9　某电容传感器的圆形极板半径 $r = 4mm$，工作初始极板间距 $d_0 = 0.3mm$，介质为空气，测量电路的灵敏度 $S_1 = 100mV/pF$，读数仪表的灵敏度为 $S_2 = 5$ 格/mV，若极板间距变化量 $1\mu m$ 时，则：

　　（1）电容变化量是多少？

　　（2）读数变化量是多少？

3 – 10　影响可变磁阻式电感传感器的工作原理是什么?

3 – 11　可变磁阻式传感器铁芯导磁截面积 $A = 1cm^2$，长度 $l = 20cm$，铁芯相对磁导率为 5000，线圈匝数为 2000，原始气隙 $d_0 = 0.4cm$，间距变化为 0.1mm，求灵敏度，若采用差动方式，灵敏度有无变化?

3 – 12　什么是零点残余电压，如何进行残余电压补偿?

3 – 13　差动变压器型传感器的结构有何特点?

3 – 14　相敏检波的作用是什么，工作原理是什么?

3 – 15　什么是涡流效应，电涡流式传感器的灵敏度受哪些因素影响?

4 有源传感器

本章要点

- 压电传感器的压电效应、工作原理;
- 压电传感器的测量电路及应用;
- 霍尔传感器的霍尔效应、工作原理;
- 霍尔传感器的测量电路及应用;
- 光电池的工作原理、测量电路及应用;
- 电感传感器的测量电路及应用;
- 热电偶的热电效应、基本定律;
- 热电偶的测量电路及应用。

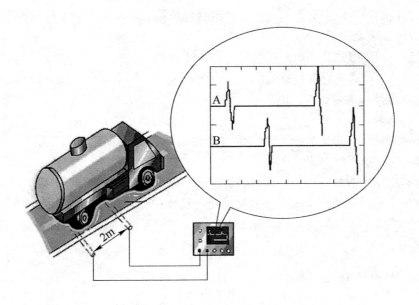

将非电能量转化为电能量，它不需要辅助电源就能把被测对象的机械量转换成易于测量的电信号，只转化能量本身，并不转化能量信号的传感器，称为有源传感器，也称为能量转换型传感器或换能器。常常配合有电压测量电路和放大器。常见的有源传感器有压电式传感器、霍尔传感器、光电池、热电偶等。

4.1 压电式传感器

压电式传感器是一种有源的双向机电传感器。它是利用压电材料的压电效应实现能量的转换的一种传感器。它的敏感元件由压电材料制成。压电式传感器用于测量力和能变换为力的非电物理量，它可以把加速度、压力、位移、温度、湿度等许多非电量转换为电量。压电式传感器具有使用频带宽、灵敏度高、信噪比高、结构简单、工作可靠、重量轻、测量范围广等许多优点。缺点是无静态输出，要求有很高的电输出阻抗，需用低电容的低噪声电缆。

4.1.1 压电效应及压电材料

4.1.1.1 压电效应

压电效应可分为正压电效应和逆压电效应。某些电介质物体在沿一定方向上受到外力的作用而变形时，其内部会产生极化现象，同时在它的两个相对表面上出现正负相反的电荷。当外力去掉后，它又会恢复到不带电的状态，这种现象称为正压电效应。当作用力的方向改变时，电荷的极性也随之改变。相反，当在电介质的极化方向上施加电场，这些电介质也会发生变形，电场去掉后，电介质的变形随之消失，这种现象称为逆压电效应，或称为电致伸缩现象。压电式传感器大多是利用正压电效应制成的。

在片状压电材料的两个电极面上，如果加以交流电压，那么压电片上能产生机械振动，使压电片在电极方向上有伸缩现象，将这种现象称为电致效应，也称逆压电效应。

4.1.1.2 压电材料

具有明显呈现压电效应的敏感功能材料称为压电材料。由于它是物性型的，因此选用合适的压电材料是构成高性能传感器的关键，因此应考虑以下几个方面：

（1）压电常数：衡量材料压电效应强弱的参数。

（2）弹性常数：决定压电元件的固有频率和动态特性。

（3）介电常数：一定形状、尺寸的压电元件，其固有电容特性与介电常数有关，影响压电传感器的频率下限。

（4）电阻：压电材料的绝缘电阻将减少电荷泄漏，改善传感器的低频特性。

（5）居里点温度：指压电材料开始失去压电特性的温度。

压电式传感器中的压电材料一般有压电晶体（即石英晶体）、压电陶瓷以及高分子材料三类。

4.1.2 压电式传感器的工作原理

压电式传感器的基本原理就是利用压电材料的压电效应这个特性，即当有力作用在压电元件上时，传感器就有电荷（或电压）输出。

由于外力作用在压电材料上产生的电荷只有在无泄漏的情况下才能保存，故需要测量回路具有无限大的输入阻抗，这实际上是不可能的，因此压电式传感器不能用于静态测量。压电材料在交变力的作用下，电荷可以不断补充，以供给测量回路一定的电流，故适用于动态测量。

4.1.2.1　压电元件的连接与变形

考虑到单片压电元件产生的电荷量甚微，输出电量很少，因此在实际使用中常采用两片（或两片以上）同型号的压电元件组合在一起。因为压电材料产生的电荷是有极性的，所以压电元件的接法有两种，如图4-1所示。图4-1a是两个压电片的负端粘接在一起，中间插入的金属电极成为压电片的负极，正电极在两边的电极上，从电路上看，这是并联接法，类似两个电容的并联，所以，电容量增加了1倍，外力作用下正负电极上的电荷量增加了1倍，输出电压与单片时相同，即有 $C' = 2C$、$U' = U$、$Q' = 2Q$。图4-1b是两压电片不同极性端粘接在一起，从电路上看是串联的，两压电片中间粘接处正负电荷中和，上、下极板的电荷量与单片时相同，总电容量为单片的1/2，输出电压增大了1倍，即有 $C' = C/2$、$U' = 2U$、$Q' = Q$。

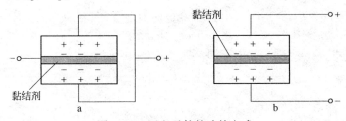

图4-1　压电元件的连接方式
a—并联（同极性黏结）；b—串联（不同极性黏结）

由以上可见，并联接法输出电荷大，本身电容大，时间常数大，适宜用在测量慢变信号并且以电荷作为输出量的场合；而串联接法输出电压大，本身电容小，适宜用于以电压作输出信号，并且测量电路输入阻抗很高的场合。

压电元件作为压电式传感器的核心，在受外力作用时，其受力和变形方式大致有厚度变形、长度变形、体积变形和厚度剪切变形等几种形式。最常用的是厚度变形的压缩式和剪切变形的剪切式两种。

4.1.2.2　等效电路和测量电路

A　等效电路

由压电元件的工作原理可知，压电式传感器对被测量的变化是通过其压电元件产生电荷量的大小来反映的，因此它相当于一个电荷源。而压电元件电极表面聚集电荷时，压电元件两电极间的压电陶瓷或石英作为绝缘体，它又相当于一个以压电材料为电介质的电容器，其电容量为：

$$C_a = \frac{\varepsilon_r \varepsilon_o S}{\delta} \tag{4-1}$$

式中　S——极板（压电片）面积；

　　　ε_r，ε_o——压电材料的相对介电常数和空气的介电常数；

　　　δ——压电元件厚度。

当压电元件受外力作用时，两表面产生等量的正、负电荷 Q，压电元件的开路电压

（认为其负载电阻为无穷大）U 为：

$$U = \frac{Q}{C_a} \qquad\qquad (4-2)$$

这样，可以把压电元件等效为一个电荷源 Q 和一个电容器 C_a 并联的等效电路；同时也等效为一个电压源 U 和一个电容器 C_a 串联的等效电路，如图 4-2 所示。

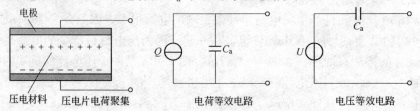

图 4-2　压电元件的等效电路

压电式传感器在实际使用时，总是与二次仪表配套或与测量电路相连，因此就要考虑连接电缆电容 C_c，放大器的输入电阻 R_i、输入电容 C_i 以及压电传感器的泄漏电阻 R_a。这样压电传感器的完整实际等效电路如图 4-3 所示。

压电传感器产生的电荷很少，信号微弱，而自身又要有极高的绝缘电阻，因此需经测量电路进行阻抗变换和信号放大，且要求测量电路输入端必须有足够高的阻抗和较小的分布电容，以防止电荷迅速泄漏，电荷泄漏将引起测量误差。

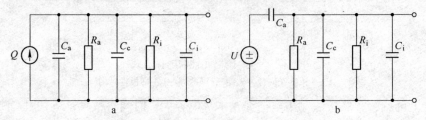

图 4-3　压电式传感器的实际等效电路图
a—电荷等效电路；b—电压等效电路

B　测量电路

压电式传感器本身的阻抗很高，而输出能量较小，为了使压电元件能正常工作，它的测量电路需要接入一个高输入阻抗的前置放大器，主要有两个作用：一是放大压电元件的微弱电信号；二是把高阻抗输入变换为低阻抗输出。

根据压电式传感器的等效电路，它的输出信号可以是电压也可以是电荷，因此，前置放大器有两种形式：一种是电压放大器，其输出电压与输入电压（压电元件的输出电压）成正比；另一种是电荷放大器，其输出电压与输入电荷成正比。

压电传感器的测量系统框图如图 4-4 所示。

图 4-4　压电传感器的测量系统框图

（1）电压放大器。

压电式传感器接到电压放大器的等效电路如图4-5所示。

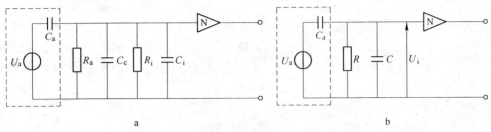

a   b

图4-5 电压放大器电路原理及等效电路图

a—电压放大器等效电路；b—简化电路

图4-5中 R 为等效电阻，C 为等效电容，分别为 $R = \dfrac{R_a R_i}{R_a + R_i}$，$C = C_c + C_i$，而 $U_a = Q/C_a$。

如果压电元件上受到角频率为 ω 的交变力 F，则可写成：

$$F = F_m \sin\omega t \tag{4-3}$$

式中 F_m——作用力的幅值。

假设压电元件的压电系数为 d，则在外力的作用下压电元件产生的电压值为：

$$U_a = \frac{dF_m}{C_a}\sin\omega t \quad \text{或} \quad U_a = U_m\sin\omega t \tag{4-4}$$

式中 U_m——电压幅值，$U_m = dF_m/C_a$。

由图4-5b可得送到放大器输入端的电压为：

$$U_i = dF\frac{j\omega R}{1 + j\omega R(C + C_a)} \tag{4-5}$$

由式（4-5）得到放大器输入电压的幅值 U_{im} 为：

$$U_{im} = \frac{dF_m\omega R}{\sqrt{1 + \omega^2 R^2(C_a + C_c + C_i)}} \tag{4-6}$$

输入电压与作用力之间的相位差 ϕ 为：

$$\phi = \frac{\pi}{2} - \arctan\left[\omega(C_a + C_c + C_i)R\right] \tag{4-7}$$

令 $\tau = R(C_a + C_c + C_i)$，$\tau$ 为测量回路的时间常数，同时令 $\omega_0 = 1/\tau$，则可得：

$$U_{im} = \frac{dF_m\omega R}{\sqrt{1 + (\omega/\omega_0)^2}} \approx \frac{dF_m}{C_a + C_c + C_i} \tag{4-8}$$

由式（4-8）可知，如果 $\omega/\omega_0 \gg 1$（即 $\omega\tau \gg 1$），也就是作用力的变化频率与测量回路时间常数的乘积远大于1时，前置放大器的输入电压与频率无关。一般认为 $\omega/\omega_0 \gg 3$，就可近似认为输入电压与作用力的频率无关。这说明在测量回路时间常数一定的条件下，压电传感器的高频响应很好，但是，当作用于压电元件的力为静态力（$\omega = 0$）时，前放大器的输出电压为零，因为电荷会通过放大器的输入电阻和传感器本身漏电阻漏掉，所以压电传感器不能用于静态力的测量。

另外在改变连接传感器与前置放大器的电缆长度时，C_c 将改变，U_{im} 也随之变化，从而使前置放大器的输出电压 $U_o = AU_{im}$ 也发生变化，因此传感器与前置放大器的组合系统输出电压与电缆电容有关。在设计时，常常把电缆长度定为一个常值，使用时如果要改变电缆长度，必须重新校正灵敏度值，否则由于电缆电容 C_c 的改变将会引入测量误差。

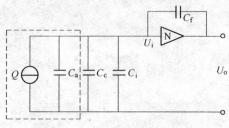

图 4-6　电荷放大器等效电路图

（2）电荷放大器。电荷放大器是一个有反馈电容 C_f 的高增益运算放大器电路，它的输入信号为压电传感器产生的电荷。当略去漏电阻，并认为 R_i 趋于无限大时，它的等效电路如图 4-6 所示。

根据运算放大器的基本特性，可以求得电荷放大器的输出电压为：

$$U_o = \frac{-QA}{(C_a + C_c + C_i) - C_f(A-1)} = -U_i A \qquad (4-9)$$

式中　A——放大器的放大系数。

当 $A \gg 1$，$C_f A \gg C_a + C_c + C_i$ 时，有

$$U_o \approx \left| \frac{Q}{C_f} \right|, \quad U_i \approx \left| \frac{Q}{C_f A} \right| \qquad (4-10)$$

可见，在电荷放大器中输出电压 U_o 与电缆电容 C_c 无关，而与 Q 成正比。

4.1.3　压电式传感器的应用实例

4.1.3.1　压电式测力传感器

图 4-7 是压电式单向测力传感器的结构图，用于机床动态切削力的测量，主要由石英晶体、绝缘套、电极上盖及基座等组成。

传感器上盖为传力元件，它的外缘壁厚为 0.1~0.5mm，当外力作用时，它将产生弹性变形，将力传递到石英晶片上。石英晶片采用 xy 切型，两片石英晶体采用并联方式，一根引线两

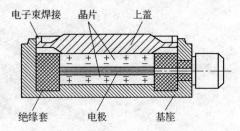

图 4-7　压电式单向测力传感器结构

压电片中间的金属片上，另一端直接与上盖相接。利用其纵向压电效应，通过 d_{11} 实现力电转换，电信号通过接头输出，可测动态力。要注意的是上盖与石英晶体间应有一定的预压力。石英晶片的尺寸为 $\phi 8\text{mm} \times 1\text{mm}$。该传感器的测力范围为 0~50N，最小分辨率为 0.01N，固有频率为 50~60kHz，整个传感器重为 10g。

4.1.3.2　压电式加速度传感器

图 4-8 是一种压电式加速度传感器的结构图。它主要由压电元件、质量块、预压弹簧、基座及外壳等组成，整个部件装在外壳内，并由螺栓加以固定。

当加速度传感器和被测物一起受到冲击振动时，压电元件受质量块惯性力的作用，根据牛顿第二定律，此惯性力是加速度的函数，即：

$$F = ma \qquad (4-11)$$

式中　F——质量块产生的惯性力；

　　　　m——质量块的质量；

　　　　a——加速度。

此时惯性力 F 作用于压电元件上，因而产生电荷 q，当传感器选定后，m 为常数，则

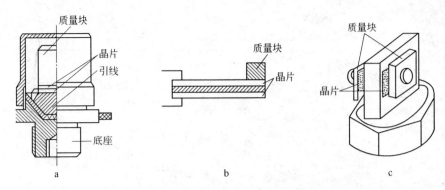

图 4 - 8　压电式加速度传感器结构

a—单端中心压缩式；b—梁式；c—挑担式

传感器输出电荷 $q = d_{11}F = d_{11}ma$ 与加速度 a 成正比。因此，测得加速度传感器输出的电荷便可知加速度的大小。工作时，将压电式传感器产生的电荷输出给电荷放大器，则电荷放大器的输出电压的增量为：

$$\Delta u_0 = -\frac{\Delta q}{C_f} = \frac{-d_{11}ma}{C_f} \qquad (4-12)$$

由式（4 - 12）可知，电荷放大器的输出电压的增量 Δu_0 与加速度 a 成正比。因此，只要将 Δu_0 测出，即可测出构件的加速度的大小。如果在电路中增加一级或两级积分电路，则还可测出构件的速度或位移量。

4.1.3.3　压电式报警器

BS - D2 压电式传感器是专门用于检测玻璃破碎的一种传感器，它利用压电元件对振动敏感的特性来感知玻璃受撞击和破碎时产生的振动波。传感器把振动波转换成电压输出，输出电压经放大、滤波、比较等处理后提供给报警系统。

BS - D2 压电式玻璃破碎传感器的外形如图 4 -9a 所示，其内部结构如图 4 -9b 所示。传感器的最小输出电压为 100mV，最大输出电压为 100V，内阻抗为 15 ~20kΩ。

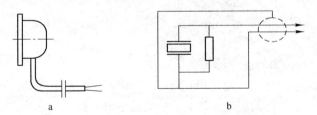

图 4 - 9　压电式玻璃破碎传感器的外形及内部电路图

a—外形；b—内部电路图

报警器的电路原理框图如图 4 - 10 所示。使用时把传感器贴在玻璃上，然后通过电缆和报警电路相连。为了提高报警器的灵敏度，信号经放大后，再经带通滤波器进行滤波，要求它对选定的频谱通带的衰减要小，而频带外衰减要尽量大。由于玻璃振动的波长在音频和超声波的范围内，这就使滤波器成为电路中的关键。只有当传感器输出信号高于设定的阈值时，才会输出报警信号，驱动报警执行机构工作。

玻璃破碎报警器可广泛用于文物保管、贵重商品保管及其他商品柜台保管等场合。

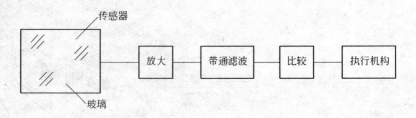

图 4-10　报警器的电路原理框图

4.2　霍尔传感器

霍尔传感器简称霍尔元件，是一种能实现磁电转换的传感器，是目前国内外应用最为广泛的一种磁敏传感器，它是利用半导体材料的霍尔效应制成的。用它们可以检测磁场及其变化，可在各种与磁场有关的场合中使用。

霍尔元件具有许多优点，它们的结构牢固，体积小，重量轻，寿命长，安装方便，功耗小，频率高（可达 1MHz），耐振动，不怕灰尘、油污、水汽及盐雾等的污染或腐蚀。

按照霍尔元件的功能可将它们分为：霍尔线性器件和霍尔开关器件。前者输出模拟量，后者输出数字量。霍尔线性器件的精度高、线性度好；霍尔开关器件无触点、无磨损、输出波形清晰、无抖动、无回跳、位置重复精度高（可达 μm 级）。取用了各种补偿和保护措施的霍尔器件的工作温度范围宽，可达 −55～150℃。

4.2.1　霍尔效应和霍尔元件

4.2.1.1　霍尔效应

金属或半导体薄片置于磁场中，当有电流流过时，在垂直于电流和磁场的方向上将产生电动势，这种物理现象称为霍尔效应。

假设薄片是长为 l、宽为 b、厚度为 d 的 N 型半导体，磁感应强度为 B 的磁场方向垂直于薄片，如图 4-11 所示，在薄片左右两端通以控制电流 I，那么半导体中的载流子（电子）将

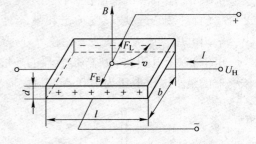

图 4-11　霍尔效应原理图

沿着与电流 I 相反的方向运动。由于外磁场 B 的作用，使电子受到磁场力 F_L（洛伦兹力）而发生偏转，结果在半导体的后端面上电子积累带负电，而前端面缺少电子带正电，在前后断面间形成电场。该电场产生的电场力 F_E 阻止电子继续偏转。当 F_E 和 F_L 相等时，电子积累达到动态平衡。这时在半导体前后两端面之间（即垂直于电流和磁场方向）建立电场，称为霍尔电场 E_H，相应的电势称为霍尔电势 U_H。霍尔电势可用式（4-13）表示：

$$U_H = R_H \frac{IB}{d} = k_H IB \tag{4-13}$$

式中　R_H——霍尔系数，由载流材料的物理性质决定；

　　　　k_H——灵敏度系数，与载流材料的物理性质和几何尺寸有关，表示在单位磁感应强度和单位控制电流时的霍尔电势的大小；

　　　　d——薄片厚度。

如果磁场和薄片法线有 α 夹角，那么有：

$$U_{\mathrm{H}} = k_{\mathrm{H}} IB\cos\alpha \qquad\qquad (4-14)$$

4.2.1.2 霍尔元件构造和材料

基于霍尔效应工作的半导体器件称为霍尔元件，霍尔元件多采用 N 型半导体材料。霍尔元件越薄（d 越小），k_{H} 就越大，薄膜霍尔元件厚度只有 $1\mu\mathrm{m}$ 左右。霍尔元件由霍尔片、4 根引线和壳体组成，如图 4-12 所示。

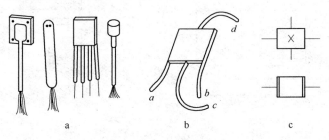

图 4-12 霍尔元件
a—外形；b—结构；c—符号

霍尔片是一块半导体单晶薄片（一般为 $4\mathrm{mm}\times2\mathrm{mm}\times0.1\mathrm{mm}$），在它的长度方向两端面上焊有 a、b 两根引线，称为控制电流端引线，通常用红色导线，其焊接处称为控制电极；在它的另两侧端面的中间以点的形式对称地焊有 c、d 两根霍尔输出引线，通常用绿色导线，其焊接处称为霍尔电极。霍尔元件的壳体是用非导磁金属、陶瓷或环氧树脂封装。目前最常用的霍尔元件材料有锗（Ge）、硅（Si）、锑化铟（InSb）、砷化铟（InAs）等半导体材料。

4.2.2 霍尔传感器的工作原理

霍尔传感器的工作原理是利用霍尔元件的霍尔效应原理而将被测量，如电流、磁场、位移、压力等转换成电动势输出来进行测量的。

4.2.2.1 基本测量电路

霍尔元件的基本测量电路如图 4-13 所示。控制电流 I 由电源 E 供给，通过电位器 R_{p} 调节控制激励电流 I 的大小。霍尔元件的输出接负载电阻 R_{L}，R_{L} 可以是放大器的输入电阻或测量仪表的内阻。由于霍尔元件必须在磁场 B 和控制电流 I 的作用下才会产生霍尔电势，所以在实际应用中，可以把 I 和 B 的乘积，或者 I，或者 B 作为输入信号，则霍尔元件的输出电势分别正比于 IB 或 I 或 B。

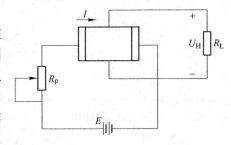

图 4-13 霍尔元件的基本测量电路

4.2.2.2 连接方式

除了霍尔元件基本电路形式之外，如果为了获得较大的霍尔输出电势，可以采用几片叠加的连接方式，如图 4-14 所示。

图 4-14a 为直流供电情况。控制电流端并联，有 W_1，W_2 调节两个元件的输出霍尔电势，A、B 为输出端，则它的输出电势为单块的两倍。注意此种情况下，控制电流端不

能串联，因为串联起来将有大部分控制电流被相连的霍尔电势极短接。

图 4-14b 为交流供电情况。控制电流端串联，各元件输出端接输出变压器 B 的初级绕组，变压器的次级便有霍尔电势信号叠加值输出。这样可以增加霍尔输出电势及功率。

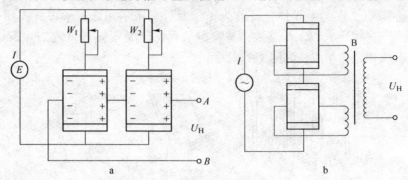

图 4-14　霍尔元件输出叠加连接方式
a—直流供电；b—交流供电

4.2.2.3　霍尔电势的输出电路

霍尔器件是一种四端器件，本身不带放大器。霍尔电势一般在毫伏量级，在实际使用时必须加差分放大器。霍尔元件大体分为线性测量和开关状态两种使用方式，因此，输出电路有两种结构。下面以 GaAs 霍尔元件为例，给出两种参考电路，如图 4-15 所示。

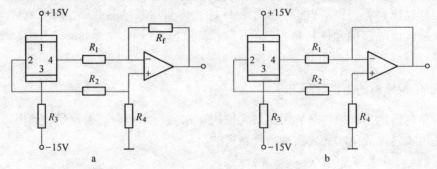

图 4-15　GaAs 霍尔元件输出电路
a—线性应用；b—开关应用

当霍尔元件作线性测量时，最好选用灵敏度低一点、不等位电势小、稳定性和线性度优良的霍尔元件。例如，选用 $K_H = 5mV/(mA \cdot kGs)$，控制电流为 5mA 的霍尔元件作线性测量元件，若要测量 1~10kGs 的磁场，则霍尔器件最低输出电势 U_H 为：

$$U_H = 5mV/(mA \cdot kGs) \times 5mA \times 10^{-3}kGs = 25\mu V$$

最大输出电势为：

$$U_H = 5mV/(mA \cdot kGs) \times 5mA \times 10kGs = 250mV$$

故要选择低噪声的放大器作为前级放大。

当霍尔元件作开关使用时，要选择灵敏度高的霍尔器件。例如，$K_H = 20mV/(mA \cdot kGs)$，如果采用 2mm×3mm×5mm 的钐钴磁钢器件，控制电流为 2mA，施加一个距离器件为 5mm 的 300kGs 的磁场，则输出霍尔电势为：

$$U_H = 20mV/(mA \cdot kGs) \times 2mA \times 300kGs = 120mV$$

这时选用一般的放大器即可满足。

4.2.2.4 霍尔元件的主要技术参数

霍尔元件的主要技术参数有:

(1) 额定激励电流和最大允许激励电流。当霍尔元件自身温升10℃时所流过的激励电流称为额定激励电流。以元件允许最大温升为限制所对应的激励电流称为最大允许激励电流。因霍尔电势随激励电流增加而线性增加,所以使用中希望选用尽可能大的激励电流,因而需要知道元件的最大允许激励电流。改善霍尔元件的散热条件,可以使激励电流增加。

(2) 输入电阻和输出电阻。激励电极间的电阻值称为输入电阻。霍尔电极输出电势对电路外部来说相当于一个电压源,其电源内阻即为输出电阻。以上电阻值是在磁感应强度为零,且环境温度在 (20±5)℃时所确定的。

(3) 不等位电势和不等位电阻。当霍尔元件的激励电流为 I 时,若元件所处位置磁感应强度为零,则它的霍尔电势应该为零,但实际不为零。这时测得的空载霍尔电势称为不等位电势。产生这一现象的原因有:

1) 霍尔电极安装位置不对称或不在同一等电位面上;

2) 半导体材料不均匀造成了电阻率不均匀或是几何尺寸不均匀;

3) 激励电极接触不良造成激励电流不均匀分布等。

(4) 寄生直流电势。在外加磁场为零、霍尔元件用交流激励时,霍尔电极输出除了交流不等位电势外,还有一直流电势,称为寄生直流电势。寄生直流电势一般在 1mV 以下,它是影响霍尔片温漂的原因之一。其产生的原因有:

1) 激励电极与霍尔电极接触不良,形成非欧姆接触,造成整流效果;

2) 两个霍尔电极大小不对称,则两个电极点的热容不同,散热状态不同而形成极间温差电势。

4.2.2.5 霍尔元件的测量误差和补偿方法

霍尔元件在实际应用时,存在多种因素影响其测量精度,造成测量误差的主要因素有两类:一类是半导体固有特性;另一类为半导体制造工艺的缺陷。其表现为零位误差和温度引起的误差。

(1) 霍尔元件的零位误差及其补偿。零位误差是霍尔元件在加控制电流或不加外加磁场时,而出现的霍尔电势称为零位误差。由制造霍尔元件的工艺问题造成的不等位电势是主要的零位误差。因为在工艺上难以保证霍尔元件两侧的电极焊接在同一等电位面上。当控制电流 I 流过时,即使未加外磁场,A、B 两电极此时仍存在电位差,此电位差称为不等位电势 U_0。

不等位电势与霍尔电势具有相同的数量级,有时甚至超过霍尔电势,而实际使用中要消除不等位电势是极其困难的,因而必须采用补偿的方法。分析不等位电势时,可以把霍尔元件等效为一个电桥,用分析电桥平衡来补偿不等位电势。为使其电桥平衡可在阻值较大的桥臂上并联电阻,或在两个臂上同时并联电阻。

图 4-16 中 A、B 为控制电极,C、D 为霍尔电极,在极间分布的电阻用 R_1、R_2、R_3、R_4 表示,视为电桥的四个臂。如果两个霍尔电极 A、B 处在同一等位面上,桥路处于平衡状态,即 $R_1=R_2=R_3=R_4$,则不等位电势 $U_0=0$ (或零位电阻为零)。如果两个霍尔电极

不在同一等位面上，四个电阻不等，电桥处于不平衡状态，则不等位电势 $U_0 \neq 0$。此时根据 A、B 两点电位高低，判断应在某一桥臂上并联一个电阻，使电桥平衡，从而就消除了不等位电势。

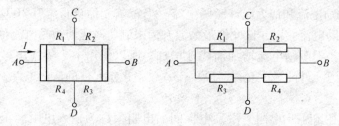

图 4 – 16   霍尔元件不等位电势的等效电路

图 4 – 17 给出了 3 种常用的补偿方法。为了消除不等位电势，可在阻值较大的桥臂上并联电阻，如图 4 – 17a 所示，或在两个桥臂上同时并联如图 4 – 17b、图 4 – 17c 所示的电阻。显然，图 4 – 17c 所示方案调整比较方便。

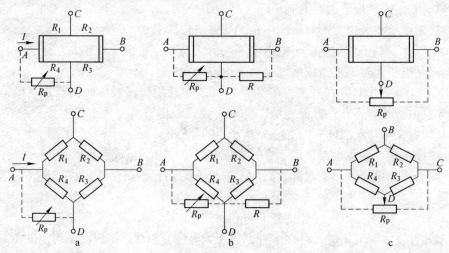

图 4 – 17   霍尔元件不等位电势补偿电路原理图

（2）温度误差及其补偿。霍尔元件是采用半导体材料制成的，由于半导体材料的载流子浓度、迁移率、电阻率等随温度变化而变化，因此，会导致霍尔元件的内阻、霍尔电势等也随温度变化而变化。这种变化程度随不同半导体材料有所不同。而且温度高到一定程度，产生的变化相当大。温度误差是霍尔元件测量中不可忽视的误差。针对温度变化导致内阻（输入、输出电阻）的变化，可以对输入或输出电路的电阻进行补偿。

1）利用输出回路并联电阻进行补偿。在输入控制电流恒定的情况下，如果输出电阻随温度增加而增大，霍尔电势增加；若在输出端并联一个补偿电阻 R_L，则通过霍尔元件的电流减小，而通过 R_L 的电流却增大。只要适当选择补偿电阻 R_L，就可以达到补偿的目的。

2）利用输入回路串联电阻进行补偿。霍尔元件的控制回路用稳压电源 E 供电，其输出端处于开路工作状态，当输入回路串联适当的电阻 R 时，霍尔电势随温度的变化可以得到补偿。

除此之外，还可以在霍尔元件的输入端采用恒流源来减小温度的影响。

4.2.3 霍尔集成传感器

霍尔传感器分为霍尔元件和霍尔集成电路两大类，前者是一个简单的霍尔片，使用时常常需要将获得的霍尔电压进行放大。后者将霍尔片和它的信号处理电路集成在同一个芯片上。霍尔集成电路可分为线性型和开关型两大类。

霍尔集成传感器是利用硅集成电路工艺将霍尔元件和测量线路集成在一起的一种传感器。它取消了传感器和测量电路之间的界限，实现了材料、元件、电路三位一体。霍尔集成传感器与分立相比，由于减少了焊点，因此显著提高了可靠性。此外，它具有体积小、重量轻、功耗低等优点，越来越受到大家的重视。

4.2.3.1 霍尔开关集成传感器

霍尔开关集成传感器是利用霍尔效应与集成电路技术结合而制成的一种磁敏传感器，它能感知与磁信息有关的物理量，霍尔元件的输出经过处理后以开关信号形式输出。霍尔开关集成传感器由稳压电路、霍尔元件、放大器、整形电路、开路输出五部分组成，如图4-18所示。稳压电路可使传感器在较宽的电源电压范围内工作，开关输出可使传感器方便地与各种逻辑电路接口。

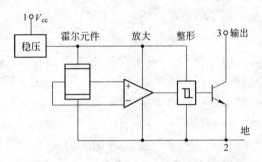

图4-18 霍尔开关集成传感器的电路结构

霍尔开关集成传感器可应用于汽车点火系统、保安系统、转速、里程测定、机械设备的限位开关、按钮开关、电流的检测与控制、位置及角度的检测等。

4.2.3.2 霍尔线性集成传感器

霍尔线性集成传感器是将霍尔元件与放大线路集成在一个芯片上的传感器，输出电压为伏级，比直接使用霍尔元件方便得多。霍尔线性集成传感器通常由霍尔元件、恒流源和线性差动放大器组成。有单端输出和双端输出两种，如图4-19所示。当外加磁场时，霍尔元件产生与磁场成线性比例变化的霍尔电压，经放大器放大后输出。霍尔线性集成传感器的输出电压与外加磁场呈线性比例关系。它的电路比较简单，常用于精度要求不高的一些场合。较典型的线性型霍尔器件如UGN3501等。

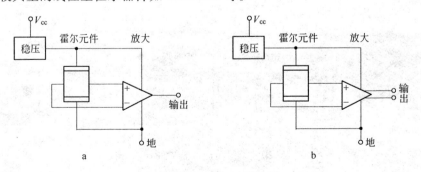

图4-19 霍尔线性集成传感器的电路结构

a—单端输出；b—双端输出

霍尔线性传感器广泛用于位置、力、重量、厚度、速度、磁场、电流等的测量或控制。

4.2.4　霍尔传感器的应用实例

霍尔传感器结构简单、工艺成熟、体积小、寿命长、线性好、频带宽等，因而得到广泛的应用。

按被检测的对象的性质可将霍尔传感器的应用分为：直接应用和间接应用。前者是直接检测出受检测对象本身的磁场或磁特性，后者是检测受检对象上人为设置的磁场，用这个磁场来做被检测的信息的载体，通过它将许多非电、非磁的物理量，例如力、力矩、压力、应力、位置、位移、速度、加速度、角度、角速度、转数、转速以及工作状态发生变化的时间等，转变成电量来进行检测和控制。

霍尔电势是关于 I、B、θ 三个变量的函数，即 $U_H = K_H IB\cos\theta$。利用这个关系可以使其中两个量不变，将第三个量作为变量，或者固定其中一个量，其余两个量都作为变量。这使得霍尔传感器有许多用途。

（1）维持 I、θ 不变，则 $U_H = f(B)$，这方面的应用有：测量磁场强度的高斯计、测量转速的霍尔转速表、磁性产品计数器、霍尔式角编码器以及基于微小位移测量原理的霍尔式加速度计、微压力计等；

（2）维持 I、B 不变，则 $U_H = f(\theta)$，这方面的应用有角位移测量仪等；

（3）维持 θ 不变，则 $U_H = f(IB)$，即传感器的输出 U_H 与 I、B 的乘积成正比，这方面的应用有模拟乘法器、霍尔式功率计等。

4.2.4.1　霍尔转速传感器

在被测转速的转轴上安装一个齿盘，也可选取机械系统中的一个齿轮，将线性型霍尔器件及磁路系统靠近齿盘。齿盘的转动使磁路的磁阻随气隙的改变而周期性地变化，霍尔器件输出的微小脉冲信号经隔直、放大、整形后可以确定被测物的转速，如图4-20所示。

当齿对准霍尔元件时，磁力线集中穿过霍尔元件，可产生较大的霍尔电动势，放大、整形后输出高电平；反之，当齿轮的空挡对准霍尔元件时，输出为低电平。通过频率计测量脉冲可得转速，转速为：

$$n = 60\frac{f}{N} \ （\text{r/min}） \tag{4-15}$$

式中　f——频率计的频率；

　　　N——齿轮齿数。

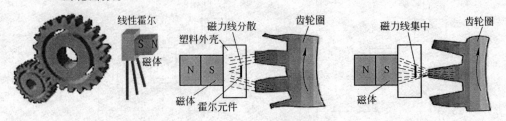

图4-20　霍尔转速传感器测速原理图

4.2.4.2　霍尔电流传感器

在现代工程技术中，往往要测量大直流电流，有时直流电流值高达10kA以上。过去，多采用电阻器分流的方法来测量这样大的电流。这种方法有许多缺点，如分流器结构复杂、笨重、耗电、耗铜等。利用霍尔效应原理测量大电流可以克服上述的一些缺点。霍尔效应大电流计结构简单、成本低、准确度高，在很大程度上与频率无关，便于远距离测量，测量时不需要断开回路。用霍尔元件测量电流，都是通过霍尔元件检测通电导线周围的磁场来实现的。

（1）导线旁测法。这种方法是一种最简单的方法，将霍尔元件放在通电导线的附近，给霍尔元件通以恒定电流，用霍尔元件测量被测电流产生的磁场，就可以从元件输出的霍尔电压中确定被测电流值。这种方法虽然结构简单，但测量精度较差，受外界干扰也大，只适用一些不重要的场合。

（2）导线贯穿磁芯法。如果用铁磁材料做成磁导体的铁芯，使被测通电导线贯穿它的中央，将霍尔元件或霍尔集成传感器放在磁导体的气隙中，这样，可以通过环形铁芯集中磁力线。

当导线中有电流流通时，导线周围产生磁场，使导磁体铁芯磁化成暂时性磁铁，在环形气隙中就会形成一个磁场，导体中的电流越大，气隙处的磁感应强度就越大，霍尔元器件输出的霍尔电压 U_H 就越大。可以通过霍尔电压检测到导线中的电流。这种方法可以提高电流测量的精度。

测量时，将被测电流的导线穿过霍尔电流传感器的检测孔，如图 4-21 所示。当有电流通过导线时，在导线周围将产生磁场，磁力线集中在铁芯内，并在铁芯的缺口处穿过霍尔元件，从而产生与电流成正比的霍尔电压。

在实际应用中，为了测量的方便，还可以把导磁铁芯做成钳式形状，或非闭合磁路的形状，如图 4-22 所示。

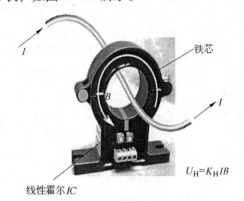

$$U_H = K_H IB$$

线性霍尔 IC

图 4-21　霍尔电流传感器

图 4-22　霍尔钳形电流表

（3）磁芯绕线法。这种方法可由标准环形导磁铁芯和霍尔线性集成传感器组合而成。例如，被测通电导线绕在导磁铁芯上，每 1A1 匝在气隙处可产生 0.0056T 的磁感应强度。若测量范围是 0~20A 时，则导线绕制 9 匝便可产生约 0.1T 的磁感应强度，SL3501M 会有 1.4V 的电压输出。

4.2.4.3　霍尔位移传感器

霍尔位移传感器通常通过弹性元件和其他传动机构将待测非电量（如力、压力、应变和加速度等）转换为霍尔元件在磁场中的微小位移。为了获得霍尔电压随位移变化的线性关系，传感器的磁场应具有均匀梯度变化的特性。这样当霍尔元件在这种磁场中移动时，如使控制电流 I 保持恒定，而使霍尔元件在一个均匀的梯度磁场中沿 x 方向移动，则霍尔电压就只取决于它在磁场中的位移量，并且磁场梯度越大，灵敏度越高，梯度变化越均匀，霍尔电压与位移的关系越接近线性。

如图 4－23a 所示是一种产生梯度磁场的磁系统，有极性相反、磁场强度相同的两个磁钢形成一个如图 4－23b 所示的梯度磁场，位移 x 轴的零点位于两磁钢的正中间处。

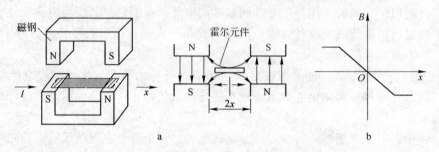

图 4－23　霍尔传感器位移测量原理

由上述可知，霍尔电势与磁感应强度 B 成正比，由于磁场在一定范围内沿 x 向的变化 dB/dx 为常数，因此当放置在两磁钢气隙中的霍尔片沿 x 方向移动时，霍尔电势的变化为：

$$\frac{dU_{\mathrm{H}}}{dx} = K_{\mathrm{H}}I\frac{dB}{dx} = K \tag{4-16}$$

式中　K_{H}——位移传感器灵敏度。

将式（4－16）积分，则得：

$$U_{\mathrm{H}} = Kx \tag{4-17}$$

式（4－17）表明霍尔电势的 U_{H} 与位移 x 呈线性关系，其极性反映元件位移的方向。磁场梯度越大，灵敏度越高；磁场梯度越均匀，输出线性度就越好。为了得到均匀的磁场梯度，往往将磁钢极片设计成特殊形状。这种位移传感器可用来测量 ±0.5mm 的小位移，其特点是惯性小，响应速度快，无触点测量，特别适用于微位移、机械振动等测量。若霍尔元件在均匀磁场内转动，则产生与转角 θ 的正弦函数成比例的霍尔电压，因此可用来测量角位移。

任何非电量只要能转换成位移量的变化，均可利用霍尔位移传感器的原理变化成霍尔电压进行测量。因此以微位移为基础，可以构成压力、液位、应力、应变、机械振动、加速度、重量、称重等霍尔传感器。

4.3　光　电　池

光电池是光电式传感器中的一种。光电式传感器是以光电器件作为转换元件的传感器。光电式传感器是将被测量的变化转换成光量的变化，再通过光电器件把光量变化转换成电信号的一种装置。通过将光信号转换为电信号，这类传感器可用于检测直接引起光量变化的非电量，如光强、光照度、辐射测量、气体成分分析等；也可用于检测能转换成光量变化的其他非电量，如直径、表面粗糙度、应变、位移、振动、速度、加速度，以及物体形状、工作状态的识别等。光电式传感器具有结构简单、精度高、响应快、非接触、性能可靠等优点，在检测技术和工业自动化及智能控制等领域获得了广泛的应用。

光电式传感器的物理基础是光电效应，光电效应一般分为外光电效应和内光电效应两大类，其中内光电效应又分为光电导效应和光生伏特效应。

光电池是利用光生伏特效应把光量直接转变成电动势的光电器件，实质上它就是电压源。由于它可把太阳能直接转变为电能，因此又称为太阳能电池。它有较大面积的 PN 结，当光照射在 PN 结上时，在结的两端出现电动势。故光电池是一种自发电式有源元件。

光电池的种类很多，有硒光电池、砷化镓光电池、氧化亚铜光电池、硅光电池、硫化铊光电池、硫化镉光电池及锗光电池等。目前，应用最广、最有发展前途的是硅光电池和硒光电池，因为它有一系列优点，例如性能稳定、光谱范围宽、频率特性好、传递效率高、能耐高温辐射等。硅光电池的价格便宜，转换效率高，寿命长，适于接受红外光，它不仅广泛应用于人造卫星和宇宙飞船作为太阳能电池，而且也广泛应用于自动检测和其他测试系统中。硒光电池的光电转换效率低（0.02%）、寿命短，适于接收可见光（响应峰值波长 0.56μm），最适宜制造照度计，另外由于硒光电池的光谱峰值位置在人眼的视觉范围，所以很多分析仪器、测量仪表也常常用到它。砷化镓光电池转换效率比硅光电池稍高，光谱响应特性与太阳光谱最吻合，且工作温度最高，更耐受宇宙射线的辐射，因此，它在宇宙飞船、卫星、太空探测器等的电源方面的应用最广。

4.3.1　光电效应及光电器件

所谓光电效应，是指物体吸收了光能后转换为该物体中某些电子的能量，从而产生的电效应。光电传感器的工作原理就是基于光电效应。光可以被看做由一连串具有一定能量的粒子所组成。这些粒子即光子，每一个光子的能量与其频率成正比。当用光照射物体时，物体受到一连串具有能量的光子的轰击，于是物体材料中的电子吸收光子能量而发生相应的电效应。光电效应可以分为外光电效应和内光电效应。

4.3.1.1　外光电效应

在光线的作用下，物体内的电子逸出物体表面向外发射的现象称为外光电效应，也叫光电发射效应。其中，向外发射的电子称为光电子。基于外光电效应的光电器件有光电管、光电倍增管等。

4.3.1.2　内光电效应

当光照射在物体上，物体内的电子不能逸出物体表面，而使物体的导电性能发生变化或产生光生电动势的效应称为内光电效应。内光电效应又可分为光电导效应和光生伏特效应。

（1）光电导效应。在光线作用下，电子吸收光子能量后从键合状态过渡到自由状态，而引起物质电导率发生变化的现象称为光电导效应。基于这种效应的光电器件有光敏电阻。

（2）光生伏特效应。在光线作用下，半导体材料吸收光能后，使物体产生一定方向电动势的现象称为光生伏特效应。基于这种效应的光电器件有光电池。

当 PN 结两端没有外加电压时，在 PN 结势垒区存在着内电场，其方向是从 N 区指向 P 区，如图 4－24 所示。当光照射到 PN 结上时，如果光子的能量大于半导体材料的禁带宽度，电子

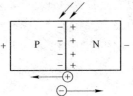

光生电子－空穴对
图 4－24　PN 结产生
光生伏特效应

就能够从价带激发到导带成为自由电子，价带成为自由空穴。从而在 PN 结内产生电子 - 空穴对。这些电子 - 空穴对在 PN 结的内部电场作用下，电子移向 N 区，空穴移向 P 区，电子在 N 区积累，空穴在 P 区积累，从而使 PN 结两端形成电位差，PN 结两端便产生了光生电动势。

4.3.2   光电池的结构原理及特性

4.3.2.1   光电池的结构原理

光电池核心部分是一个 PN 结，一般做成面积较大的薄片状，来接收更多的入射光。硅光电池是在一块 N 型硅片上，用扩散的方法掺入一些 P 型杂质（例如硼）形成 PN 结。硒光电池是在铝片上涂硒，再用溅射的工艺，在硒层上形成半透明的氧化镉，在正反两面喷上低熔合金作为电极。

入射光照射在 PN 结上时，若光子能量 E 大于半导体材料的禁带宽度 Eg，则在 PN 结内产生电子 - 空穴对，在内电场的作用下，空穴移向 P 型区，电子移向 N 型区，使 P 型区带正电，N 型区带负电，因而 PN 结产生电势。当光照射到 PN 结上时，如果在两级间串接负载电阻，则在电路中便产生电流，如图 4 - 25 所示。

光电池的表示符号、基本电路及等效电路如图 4 - 26 所示。

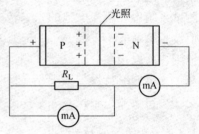

图 4 - 25   硅光电池原理图

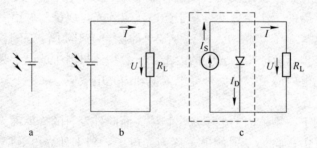

图 4 - 26   光电池符号和基本工作电路
a—符号；b—基本电路；c—等效电路

4.3.2.2   光电池的基本特性

光电池的基本特性如下：

（1）光谱特性。硒光电池和硅光电池的光谱特性曲线如图 4 - 27a 所示。从曲线上可以看出，光电池对不同波长的光，灵敏度是不同的。从曲线可看出，硅光电池的光谱响应波长范围 0.4 ~ 1.2μm，硒光电池在 0.38 ~ 0.75μm，相对而言硅光电池的光谱响应波长范围更宽，因此硅光电池可以在很宽的范围内应用。硒光电池在可见光谱范围内有较高的灵敏度，适宜测可见光，常用于分析仪器、测量仪表，如用于照度计测定光的强度。

不同材料的光电池，光谱响应峰值的位置所对应的入射光波长也是不同的。例如硅光电池在 0.8μm 附近，硒光电池在 0.54μm 附近。因此，使用光电池时对光源应有所选择。

在实际使用中应根据光源性质来选择光电池，反之，也可以根据光电池特性来选择光源。例如硅光电池对于白炽灯在温度为 2850K 时，能够获得最佳的光谱响应。但是要注意，光电池光谱值位置不仅和制造光电池的材料有关，同时和制造工艺有关，而且也随着使用温度的不同而有所移动。

（2）光照特性。光电池在不同的光强照射下可产生不同的光电流和光生电动势，它们之间的关系称为光照特性。硅光电池的开路电压和短路电流与光照的关系如图 4 - 27b 所示。从曲线可以看出，短路电流在很大范围内与光强呈线性关系。开路电压与光强变化是非线性的，并且在 2000lx 照度时趋于饱和。因此光电池作为测量元件时，应把它作为电流源的形式来使用，使其接近短路工作状态，以利用短路电流与光照度间的线性关系的特点，不能作电压源，且负载电阻越小越好。注意，随着负载的增加，硒光电池的负载电流与光照间线性关系将变差。

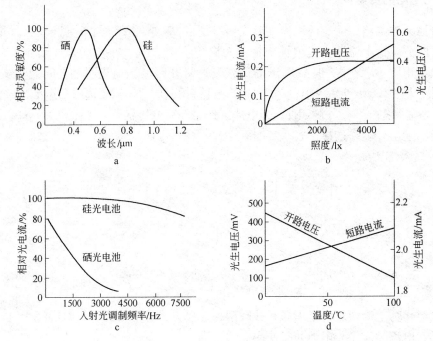

图 4 - 27　光电池的基本特性

a—光电池的光谱特性；b—硅光电池的光照特性；c—光电池的频率特性；d—硅光电池的温度特性

所谓光电池短路电流，是指外接负载相对于光电池内阻很小时的光电流。而光电池的内阻是随着照度增加而减小的，所以在不同照度下，可选大小不同的负载电阻为近似地满足"短路"条件。

从实验中可知，对于不同的负载电阻，可以在不同的照度范围内，使光电流与光强保持线性关系。负载电阻越小，光电流与照度之间的线性关系越好，且线性范围越宽。因此，应用光电池时作为测量元件时，所用负载电阻的大小，应根据光强的具体情况而定，总之，负载电阻越小越好。

（3）频率特性。光电池作为测量、计数和接收元件时常用交变光照（调制光输入）。光电池的频率特性就是反映光电池输出电流和光的交变频率（调制频率）之间的关系特性，如图 4 - 27c 所示。由于光电池 PN 结面积较大，极间电容大，故频率特性较差。从曲线可以看出，硅光电池具有较好的频率特性和较高的频率响应，可用在高速计数、有声电影等方面。这就是硅光电池在所有光电元件中最为突出的优点。

（4）温度特性。光电池的温度特性主要描述光电池的开路电压和短路电流随温度变化的情况。半导体材料易受到温度的影响，将直接影响光电流的值。由于它关系到应用光电池设备的温度漂移，影响到测量精度或控制精度等主要指标，因此它是光电池的重要特性之一。硅光电池在1000lx光照下的温度特性曲线如图4－27d所示。从曲线可以看出，开路电压随温度升高而下降的速度较快，而短路电流随温度升高而缓慢增加，（在一定温度范围内）它们都与温度呈线性关系。温度对光电池的工作影响较大，因此当光电池作为测量元件时，在系统设计中应该考虑温度的漂移，最好能保持温度恒定，或采取相应的温度补偿措施。

4.3.3　光电池的测量电路

光电池与外电路一般有两种连接形式：一是将PN结两端通过外导线短接，形成流过外电路的电流，这电流称为光电池的输出短路电流I_L，其大小与光强成正比。二是开路电压（负载电阻R_L无限大时）输出的形式，这时开路电压与光照度之间为非线性关系，并在光照度大于1000lx时呈现出饱和特性。因此使用时应根据需要选用工作状态，光电池工作于短路电流状态，可做检测元件；光电池工作于开路电压状态，可做开关元件。图4－28所示为光电池与外电路连接形式示意图。

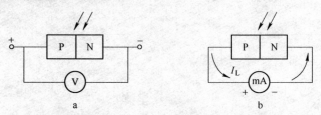

图4－28　光电池与外电路连接形式示意图

a—光电池的开路电压输出；b—光电池的短路电流输出

光电池作为电源使用时有串联和并联两种连接方式：需要高电压时应将光电池串联使用；需要大电流时应将光电池并联使用。

光电池短路电流测量电路如图4－29所示。I/U转换电路的输出电压U_o与光电流I_L成正比。若光电池用于微光测量时，I_L可能较小，则应增加一级放大电路，并在第二级使用电位器RP微调总的放大倍数。

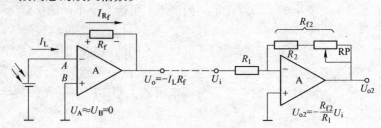

图4－29　光电池短路电流测量电路

4.3.4　光电池的应用实例

光电池主要有两大类型的应用：一类是将光电池作光伏器件使用，利用光伏作用直接将太阳能转换成电能，即太阳能电池。这是全世界范围内人们所追求、探索新能源的一个重要研究课题。太阳能电池已在宇宙开发、航空、通信设施、太阳电池地面发电站、日常生活和交通事业中得到广泛应用。目前太阳电池发电成本尚不能与常规能源竞争，但是随着太阳电池技术不断发展，成本会逐渐下降，太阳电池定将获得更广泛的应用。另一类是将光电池作光电转换器件应用，需要光电池具有灵敏度高、响应时间短等特性，但不必需要像太阳电池那样的光电转换效率。这一类光电池需要特殊的制造工艺，主要用于光电检测和自动控制系统中。

光电池应用举例如下。

4.3.4.1 太阳能电池电源

太阳能电池电源系统主要由太阳电池方阵、蓄电池组、调节控制器和阻塞二极管组成。如果还需要向交流负载供电，则加一个直流－交流变换器，太阳能电池电源系统框图如图4－30所示。

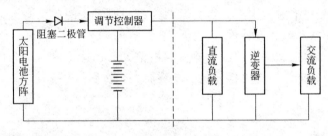

图4－30 太阳能电池电源系统框图

太阳能电池方阵是将太阳辐射直接转化成电能的发电装置。按输出功率和电压的要求，选用若干片性能相近的单体太阳电池，经串联、并联连接后封装成一个可以单独作为电源使用的太阳电池组件。然后，由多个这样的组件再经串、并联构成一个阵列。在有阳光照射时，太阳电池方阵发电并对负载供电，同时也对蓄电池组充电，储存能量，供无太阳光照射时使用。

蓄电池组的作用是将太阳电池方阵在白天有太阳光照射时所发出的电量的多余能量（超过用到装置需要）储存起来的储能装置。

调节控制器是将太阳电池方阵、蓄电池组和负载连接起来，实现充、放电自动控制的中间控制器。它一般由继电器和电子线路组成。控制器在充电电压达到蓄电池上限电压时，它能自动地切断充电电路，停止对蓄电池充电。当蓄电池电压低于下限值时，自动切断输出电路。因此，调节控制器不仅能使蓄电池供电电压保持在一定范围，而且能防止蓄电池因充电电压过高或过低而损伤。

阻塞二极管的作用是利用其单向性，避免太阳电池方阵不发电或出现短路故障时，蓄电池通过太阳电池放电。阻塞二极管通常选用足够大的电流、正向电压降和反向饱和电流小的整流二极管。

直流－交流交换器是将直流电转换为交流电的装置（逆变器）。最简单的可用一支三极管构成单管逆变器。在大功率输出场合，广泛使用推挽式逆变器。为了提高逆变器效率，特别在大功率的情况下，采用自激多谐振荡器，经功率放大，再由变压器升压，形成高压交流输出。

4.3.4.2　光电池在光电检测和自动控制方面的应用

光电池作为光电探测使用时，其基本原理与光敏二极管相同，但它们的基本结构和制造工艺不完全相同。由于光电池工作时不需要外加电压；光电转换效率高，光谱范围宽，频率特性好，噪声低等，它已广泛地用于光电读出、光电耦合、光栅测距、激光准直、电影还音、紫外光监视器和燃气轮机的熄火保护装置等。

光电池在检测和控制方面应用中的几种基本电路如图4-31所示。

图4-31a为光电池构成的光电跟踪电路，用两只性能相似的同类光电池作为光电接收器件。当入射光通量相同时，执行机构按预定的方式工作或进行跟踪。当系统略有偏差时，电路输出差动信号带动执行机构进行纠正，以此达到跟踪的目的。

图4-31b所示电路为光电开关，多用于自动控制系统中。无光照时，系统处于某一工作状态，如通态或断态。当光电池受光照射时，产生较高的电动势，只要光强大于某一设定的阈值，系统就改变工作状态，达到开关目的。

图4-31c为光电池触发电路。当光电池受光照射时，使单稳态或双稳态电路的状态翻转，改变其工作状态或触发器件（如可控硅）导通。

图4-31d为光电池放大电路。在测量溶液浓度、物体色度、纸张的灰度等场合，可用该电路作前置级，把微弱光电信号进行线性放大，然后带动指示机构或二次仪表进行读数或记录。

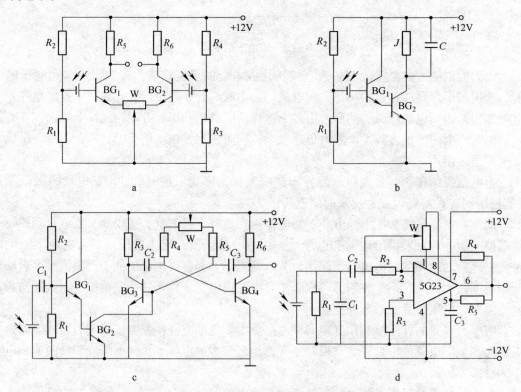

图4-31　光电池的几种基本电路

a—光电跟踪电路；b—光电开关；c—光电池触发电路；d—光电池放大电路

在实际应用中，主要利用光电池的光照特性、光谱特性、频率特性和温度特性等，通过基本电路与其他子线路的组合可实现检测或自动控制的目的。

4.4 热 电 偶

热电偶是将温度量转换为电势大小的热电式传感器（热电式传感器是一种将温度变化转换为电量变化的装置），是目前接触式测温中应用最广的热电式传感器之一。它具有结构简单，使用方便，具有较高的准确度、稳定性及复现性，测量范围宽，热惯性小，动态响应好，输出信号为电信号，便于远传或信号转换等优点。

热电偶传感器基于热电效应原理而工作。它是一种有源传感器，使用时不需要外加电源，可直接驱动动圈式仪表，可以方便地测量炉子、管道中的气体或液体温度，也可以测量固体表面温度。热电偶广泛用于测量 –270～1800℃ 范围内的温度，根据需要可以用来测量更高或更低的温度。微型热电偶还可用于快速及动态温度的测量。

4.4.1 热电偶的测温原理

4.4.1.1 热电效应

两种不同的导体（或半导体）A 和 B 连接成一个闭合回路，当两接点温度不同时（设 $T > T_0$），则在该回路中就会产生电动势，形成回路电流，这种现象称为热电效应或塞贝克效应。回路中的电动势称为热电势，用 $E_{AB}(T, T_0)$ 或 $E_{AB}(t, t_0)$ 表示。

在测量技术中，把两种不同的导体（或半导体）组合成上述热电交换元件称为热电偶，如图 4 – 32 所示，A、B 导体称为热电极。两个接点，温度高的接点称为热端（T），又称工作端或测量端，测温时把它置于被测介质中；温度低的接点称为冷端（T_0），又称自由端或参考

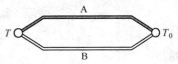

图 4 – 32 热电效应

端。利用热电偶把被测温度信号转变为热电势信号，用电测仪表测出电势大小，就可间接求得被测温度值。

热电势由两部分组成，一部分是两种导体的接触电势，另一部分是单一导体的温差电势。

（1）接触电势。接触电势是由于两种不同导体的自由电子密度不同而在接触处形成的电动势，又称珀尔帖电势。当两者接触时，在接触面上就会发生电子扩散。其扩散是由自由电子密度大的导体向电子密度小的导体扩散，在接触处失去电子的带正电，得到电子的带负电，从而形成稳定的接触电势。两者接触形成的稳定接触电势可表示为 $E_{AB}(T)$、$E_{AB}(T_0)$。接触电势的数值取决于两种不同导体的性质和接触点的温度。

接触电势的大小与导体材料、接点的温度有关，与导体的直径、长度及几何形状无关。温度越高，接触电势越大；两种导体密度的比值越大，接触电势也越大。

（2）温差电势。温差电势是同一导体的两端因其温度不同而产生的一种热电势，又称汤姆逊电势。同一导体的两端温度不同时，高温端的自由电子能量要比低温端的电子能量大，因而从高温端跑到低温端的电子数比从低温端跑到高温端的要多，结果高温端因失去电子而带正电，低温端因获得多余的电子而带负电，形成一个由热端指向冷端的静电场，该静电场阻止电子继续向低温端迁移，最后达到动态平衡。因此，在导体两端便形成

温差电势。温差电势可表示为 E_A (T, T_0)、E_B (T, T_0)。

热电偶回路的温度电势只与热电极材料和两接点的温度有关，而与热电极的几何尺寸和沿热电极的温度分布无关。如果两接点温度相同，则温差电势为零。

（3）总热电势。由导体材料 A、B 组成热电偶闭合回路，其接点温度分别为 T、T_0，如果 $T > T_0$，则必存在着两个接触电势和两个温差电势，热电偶回路中总的热电势应是接触电势与温差电势的代数和。热电偶中总的热电势为：

$$E_{AB}(T, T_0) = E_{AB}(T) - E_{AB}(T_0) + E_A(T, T_0) - E_B(T, T_0) \qquad (4-18)$$

由此还可以得出如下结论：

1）如果热电偶的两个热电极为材料相同，则虽两端温度不同，但热电偶回路内的总热电势仍为零，因此必须采用两种不同的材料作为热电极才能构成热电偶。

2）如果热电偶两接点温度相同，则热电偶回路内的总电势必然等于零。

3）热电势的大小只与材料和接点温度有关，与热电偶的尺寸、形状及沿电极温度分布无关。

实践证明，在热电偶回路中起主要作用的是两个接点的接触电势，温差电势跟接触电势相比小得多，因而将单一导体的温差电势忽略不计，从而热电势可表示为：

$$E_{AB}(T, T_0) \approx E_{AB}(T) - E_{AB}(T_0) \qquad (4-19)$$

对于实际中利用热电偶测温时，其冷端温度一般是恒定的，即 $E_{AB}(T_0) = c$，则总热电势只与被测温度 T 成单值函数关系，即：

$$E_{AB}(T, T_0) = E_{AB}(T) - c = f(T) - c = \varphi(T) \qquad (4-20)$$

这样只要测出热电势的大小，就能判断测温点温度 T 的高低，这就是利用热电现象测温的基本原理。

4.4.1.2 热电偶分度表

实际应用中，由于不同的热电偶其温度与热电势之间有不同的函数关系。一般是用实验方法来求取这个函数关系，通常是令 $T_0 = 0℃$，然后在不同的测量端温度下精确地测出回路中总热电势，并将不同温度下测得的结果列成表格，编制出热电势与温度的对照表，称为分度表，以供在使用的时候查阅。分度表中按 10℃ 分挡，中间值按内插法计算。

$$T_M = T_L + \frac{E_M - E_L}{E_H - E_L}(T_H - T_L) \qquad (4-21)$$

式中 T_M——被测温度值；

            T_H——较高的温度值；

            T_L——较低的温度值；

E_M，E_H，E_L——温度 T_M、T_H、T_L 对应的热电势。

例如，如果镍镉－镍硅热电偶 $T_0 = 0℃$，测量某被测物体的温度，测量出回路热电动势为 4.508mV，则通过查分度表便可知道被测物的温度为 110℃。

4.4.2 热电偶的基本定律

4.4.2.1 均质导体定律

如果热电偶回路中的两个热电极材料相同，无论两接点的温度如何，热电动势均为零；反之，如果有热电动势产生，两个热电极的材料则一定是不同的。对于两种均质导体组成的热电偶，其热电动势的大小只与两材料及两接点温度有关，与热电偶的大小尺寸、形状及沿电极各处的温度分布无关。即热电偶必须由两种不同性质的均质材料构成。

如果材质不均匀，则当热电极上各处温度不同时，将产生附加的热电势，造成无法估计的测量误差，因此，热电极材料的均匀性是衡量热电偶质量的重要指标之一。

均质导体定律的实用价值在于：可以检验两个热电极材料的成分是否相同（称为同名极检验法），也可以检查热电极材料的均匀性。

4.4.2.2 中间导体定律

若在热电偶回路中插入中间导体，无论插入导体的温度分布如何，只要中间导体两端温度相同，则对热电偶回路的总电动势无影响——这就是中间导体定律。如图 4-33 所示。

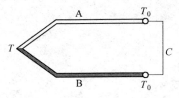

图 4-33 热电偶中间导体
定律示意图

将由 A、B 两种导体组成的热电偶的冷端（T_0 端）断开而接入的三种导体 C 后，只要冷、热端的 T_0、T 保持不变，则回路的总热电势不变。同理热电偶回路中接入多种导体后，只要保证接入的每种导体两端温度相同，则对热电偶的热电势没影响。

中间导体定律的实用价值在于：可以在热电偶回路中引入各种仪表和连接导线等。例如，利用热电偶实际测温时，可以将连接导线和显示测量仪表看成是中间导体，只要保证中间导体两端温度相同，就可对热电势进行测量，而且对热电偶的热电动势输出没有影响。

4.4.2.3 标准电极定律（参考电极定律或组成定律）

如果将导体 C（热电极，一般为纯铂丝）作为标准电极（也称参考电极），并已知标准电极与任意导体配对时的热电势，则在相同接点温度 (T, T_0) 下，任意两导体 A、B 组成的热电偶，如图 4-34 所示，其热电势 $E_{AB}(T, T_0)$ 可由式 (4-22) 求得：

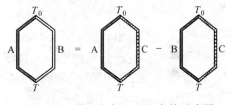

图 4-34 热电偶标准电极定律示意图

$$E_{AB}(T, T_0) = E_{AC}(T, T_0) - E_{BC}(T, T_0) \qquad (4-22)$$

式中　　　　$E_{AB}(T, T_0)$——接点温度为 (T, T_0)，由导体 A、B 组成的热电偶时产生的热电势；

$E_{AC}(T, T_0), E_{BC}(T, T_0)$——接点温度仍为 (T, T_0)，由导体 A、B 分别与标准电极 C 组成热电偶时产生的热电势。

标准电极定律的实用价值在于：它可大大简化热电偶的选配工作。实际测温中，只要获得有关热电极与标准电极配对时的热电势值，那么任何两种热电极配对时的热电势均可按式（4-22）计算，而无需再逐个去测定。

在工程上常用作标准电极（参考电极）的材料，目前主要为纯铂丝材，因为铂的熔点高，易提纯，且在高温与常温时的物理、化学性能都比较稳定。

例如，当 T 为 100℃时，T_0 为 0℃时，铬合金 - 铂热电偶的 $E(100℃, 0℃) = +3.13mV$，铝合金 - 铂热电偶的 $E(100℃, 0℃) = -1.02mV$，求铬合金 - 铝合金组成热电偶材料的热电动势 $E(100℃, 0℃)$。

解：设铬合金为 A，铝合金为 B，铂为 C，即：

$$E_{AC}(100℃,0℃) = 3.13\text{mV}$$
$$E_{BC}(100℃,0℃) = 1.02\text{mV}$$

则：$E_{AB}(100℃,0℃) = E_{AC}(100℃,0℃) - E_{BC}(100℃,0℃) = 3.13 - (-1.02) = 4.15\text{mV}$

4.4.2.4　中间温度定律

如图 4-35 所示，热电偶在接点温度为 T、T_0 时的热电动势为 $E_{AB}(T, T_0)$ 等于该热电偶在 (T, T_n) 及 (T_n, T_0) 时热电动势 $E_{AB}(T, T_n)$ 和 $E_{AB}(T_n, T_0)$ 之和——这就是中间温度定律，其中 T_n 称为中间温度。

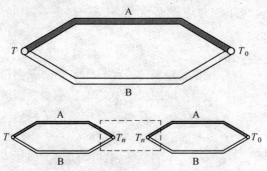

图 4-35　热电偶中间温度定律示意图

$$E_{AB}(T, T_0) = E_{AB}(T, T_n) + E_{AB}(T_n, T_0) \tag{4-23}$$

当 $T_0 = 0℃$ 时，有：

$$E_{AB}(T, 0) = E_{AB}(T, T_n) + E_{AB}(T_n, 0)$$

所以　　　　　$$E_{AB}(T, T_n) = E_{AB}(T, 0) - E_{AB}(T_n, 0) \tag{4-24}$$

因此，只要给出自由端为 0℃ 时的热电势和温度关系，就可以利用公式（4-24）求出冷端为任意温度的热电偶电势。在实际热电偶测温回路中，利用热电偶这一性质，可对参考端温度不为 0℃ 的热电势进行修正。

中间温度定律的实用价值在于：当自由端温度不为 0℃ 时，可利用该定律及分度表求得工作端温度 T，另外热电偶中补偿导线的使用也依据了以上定律。

【例 4-1】　用镍铬-镍硅热电偶测炉温时，其冷端温度 $T = 30℃$，在直流电位计上测得的热电动势 $E_{AB}(T,30℃)$ 为 30.839mV，试求炉温为多少。

分析：$E_{AB}(T, T_0) = E_{AB}(T, T_n) + E_{AB}(T_n, T_0)$

$E_{AB}(T, T_n)$ 已知，$E_{AB}(T_n, T_0)$ 查表，先求 $E_{AB}(T, T_0)$ 再查分度表得出炉温。

解：（1）查镍铬-镍硅热电偶 K 分度表：

$$E_{AB}(T_n, 0℃) = E_{AB}(30℃, 0℃) = 1.203\text{mV}$$

（2）$E_{AB}(T, 0℃) = E_{AB}(T, T_n) + E_{AB}(T_n, 0℃)$
$$= E_{AB}(T, 30℃) + E_{AB}(30℃, 0℃)$$
$$= 30.839 + 1.203 = 32.042\text{mV}$$

（3）再查分度表 $E_{AB}(T, 0℃) = 32.042\text{mV}$ 的温度值为 770℃。

4.4.3　常用热电偶的种类

根据热电势形成理论可知，任何不同材料的导体都可以组成热电偶，但为了准确可靠地测量温度，热电偶的材料选择必须有严格的要求，工程上实用的热电偶应该线性度好、稳定性好、互换性强、响应快，以及便于加工。工程上用于热电偶的材料应满足以下条件：热电势变化尽量大，热电势与温度关系尽量接近线性关系，物理、化学性能稳定，易加工，复现性好，便于成批生产，有良好的互换性。

实际上并非所有的材料都能满足上述要求，故目前国际上公认的比较好的热电材料只有几种。国际电工委员会（IEC）向世界各国推荐 8 种标准热电偶。所谓标准化热电偶，它已列入工业标准化文件中，具有统一的分度表。我国从 1988 年开始采用 IEC 标准生产热电偶。表 4-1 是我国采用的符合 IEC 标准的六种热电偶的主要性能和特点。目前工业上常用的有 4 种标准化热电偶，即铂铑$_{30}$ - 铂铑$_6$（B 型）、铂铑$_{10}$ - 铂（S 型）、镍铬 - 镍硅（K 型）、镍铬 - 铜镍（E 型）。

表 4-1 标准化热电偶的主要性能和特点

热电偶名称	正热电极	负热电极	分度号	测温范围/℃	特　点
铂铑$_{30}$ - 铂铑$_6$	铂铑$_{30}$	铂铑$_6$	B	0 ~ +1700（超高温）	适用于氧化性气氛中测温，测温上限高，稳定性好。在冶金、钢水等高温领域得到广泛应用
铂铑$_{10}$ - 铂	铂铑$_{10}$	纯铂	S	0 ~ +1600（超高温）	适用于氧化性、惰性气氛中测温，热电性能稳定，抗氧化性强，精度高，但价格贵、热电动势较小。常用作标准热电偶或用于高温测量
镍铬 - 镍硅	镍铬合金	镍硅	K	-200 ~ +1200（高温）	适用于氧化和中性气氛中测温，测温范围很宽、热电动势与温度关系近似线性、热电动势大、价格低。稳定性不如 B、S 型热电偶，但是非贵金属热电偶中性能最稳定的一种
镍铬 - 铜镍	镍铬合金	铜镍合金	E	-200 ~ +900（中温）	适用于还原性或惰性气氛中测温，热电动势较其他热电偶大，稳定性好，灵敏度高，价格低
铁 - 康铜	铁	铜镍合金	J	-200 ~ +750（中温）	适用于还原性气氛中测温，价格低，热电动势较大，仅次于 E 型热电偶。缺点是铁极易氧化
铜 - 康铜	铜	铜镍合金	T	-200 ~ +350（低温）	适用于还原性气氛中测温，精度高，价格低。在 -200 ~ 0℃ 可制成标准热电偶。缺点是铜极易氧化

为了适应不同生产对象的测温要求，热电偶常见的结构形式有普通型热电偶、铠装型热电偶、薄膜热电偶、表面热电偶和浸入式热电偶等。

4.4.4 热电偶的冷端补偿方式

由热电偶测温原理可知，只有当热电偶的冷端温度保持不变，热电势才是被测温度的单值函数。工程技术上使用的热电偶分度表和根据分度表刻画的测温显示仪表的刻度都是根据冷端温度为 0℃ 而制作的，否则将产生测量误差。可是在实际使用时，由于热电偶的热端（测量端）与冷端离得很近，冷端又暴露于空气，容易受到周围环境温度的影响，因而冷端温度很难保持恒定。因此必须采取措施，消除冷端温度变化和不为0℃时所产生的影响，进行冷端温度补偿。

4.4.4.1　冷端恒温法

在实验室及精密测量中，通常把冷端放入0℃恒温器或装满冰水混合物的容器中，以便冷端温度保持0℃。如图4-36所示。这是一种理想的补偿方法，但工业中使用极为不便，这种办法仅限于科学实验中使用。为了避免冰水导电引起两个连接点短路，必须把连接点分别置于两个玻璃试管里，浸入同一冰点槽，使其相互绝缘。

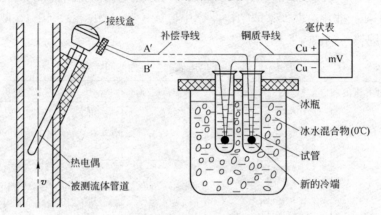

图4-36　冰点槽冷端恒温法

4.4.4.2　热电偶导线补偿

在工业测温中，被测点与控制或显示仪表之间往往有很长的距离，同时为了避免参考端温度受被测点温度变化的影响，也需要使热电偶的参考端远离测量端，但是一般由于热电偶材料较昂贵，热电偶尺寸不能过长（一般只有1m左右）。为了解决这一问题，一般用专用导线把热电偶的参考端延伸出来，如图4-37所示。

4.4.4.3　冷端温度自动补偿法（电桥补偿法）

工业中，常常采用冷端温度自动补偿法，这种方法就是在热电偶和测量仪表间接入一个不平衡直流电桥（也称为温度补偿器），如图4-38所示，来补偿冷端温度不为0℃或变化而引起热电势的变化。当冷端温度升高，导致回路中总电势降低时，温度补偿器此时受冷端的变化产生一个正电势，其值正好等于热电偶降低的电势。两者互相抵消而达到自动补偿的目的；反之亦然。

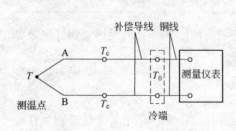

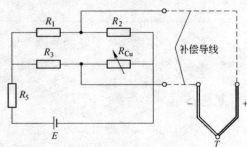

图4-37　热电偶导线补偿示意图　　　　　图4-38　冷端温度自动补偿法示意图

电桥的 4 个桥臂分别由 3 个温度系数较小锰铜丝绕制的电阻 R_1、R_2、R_3 以及具有正温度系数且系数较大的铜丝绕制的可调电阻 R_{Cu} 和稳压电源构成。补偿器在工作时与热电偶在参考端处于同一环境。工程中一般设计为电桥在 20℃ 处于平衡。应用时，只要适当选择桥臂电阻和电源电压，同时调节电阻 R_{Cu}，就可以使电桥产生的不平衡电压 U 补偿由于参考端温度变化引起的热电势变化量 $E_{AB}(T, 20℃)$，从而达到自动补偿的目的。

4.4.4.4　冷端温度修正法

当冷端温度不等于 0℃ 时，但恒定于 T_n，则需要对仪表指示值加以修正，为求得真实温度，可根据中间温度定律加以修正。如冷端温度高于 0℃ 时，但恒定于 T_n，工作端温度为 T 时，则需要对热电偶回路的测量电势值 $E_{AB}(T, T_n)$ 加以修正，分度表可查 $E_{AB}(T, 0)$ 与 $E_{AB}(T_n, 0)$。根据中间温度定律得到：

$$E_{AB}(T, 0) = E_{AB}(T, T_n) - E_{AB}(T_n, 0) \tag{4-25}$$

式中　　　T_n——热电偶测温时冷端环境温度；

$E_{AB}(T, T_n)$——实测热电势；

$E_{AB}(T_n, 0)$——冷端为 0℃ 时，工作端为 T_n 区段热电势，可查分度表得到，即为修正法。

【例 4-2】　用镍铬-镍硅热电偶测量加热炉温度。已知冷端温度 $T_n = 30℃$，测得热电势 $E(T, T_n)$ 为 39.17mV，求加热炉温度。

解：查镍铬-镍硅热电偶分度表得 $E(30, 0) = 1.203mV$。

则 $E(T, 0) = E(T, 30) - E(30, 0) = (39.17 + 1.023)mV = 40.373mV$

再从表中查得 $E(970, 0) = 40.096mV$，$E(980, 0) = 40.488mV$。

因此，利用式 (4-24) 可得被测加热炉温度为：

$$T = 970 + \frac{40.373 - 40.096}{40.488 - 40.096} \times (980 - 970) = 977℃$$

4.4.5　热电偶的实用测温电路

4.4.5.1　测量单点温度的基本线路

如图 4-39 所示是一支热电偶和一个检测仪表配用的基本连接线路。一支热电偶配一台显示仪表的基本测量线路包括热电偶、补偿导线、冷端补偿器、连接用铜线及动圈式显示仪表。显示仪表如果是电位差计，则不必考虑线路电阻对测温精度的影响，如果是动圈式显示仪表，就必须考虑测量线路电阻对测温精度的影响。

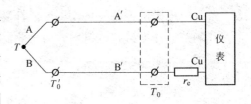

图 4-39　热电偶基本测量线路

4.4.5.2　测量两点之间的温度差

实际工作中常需要测量两处的温差，可选用两种方法测温差，一种是两支热电偶分别测量两处的温度，然后求算温差；另一种是将两支同型号的热电偶反串联接，直接测量温差电势，然后求算温差，如图 4-40 所示。前一种测量较后一种测量精度差，对于要求精确的小温差测量，应采用后一种测量方法。

4.4.5.3　测量温度之和——热电偶串联测量线路

如图4-41所示是热电偶串联测量线路,既可测多点温度之和,也可测多点温度的平均值。将 n 支相同型号的热电偶正负极依次相连接,若 n 支热电偶的各热电势分别为 E_1、E_2、E_3、…、E_n,则总电势为:

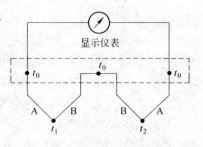

图4-40　温度差测量线路

$$E_串 = E_1 + E_2 + E_3 + \cdots + E_n = nE \qquad (4-26)$$

式中, E 为 n 支热电偶的平均热电势,串联线路的总热电势为 E 的 n 倍,所对应的温度可由 $(E_串 - t)$ 关系求得,也可根据平均热电势 E 在相应的分度表上查对。串联线路的主要优点是热电势大,精度比单支高;主要缺点是只要有一支热电偶断开,整个线路就不能工作,个别短路会引起示值显著偏低。

4.4.5.4　测量平均温度——热电偶并联测量线路

将 n 支相同型号热电偶的正负极分别连在一起,如图4-42所示。如果 n 支热电偶的电阻值相等,则并联电路总热电势等于 n 支热电偶的平均值,即:

$$E_并 = \frac{E_1 + E_2 + E_3 + \cdots + E_n}{n} \qquad (4-27)$$

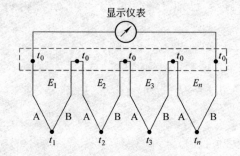

图4-41　热电偶串联测量线路图

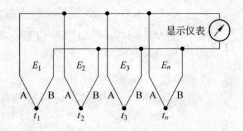

图4-42　热电偶并联测量线路

与热电偶配用的测量仪表可以动圈式仪表(即测温毫伏计)、晶体管式自动平衡显示仪表(也叫自动电子电位差计)、直流电位差计(通常只在实验室内使用)和数字电压表。若要组成微机控制的自动测温或控温系统,可直接将数字电压表的测温数据利用接口电路和测控软件连接到微机中,对检测温度进行计算和控制。这种系统在工业检测和控制应用中十分普遍。

4.4.6　热电偶的应用实例

4.4.6.1　热电偶测金属表面温度

表面温度测量是温度测量的一大领域。金属表面温度的测量对于机械、冶金、能源、国防等部门来说是非常普通的问题。例如,热处理的锻件、铸件、气体水蒸气管道、炉壁面等表面温度的测量。测温范围从几百摄氏度到一千多摄氏度。而测量方法通常利用直接接触测温法。

一般在200~300℃以下温度时,可采用黏结剂将热电偶的结点黏附于金属壁面,工艺比较简单。在温度较高且测量精度和时间常数小的情况下,常采用焊接的方法,将热电偶头部焊于金属壁面。

4.4.6.2　采用 AD594C 的温度测量电路

图 4 -43 所示是采用 AD594C 的温度测量电路实例。AD594C 是美国 AD 公司生产的集成热电偶放大器，适用于 J 型热电偶（ -200～750℃），该芯片有标准的 193.4 倍放大率，能直接将热电偶的毫伏信号放大成优级信号。AD594C 片内除有放大电路外，还有温度补偿电路，对于 J 型热电偶经激光修整后可得到 10mV/℃输出。在 0～300℃测量范围内精度为 ±1℃。测量时，热电偶内产生的与温度相对应的热电动势经 AD594C 的 -IN 和 +IN 两引脚输入，经初级放大和温度补偿后，再送入主放大器 A_1，运算放大器 A_1 输出的电压信号 U_o' 反映了被测温度的高低。若 AD594C 输出接 A/D 转换器，则可构成数字温度计。

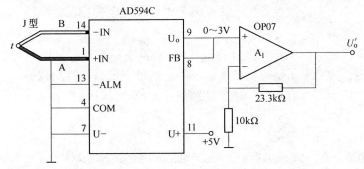

图 4 -43　J 型热电偶测温电路

4.4.6.3　测控应用

常用炉温测量控制系统如图 4 -44 所示。图中毫伏定值器给出设定温度的相应毫伏值，热电偶的热电势与定值器的毫伏值相比较，若有偏差则表示炉温偏离给定值，此偏差经放大器送入调节器，再经过晶闸管触发器推动晶闸管执行器来调整电炉丝的加热功率，直到偏差被消除，从而实现控制温度。

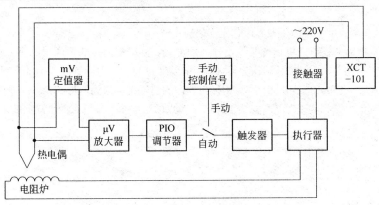

图 4 -44　热电偶炉温控制系统

本 章 小 结

本章主要介绍了压电式传感器、霍尔传感器、光电池、热电偶等几种常见的有源传感器。

压电式传感器主要掌握其检测原理（压电效应）、压电元件、测量电路和传感器的应用。主要应用于压力、加速度和振动等参数的测量。压电式传感器在工业参数检测中，也用于液位、流量、压力和振动等方面。

霍尔传感器主要掌握其工作原理（霍尔效应）、霍尔元件的类型（霍尔线性器件和霍尔开关器件）、基本测量电路和常用的连接方式、霍尔元件的测量误差和补偿方法以及霍尔集成传感器的应用。霍尔开关集成传感器可应用于汽车点火系统、保安系统、转速、里程测定、机械设备的限位开关、按钮开关、电流的检测与控制、位置及角度的检测等。霍尔线性传感器广泛用于位置、力、重量、厚度、速度、磁场、电流等的测量或控制。

光电池主要掌握其检测原理（光生伏特效应）、基本特性、测量电路和典型应用。光电池主要有两大类型的应用，一类是将光电池作光伏器件使用，利用光伏作用直接将太阳能转换成电能，即太阳能电池；另一类是将光电池作光电转换器件应用，主要用于光电检测和自动控制系统中。

热电偶温度传感器的工作原理（热电效应）、基本定律、测量电路是学习的重点，同时也要结合实例，学会分析热电偶的实际应用。热电偶的特点是结构简单、具有较高的准确度、测量范围宽，并具有良好的敏感度和使用方便等。

习　题

4-1　什么是压电效应，压电效应有哪些种类，压电传感器的结构和应用特点是什么？

4-2　能否用压电传感器测量静态压力，为什么压电传感器通常都来测量动态或瞬态参量？

4-3　在压电式传感器的测量电路中，引入前置放大器有什么作用，前置放大器有哪两种形式？

4-4　简述霍尔效应及构成以及霍尔传感器可能的应用场合。

4-5　霍尔元件能够测量哪些物理参数，什么是霍尔元件的不等位电势，温度补偿的方法有哪几种？

4-6　试区分硅光电池和硒光电池的结构与工作原理。

4-7　举例说明光电池的应用。

4-8　什么叫热电动势、接触电动势和温差电动势？分析热电偶测温的误差因素，并说明减小误差的方法。

4-9　试述热电偶测温的基本原理及其工作定律的应用。

4-10　现用一支镍镉－铜镍热电偶测某换热器内的温度，其冷端温度为30℃，而显示仪表机械零位为0℃，这时指示值为400℃，若认为换热器内的温度为430℃，对不对，为什么？已知 $E(400, 0) = 28.943\text{mV}$，$E(30, 0) = 1.801\text{mV}$，则换热器内的温度正确值如何得到？

4-11　试设计测温电路，实现对某一点的温度、某两点的温度差、某三点的平均温度进行测量。

5 新型传感器

本 章 要 点

- 光纤传感器的传输原理、分类及应用;
- 超声波传感器的工作原理及应用;
- 红外传感器的工作原理及应用;
- 气敏、湿敏传感器的特点及应用;
- 智能传感器、MEMS传感器的组成及特点;
- 仿生传感器的特点及应用。

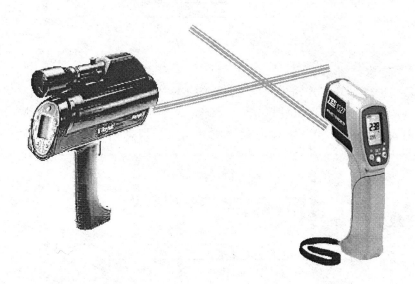

前面两章介绍了无源型和有源型传感器的基本类型，随着技术的不断发展，涌现了不少新型传感器，本章主要介绍当前应用较多的新型传感器，如光纤传感器、超声波传感器、红外传感器、智能传感器、MEMS 传感器、仿生传感器等。

5.1　光纤传感器

光纤传感器是伴随着光纤及光通信技术的发展而逐步形成的，它以光作为信息的载体，用光纤作传递媒质，因此具有光纤和光学测量的典型特点。

光纤传感器具有很多优异的性能，如灵敏度高、响应速度快、耐腐蚀、防燃防爆等，它能够接收人所感受不到的信息，能够在高温区或核辐射区等各种恶劣环境下使用，而且便于与计算机连接，适合远距离输出。因此，光纤传感器广泛应用于家用电器、工农业生产、生物医学、国防等领域。

5.1.1　光纤结构及传输原理

5.1.1.1　光纤结构

光导纤维简称为光纤，是一种特殊结构的光学纤维，由纤芯和包层组成，其结构示于图 5-1。中心的圆柱体叫纤芯，围绕着纤芯的圆形外层叫做包层。纤芯和包层主要由不同掺杂的石英玻璃制成。纤芯的折射率 n_1 略大于包层的折射率 n_2，光纤的导光能力取决于纤芯和包层的性质。在包层外面还常有一层保护套，而光纤的机械强度由保护套维持。

图 5-1　光纤的结构

5.1.1.2　传输原理

光纤的传输原理是基于光的全内反射，光的传输限制在光纤中，我们用几何光学的方法来说明光纤传播。设有一段圆柱形光纤，如图 5-2 所示，它的两个端面均为光滑的平面。当光线射入一个端面并与圆柱的轴线成 θ 角时，根据斯涅耳光的折射定律，由图可知：

$$n_0 \sin\theta = n_1 \sin\theta' \tag{5-1}$$

$$n_1 \sin\varphi = n_2 \sin\varphi' \tag{5-2}$$

式中，n_0 为光线外界介质的折射率。

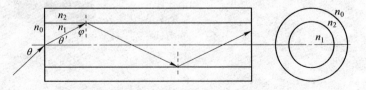

图 5-2　光纤的传播方向

光在光纤内折射成 θ'，然后以 φ 角入射至纤芯与包层的界面。若要在界面上发生全反射，则纤芯与界面的光线入射角 φ 应大于临界角 φ_c，这样光线就不会透射出界面而全部反射，呈锯齿状在纤芯向前传播，最后从光纤的另一个端面射出，这就是光纤的传光原理。

为了满足光在光纤内的全内反射，光入射到光纤端面的入射角 θ 应该满足：

$$\theta_i \leqslant \theta_c = \arcsin\left(\frac{\sqrt{n_1^2 - n_2^2}}{n_0}\right) \tag{5-3}$$

一般光纤外界环境为空气，故 $n_0 = 1$，上式可简化为：

$$\theta_i \leqslant \theta_c = \arcsin\left(\sqrt{n_1^2 - n_2^2}\right) \tag{5-4}$$

实际工作时需要光纤弯曲，但只要满足全反射条件，光线仍继续前进。

5.1.1.3 光纤特性

数值孔径是反映光纤接收光量多少的参数，可衡量光纤聚光的能力。数值孔径（NA）定义为：

$$NA = \sin\theta_c = \frac{1}{n_0}\left(\sqrt{n_1^2 - n_2^2}\right) \tag{5-5}$$

数值孔径是光纤的一个重要参数，其意义是：无论光源发射功率有多大，只有入射光处于 $2\theta_c$ 的光锥内，光纤才能导光。如入射角过大，经折射后不能满足等式的要求，光线便从包层逸出而产生漏光。

从提高光源与光纤之间的耦合效率来看，一般希望数值孔径 NA 越大越好，但数值孔径 NA 过大，会造成光信号畸变，因此要选择适当的数值孔径，如石英光纤数值孔径一般为 $0.2 \sim 0.4$。

5.1.2 光纤传感器的结构及分类

5.1.2.1 光纤传感器的结构原理

光纤传感器一般由敏感元件、光源、光探测器、信号处理电路等组成，由光源发出的光通过源光纤引到敏感元件，被测参数作用于敏感元件，在光的调制区内，使光的某一性质（如光的强度、波长、频率、相位、偏正态等）受到被测量的调制，调制后的光信号经过接收光纤耦合到光探测器，将光信号转换为电信号，最后经过信号处理环节得到所需要的被测量。

5.1.2.2 光纤传感器的分类

根据光受被测对象的调制形式可分为：强度调制型、偏振态制型、相位制型、频率制型；根据光纤在传感器中的作用可以分为：一类是功能型传感器，另一类是非功能型传感器。

（1）功能型传感器。功能型光纤传感器是利用光纤对环境变化的敏感性，把光纤作为敏感元件，将输入物理量变换为调制的光信号。光纤在外界环境因素改变时，其传光特性（如相位与光强）会发生变化，再通过对被调制过的光信号进行解调，从而得出被测物理量的变化信号。

光纤在其中不仅是导光媒质，而且也是敏感元件，光在光纤内受被测量调制，多采用多模光纤。优点是结构紧凑、灵敏度高。缺点是须用特殊光纤，成本高。

（2）非功能型传感器。非功能型传感器是利用其他敏感元件感受被测量的变化，光纤仅作为信息的传输介质，常采用单模光纤。

光纤在其中仅起导光作用，光照在光纤型敏感元件上受被测量调制。优点是无需特殊光纤及其他特殊技术，比较容易实现，成本低。缺点是灵敏度较低。

5.1.3   光纤传感器的应用

光纤传感器应用很广泛，可对压力、速度、温度、位移、液面、转矩、电流和应变等物理量进行测量，下面介绍光纤测压力和测速度的例子。

光纤压力传感器原理图如图5-3所示，其中图5-3a为光纤在均衡压力作用下，由于光弹性效应而引起光纤折射率、形状和尺寸的变化，从而导致光纤传播光的相位变化和偏振面旋转；图5-3b为光纤在点压力作用下，引起光纤局部变形，使光纤由于折射率不连续变化导致传播光散乱而增加损耗，从而引起光振幅变化。

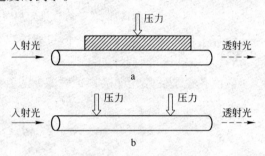

图5-3   光纤压力传感器原理
a—施加均衡压力；b—施加点压力

多普勒效应测速传感器应用了多普勒效应，所谓多普勒效应，即当波源相对于介质运动时，波源的频率与介质中的波动频率不相同。同样，介质中的频率与一个相对于介质运动的接收器所记录的频率也不相同，这两种情况都称为多普勒效应，所产生的频率差称为多普勒频率。

图5-4为激光多普勒效应速度传感器测试系统，该系统主要由激光光源、分光器、光接收器、频率检测器及振动物体等部分组成。

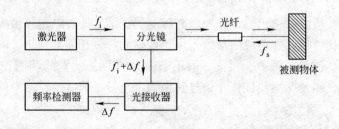

图5-4   多普勒效应测速传感器

其工作原理为：由激光光源发出频率为f_i的光导入光导纤维，经过分光镜后，光线通过光纤射向振动物体，由于被测体振动，产生散射（散射光频率为f_s），被测物体的运动速度与多普勒频率之间的关系为：

$$\Delta f = f_s - f_i = 2nv/\lambda \tag{5-6}$$

式中 f_i——入射光频率，即激光源频率；

       n——发生散射介质的折射率；

       λ——入射光在空气中的波长；

       v——被测物体的运动速度。

式（5-6）表明，多普勒频率 Δf 与被测物体运动速度 v 成比例变化关系，从频率分检器中测得 Δf 后，即可得到物体的运动速度。

5.2　超声波传感器

5.2.1　超声波及其物理性质

5.2.1.1　超声波及分类

（1）超声波定义。超声波是高于 $2\times10^4\mathrm{Hz}$ 的机械波，频率界限分布如图5-5所示。频率在 $16\sim2\times10^4\mathrm{Hz}$ 之间，能为人耳所闻的机械波，称为声波；低于16Hz的机械波，称为次声波；频率在 $3\times10^8\sim3\times10^{11}\mathrm{Hz}$ 之间的波，称为微波。

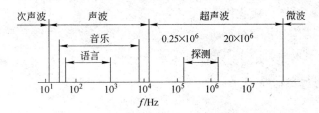

图5-5　声波的频率界限图

（2）超声波的波形。声源在介质中施力方向与波在介质中传播方向的不同，声波的波形也不同。通常有：

1）纵波：质点振动方向与波的传播方向一致的波，它能在固体、液体和气体介质中传播；

2）横波：质点振动方向垂直于传播方向的波，它只能在固体介质中传播；

3）表面波：质点的振动介于横波与纵波之间，沿着介质表面传播，其振幅随深度增加而迅速衰减的波，表面波只在固体的表面传播。

5.2.1.2　超声波的反射和折射

声波从一种介质传播到另一种介质，在两个介质的分界面上一部分声波被反射，另一部分透射过界面，在另一种介质内部继续传播。这样的两种情况称之为声波的反射和折射，如图5-6所示。

由物理学知，当波在界面上产生反射时，入射角 α 的正弦与反射角 α' 的正弦之比等于波速之比。当波在界面处产生折射时，入射角 α 的正弦与折射角 β 的正弦之比，等于入射波在第一介质中的波速 c_1 与折射波在第二介质中的波速 c_2 之比，即：

$$\frac{\sin\alpha}{\sin\beta}=\frac{c_1}{c_2} \qquad (5-7)$$

当超声波垂直入射界面，则此时声波几乎没有反射，全部从第一介质透射入第二介质。声波在介质中

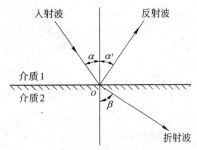

图5-6　超声波的反射和折射

传播时，随着传播距离的增加，能量逐渐衰减，其衰减的程度与声波的扩散、散射及吸收

等因素有关。

5.2.2　超声波传感器的结构原理

利用超声波在超声场中的物理特性和各种效应而研制的装置可称为超声波换能器、探测器或传感器。

超声波传感器按其工作原理可分为压电式、磁致伸缩式、电磁式等，其中以压电式最为常用。压电式超声波传感器常用的材料是压电晶体和压电陶瓷，这种传感器统称为压电式超声波传感器。它是利用压电材料的压电效应来工作的：逆压电效应将高频电振动转换成高频机械振动，从而产生超声波，可作为发射传感器；而正压电效应是将超声振动波转换成电信号，可作为接收传感器。

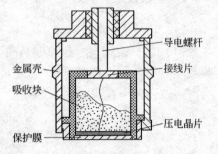

图5-7　压电式超声波传感器结构

超声波传感器结构如图5-7所示，它主要由压电晶片、吸收块（阻尼块）、保护膜、引线等组成。

5.2.3　超声波传感器的应用

5.2.3.1　超声波物位传感器

超声波物位传感器是利用超声波在两种介质的分界面上的反射特性而制成的。如果从发射超声脉冲开始，到接收换能器接收到反射波为止的这个时间间隔为已知，就可以求出分界面的位置，利用这种方法可以对物位进行测量。根据发射和接收换能器的功能，传感器又可分为单换能器和双换能器。单换能器的传感器发射和接收超声波使用同一个换能器，而双换能器的传感器发射和接收各由一个换能器担任。

图5-8给出了两种超声液位传感器的原理示意图。

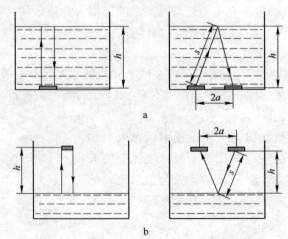

图5-8　超声液位传感器的原理示意图

a—在液体中测量；b—在空气中测量

对于单换能器来说，超声波从发射器到液面，又从液面反射到换能器的时间为：

$$t = \frac{2h}{c}$$

$$(5-8)$$

$$h = \frac{ct}{2} \tag{5-9}$$

式中　h——换能器距液面的距离；

　　　c——超声波在介质中传播的速度。

对于如图 5-8 所示双换能器，超声波从发射到接收经过的路程为 $2s$，而 $s = \frac{ct}{2}$

因此液位高度为：

$$h = \sqrt{s^2 - a^2} \tag{5-10}$$

式中　s——超声波从反射点到换能器的距离；

　　　a——两换能器间距之半。

从以上公式中可以看出，只要测得超声波脉冲从发射到接收的时间间隔，便可以求得待测的物位。

超声物位传感器具有精度高和使用寿命长的特点，但若液体中有气泡或液面发生波动，便会产生较大的误差。在一般使用条件下，它的测量误差为 $\pm 0.1\%$，检测物位的范围为 $10^{-2} \sim 10^4 \mathrm{m}$。

5.2.3.2　超声波流量传感器

超声波流量传感器的测定方法是多样的，目前应用较广的主要是超声波传播时间差法。

超声波在流体中传播时，在静止流体和流动流体中的传播速度是不同的，利用这一特点可以求出流体的速度，再根据管道流体的截面积，便可知道流体的流量。

如果在流体中设置两个超声波传感器，它们既可以发射超声波又可以接收超声波，一个装在上游，一个装在下游，其距离为 L，如图 5-9 所示。

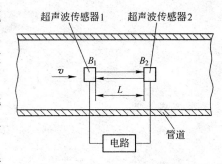

图 5-9　超声波测流量原理图

如设顺流方向的传播时间为 t_1，逆流方向的传播时间为 t_2，流体静止时的超声波传播速度为 c，流体流动速度为 v，则：

$$t_1 = \frac{L}{c+v} \tag{5-11}$$

$$t_2 = \frac{L}{c-v} \tag{5-12}$$

此时超声波的传输时间将由式（5-13）和式（5-14）确定：

$$t_1 = \frac{\dfrac{D}{\cos\theta}}{c + v\sin\theta} \tag{5-13}$$

$$t_2 = \frac{\dfrac{D}{\cos\theta}}{c - v\sin\theta} \tag{5-14}$$

超声波流量传感器具有不阻碍流体流动的特点，可测的流体种类很多，不论是非导电的流体、高黏度的流体，还是浆状流体，只要能传输超声波的流体都可以进行测量。超声波流量计可用来对自来水、工业用水、农业用水等进行测量。还适用于下水道、农业灌渠、河流等流速的测量。

5.3 红外传感器

红外技术是在最近几十年中发展起来的一门新兴技术，在工农业生产、医学、军事、科技研究等领域获得了广泛的应用。红外传感器可用于辐射和光谱辐射测量，搜索和跟踪红外目标，红外测距和通信系统等。

5.3.1 红外辐射的物理基础

红外辐射是一种不可见光，位于可见光中红色光以外的光线，也称红外线。红外线在电磁波谱中的位置如图5-10所示，它的波长范围大致在0.76~1000μm。工程上又把红外线所占据的波段分为四部分，即近红外、中红外、远红外和极远红外。

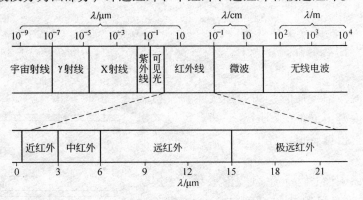

图5-10 电磁波谱图

红外辐射本质上是一种热辐射，任何物体只要温度高于绝对零度，就会向外部空间以红外线的方式辐射能量。物体的温度越高，辐射出来的红外线越多，辐射的能量就越强。物体在向周围发射红外辐射能的同时，也吸收周围物体发射的红外辐射能。

由于各种物质内部的原子分子结构不同，它们所发射出的辐射频率也不相同，这些频率所覆盖的范围也称为红外光谱。

5.3.2 红外探测器

红外辐射和所有电磁波一样，是以波的形式在空间直线传播的。它在大气中传播时，大气层对不同波长的红外线存在不同的吸收带，红外线气体分析器就是利用该特性工作的，空气中对称的双原子气体，如N_2、O_2、H_2等不吸收红外线。而红外线在通过大气层时，有三个波段透过率高，它们是2~2.6μm、3~5μm和8~14μm。这三个波段对红外探测技术特别重要，因为红外探测器一般都工作在这三个波段之内。

红外传感器一般由光学系统、探测器、信号调理电路及显示系统等组成。红外探测器是红外传感器的核心，利用红外辐射与物质相互作用所呈现的物理效应来探测红外辐射的。红外探测器种类很多，常见的有热探测器和光子探测器两大类。

5.3.2.1 热探测器

热探测器是利用红外辐射的热效应，探测器的敏感元件吸收辐射能后引起温度升高，进而使有关物理参数发生相应变化，通过测量物理参数的变化，便可确定探测器所吸收的红外辐射。

热探测器的优点是响应波段宽，响应范围可扩展到整个红外区域，应用相当广泛。但与光子探测器相比，热探测器的探测率比光子探测器的峰值探测率低，响应时间长。

热探测器主要类型有热释电型、热敏电阻型、热电偶型和气体型探测器。而热释电探测器在热探测器中探测率最高，频率响应最宽，所以这种探测器备受重视，发展很快。这里主要介绍热释电探测器。

热释电探测器是一种能检测人或动物发射的红外线而输出电信号的传感器。热释电红外探测器由具有极化现象的热晶体或被称为"铁电体"的材料制作。"铁电体"的极化强度与温度有关。当红外辐射照射到已经极化的铁电体薄片表面上时，引起薄片温度升高，使其极化强度降低，表面电荷减少，这相当于释放一部分电荷，所以叫做热释电型传感器，如图5–11所示。

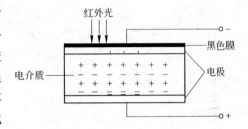

图5–11　热释电与电介质的极化

如果将负载电阻与铁电体薄片相连，则负载电阻上便产生一个电信号输出。输出信号的强弱取决于薄片温度变化的快慢，从而反映出入射的红外辐射的强弱，热释电型红外传感器的电压响应率正比于入射光辐射率变化的速率。

5.3.2.2 光子探测器

光子探测器的工作机理是：利用入射光辐射的光子流与探测器材料中的电子互相作用，从而改变电子的能量状态，引起各种电学现象——这种现象称为光子效应。根据所产生的不同电学现象，可制成各种不同的光子探测器。

光子探测器有内光电和外光电探测器两种，后者又分为光电导、光生伏特和光磁电探测器等三种。光子探测器的主要特点是灵敏度高，响应速度快，具有较高的响应频率，但探测波段较窄，一般需在低温下工作。

5.3.3　红外传感器的应用

5.3.3.1　红外测温仪

红外测温仪是一个包括光、机、电一体化的红外测温系统，利用热辐射体在红外波段的辐射通量来测量温度，可采用分离出所需波段的滤光片，使红外测温仪工作在任意红外波段，如图5–12所示。

图5–12中的光学系统是一个固定焦距的透射系统，滤光片一般采用只允许$8\sim14\mu m$的红外辐射能通过的材料。步进电机带动调制盘转动，将被测的红外辐射调制成交变的红外辐射线。红外探测器一般为热释电探测器，透镜的焦点落在其光敏面上。被测目标的红外辐射通过透镜聚焦在红外探测器上，红外探测器将红外辐射变换为电信号输出。

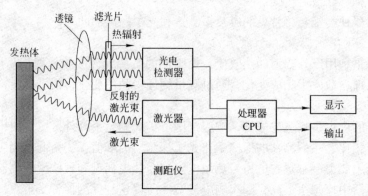

图 5 – 12　非接触式红外测温仪的原理框图

红外测温仪电路比较复杂，包括前置放大、选频放大、温度补偿、线性化等。目前有一种智能红外测温仪，大大简化了硬件电路，提高了仪表的稳定性、可靠性和准确性。

红外测温仪的光学系统可以是透射式，也可以是反射式。反射式光学系统多采用凹面玻璃反射镜，并在镜的表面镀一层对红外辐射反射率很高的金属材料，比如金、铝、镍等。

5.3.3.2　红外线气体分析仪

红外线气体分析仪是根据气体对红外线具有选择性的吸收的特性来对气体成分进行分析的。不同气体的吸收波段不同，图 5 – 13 给出了几种气体对红外线的透射光谱，从图中可以看出，CO 气体对波长为 4.65μm 附近的红外线具有很强的吸收能力，CO_2 气体则在 2.78μm 和 4.26μm 附近以及波长大于 13μm 的范围，对红外线有较强的吸收能力。若要分析 CO 气体，则可以利用 4.26μm 附近的吸收波段进行分析。

红外线气体分析仪由红外线辐射光源、气室、红外检测器及电路等部分组成，如图 5 – 14 所示。

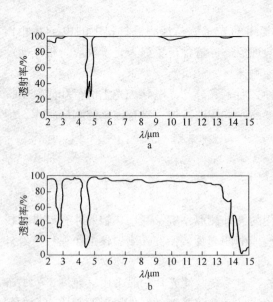

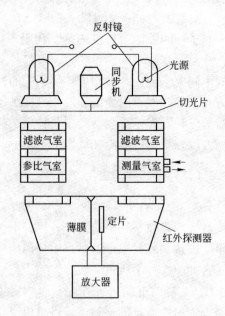

图 5 – 13　几种气体对红外线的透射光谱　　　图 5 – 14　工业用红外线气体分析仪的结构原理图
　　　　　a—CO；b—CO_2

光源发出红外线，切光片将连续的红外线调制成脉冲状的红外线，以便于红外线检测器的信号检测。测量气室中通入被分析气体，参比气室中封入不吸收红外线的气体。红外检测器是薄膜电容型，它有两个吸收气室，充以被测气体。滤波气室用来消除干扰气体，保证左右两边吸收气室的红外能量之差只与被测气体的浓度有关。

测量时，两束红外线经反射、切光后射入测量气室和参比气室。由于测量气室中含有能吸收红外线的气体，而参比气室中气体不吸收红外线，这样射入红外探测器的能量有差异，使两吸收室压力不同，测量边的压力减小，于是薄膜偏向定片方向，改变了薄膜电容两电极间的距离，从而改变了电容 C。如被测气体的浓度愈大，两束光强的差值也愈大，则电容的变化也愈大，因此电容变化量反映了被分析气体中被测气体的浓度。

5.4 环境传感器

5.4.1 气敏传感器

目前，生活中的气体排放与日俱增，有些是对人体有害的气体，有些是易燃易爆的气体，需要对气体进行检测才能保证环境的安全性。气敏传感器是一种用来检测气体类别和浓度的传感器。

由于气体种类繁多，性质也不尽相同，能实现气－电转换的传感器种类很多，按构成气敏传感器材料可分为半导体和非半导体两大类，其中半导体气敏传感器是目前使用最广泛的。半导体气敏传感器是利用待测气体与半导体表面接触时，产生的电导率等物理性质变化来检测气体的。

5.4.1.1 半导体气敏传感器的原理

半导体气敏传感器是利用气体在半导体表面的氧化和还原反应导致敏感元件阻值变化而制成的。当半导体器件被加热到稳定状态，在气体接触半导体表面而被吸附时，被吸附的分子首先在表面物性自由扩散，失去运动能量，一部分分子被蒸发掉，另一部分残留分子产生热分解而固定在吸附处。如图 5－15表示了气体接触 N 型半导体时所产生的阻值变化情况。

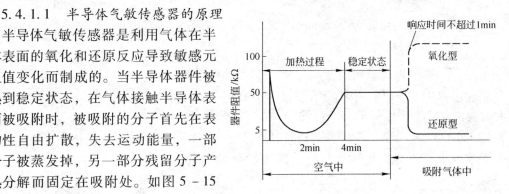

图 5－15　N 型半导体吸附气体时器件阻值变化图

当氧化型气体吸附到 N 型半导体上，将使半导体载流子减少，使电阻值增大。当还原型气体吸附到 N 型半导体上，则载流子增多，使半导体电阻值下降。若气体浓度发生变化，其阻值也将变化。根据这一特性，可以从阻值的变化得知吸附气体的种类和浓度。半导体的响应时间一般不超过 1min。

5.4.1.2 气敏传感器应用

半导体气敏传感器由于具有灵敏度高、响应时间和恢复时间快、使用寿命长以及成本低等优点，从而得到了广泛的应用，比如气体泄漏报警、自动测试等。

5.4.2 湿敏传感器

湿敏传感器是能够感受外界湿度变化，并通过器件材料的物理或化学性质变化，将湿度转化成有用信号的器件。由于空气中水蒸气含量要比空气少得多，而且液态水会使一些高分子材料和电解质材料溶解，使湿敏材料不同程度地受到腐蚀和老化，再者，湿度信息的传递必须靠水对湿敏器件直接接触来完成，因此湿度的检测比较困难。

通常，对湿敏器件要求在各种气体环境下稳定性好，响应时间短，寿命长，有互换性，耐污染和受温度影响小等，朝着微型化、集成化方向发展。

（1）氯化锂湿敏电阻。氯化锂湿敏电阻是利用吸湿性盐类潮解，离子导电率发生变化而制成的测湿元件。它由引线、基片、感湿层与电极组成，如图 5 - 16 所示。其湿度 - 电阻的特性曲线如图 5 - 17 所示。

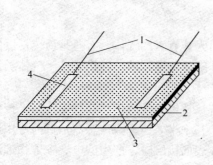

图 5 - 16　湿敏电阻结构示意图
1—引线；2—基片；3—感湿层；4—金属电极

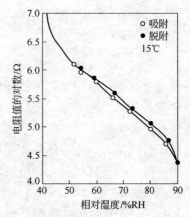

图 5 - 17　氯化锂湿度 - 电阻特性曲线

（2）半导体陶瓷湿敏电阻。通常，用两种以上的金属氧化物半导体材料混合烧结而成为多孔陶瓷。这些材料有 $ZnO - LiO_2 - V_2O_5$ 系、$Si - Na_2O - V_2O_5$ 系、$TiO_2 - MgO - Cr_2O_3$ 系、Fe_3O_4 等，前三种材料的电阻率随湿度增加而下降，故称为负特性湿敏半导体陶瓷，最后一种的电阻率随湿度增加而增大，故称为正特性湿敏半导体陶瓷。

1）负特性湿敏半导瓷的导电机理。由于水分子的吸附，不论是 N 型还是 P 型半导瓷，其电阻率都随湿度的增加而下降。图 5 - 18 表示了几种负特性半导瓷阻值与湿度的关系。

2）正特性湿敏半导瓷的导电机理。正特性湿敏半导瓷的导电机理的解释可以认为这类材料的结构、电子能量状态与负特性材料有所不同。这类半导瓷材料的表面电阻将随湿度的增加而加大。图 5 - 19 给出了 Fe_3O_4 正特性半导瓷湿敏电阻阻值与

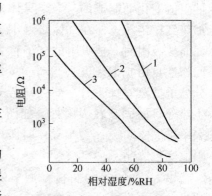

图 5 - 18　几种半导瓷湿敏负特性
1—$ZnO - LiO_2 - V_2O_5$ 系；
2—$Si - Na_2O - V_2O_5$ 系；
3—$TiO_2 - MgO - Cr_2O_3$ 系

湿度的关系曲线。

从图 5 - 18 与图 5 - 19 可以看出，当相对湿度从 0% RH 变化到 100% RH 时，正特性材料的阻值变化没有负特性材料的阻值变化明显。

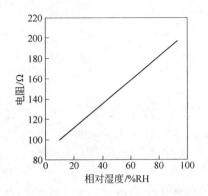

图 5 - 19　Fe_3O_4 半导瓷的正湿敏特性

5.5　其他新型传感器

5.5.1　智能传感器

智能传感器（intelligent sensor）是引入微处理机并扩展了传感器功能，使之具备人的某些智能特质的新型传感器，如图 5 - 20 所示。

现代自动化系统要求的不断提高，传统传感器的硬件补偿有限，在这种情形下催生了智能传感器，因此软件是智能传感器的关键。智能传感器通过各种软件功能来模拟人的感官和大脑的协调动作，可以完成硬件难以完成的任务，从而大大降低传感器制造的难度，提高传感器的性能，降低成本。

5.5.1.1　智能传感器结构及特点

智能传感器结构可有非集成化和集成化两种形式。非集成化的结构如图 5 - 21 所示，主要由传感器、微处理器及其相关电路组成。传感器将被测的物理量

图 5 - 20　智能传感器

转换成相应的电信号，送到信号调理电路中，进行滤波、放大、模数转换后，送到微处理器中。微处理器是智能传感器的核心，不但可以对传感器测量数据进行计算、存储、数据处理，还可以通过反馈回路对传感器进行调节。

智能传感器可具有复合敏感功能，能对信号进行变换、判断等，能实现自检测、自诊断、自补偿，能与其他系统实现通讯。例如复合力学传感器可同时测量物体的位移、速度、加速度。

集成化的智能传感器采用大规模集成电路工艺技术，将传感器与相应的电路都集成到

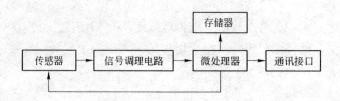

图 5 − 21　非集成化智能传感器结构

同一芯片上，如图 5 − 22 所示。

这种集成智能传感器有四方面的突出优点：

（1）较高信噪比：传感器的弱信号先经集成电路信号放大后再远距离传送，就可大大改进信噪比。

（2）改善性能：由于传感器与电路集成于同一芯片上，对于传感器的零漂、温漂和零位可以通过自校单元定期自动校准，又可以采用适当的反馈方式改善传感器的频响。

（3）信号规一化：传感器的模拟信号通过程控

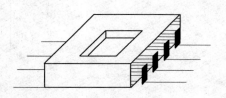

图 5 − 22　集成化智能传感器结构图

放大器进行规一化，又通过模数转换成数字信号，微处理器按数字传输的几种形式进行。

（4）数字规一化，如串行、并行、频率、相位和脉冲等。

5.5.1.2　智能传感器的应用

近年来随着半导体技术的迅猛发展，国外一些著名的公司和高等院校正大力开展集成智能传感器的研制，国内也开始研制集成智能传感器，现已获得很大进展。

国内西安中星测控生产的 PT600 系列传感器，采用国际上一流传感器芯体、变送器专用集成电路和配件，运用军工产品的生产线和工艺，精度高，稳定性好，成本低，采用高性能微控制器（MCU），同时具备数字和模拟两种输出方式，同时针对用户的特定需求，可在原产品基础上进行二次开发，周期极短。已广泛应用于航空航天、石油化工、机械、地质等行业中测量各种气体和流体的压力、压差、流量和流体的高度和重量。

再如由爱立信微波技术公司研制的爱立信眼球，采用了智能传感器技术和一个用户界面友好的指挥和控制系统，可以快速获取准确和综合的信息。它是一种出色的雷达系统，可以在陆地和水面上分辨和跟踪海上及空中目标，通过仪器观测到的距离远远超过了地平线之外。

5.5.2　MEMS 传感器

MEMS 是微机电系统（Micro − Electro − Mechanical Systems）的英文缩写，是在半导体集成电路微细加工技术和超精密机械加工技术的基础上发展起来的，图 5 − 23 所示为 MEMS 芯片。采用 MEMS 技术制作的微传感器、微执行器、微型构件、微机械光学器件、真空微电子器件、电力电子器件等在航空、航天、汽车、生物医学、环境监控、军事等领域中都有着十分广阔的应用前景。

5.5.2.1　MEMS 技术

微机电系统相对于传统的机械，它们的尺寸更小，最大的不超过一个厘米，甚至仅仅

为几个微米。采用以硅为主的材料，电气性
能优良，采用与集成电路（IC）类似的生成
技术，进行大批量、低成本生产，使性价比
相对于传统机械制造技术大幅度提高。

常用的制作 MEMS 器件的技术主要有
3 种。

（1）以日本为代表的利用传统机械加工
手段，即利用大机器制造小机器，再利用小
机器制造微机器的方法。可以用于加工一些
在特殊场合应用的微机械装置，如微型机器
人、微型手术台等。

图 5-23　MEMS 芯片

（2）以德国为代表的 LIGA 技术，利用 X 射线光刻技术，通过电铸成型和塑铸形成深
层微结构的方法。人们已利用该技术开发和制造出了微齿轮、微马达、微加速度计、微射
流计等，还可以制造出由各种金属、塑料和陶瓷零件组成的三维微机电系统。LIGA 技术
为 MEMS 技术提供了一种新的加工手段。

（3）以美国为代表的利用集成电路工艺技术对硅材料进行加工，形成硅基 MEMS 器
件。这种方法与传统 IC 工艺兼容，可以实现微机械和微电子的系统集成，而且适合于批
量生产，已经成为目前 MEMS 的主流技术。

5.5.2.2　MEMS 传感器优点

MEMS 传感器是由微传感器、微执行器、信号处理和控制电路、通讯接口和电源等部
件组成的一体化的微型器件，把信息的获取、处理和执行集成在一起，组成具有多功能的
微型系统，从而大幅度地提高系统的自动化、智能化和可靠性水平。MEMS 传感器的主要
优点如下：

（1）可提高信噪比。在同一个芯片上进行信号放大、A/D 转换能提高信号水平，减
小干扰和传输噪声，改善信噪比。

（2）可改善传感器性能。因这种传感器集成了敏感元件、放大电路和补偿电路（如
微型压力传感器）在同一芯片上在实现传感探测的同时具有信号处理的功能（在同一芯
片上的反馈电路可改善输出钽电容的线性度和频响特性）；因为集成了补偿电路，可降低
由温度或由应变等因素引起的误差；在同一芯片上的电压式电流源可提供自动的或周期性
的自校准和自诊断。

（3）MEMS 传感器还可以把多个相同的敏感元件集成在同一芯片上形成传感器阵列；
或把不同的敏感元件集成在同一芯片上实现多功能传感。

5.5.2.3　MEMS 发展及应用

MEMS 第一轮商业化始于 20 世纪 70 年代末 80 年代初，当时用大型蚀刻硅片结构和
背蚀刻膜片制作压力传感器。由于薄硅片振动膜在压力下变形，会影响其表面的压敏电阻
曲线，这种变化可以把压力转换成电信号。如电容感应移动质量加速计，用于触发汽车安
全气囊和定位陀螺仪。

第二轮商业化出现于 20 世纪 90 年代，主要围绕着信息技术展开。TI 公司根据静电驱
动斜微镜阵列推出了投影仪。

第三轮商业化可以说出现于世纪之交,微光学器件通过全光开关及相关器件而成为光纤通讯的补充。长远来看,微光学器件将是 MEMS 一个增长强劲的领域。

目前处于第四轮商业化阶段,一些在硅片上制作的音频、生物和神经元探针,生化药品开发系统和微型药品输送系统的移动器件推动了其发展,MEMS 产业开始向测试仪器、医疗等新领域渗透。

我国 MEMS 传感器市场上,主力产品加速度、压力传感器、喷墨头等产品技术已经相对成熟,新型 MEMS 振荡器、MEMS 电池正处于研发阶段中,并有望在未来几年实现良好的经济效益。另外,一些 MEMS 传感器产品已经从单独芯片向模块和系统解决方案迈进。例如利用 MEMS 压力传感器可以使 GPS 导航更精确,Sensor Platforms 公司和其他供应商都在开发集成有 MEMS 航位推算功能的系统,这样导航系统就可以跟随人进入建筑物内而不迷路。

5.5.3 仿生传感器

仿生传感器是近年来生物医学、电子学、工程学相互渗透而发展起来的一种新型传感器,是采用固定化的细胞、酶或其他生物活性物质与换能器相配合组成传感器。仿生传感器的设计思想一个是敏感机制的仿生,包括敏感材料与敏感原理的仿生设计;另一个是传感器功能的仿生。

5.5.3.1 敏感机制的仿生

敏感材料仿生与敏感原理仿生是发展仿生传感器的基础,直接决定了仿生传感器技术的发展。例如中科院基于仿生学原理,以高分子聚合物为温度敏感材料,通过热诱导结合表面化学修饰,实现了超双亲/超双疏功能的可逆开关;基于蜘蛛丝的内部结构与吸湿原理,设计出具有纳米孔结构的纤维,甚至实现了对湿气中水滴的直接采集;基于壁虎脚的吸盘微结构,采用半导体微纳加工技术,制作了仿壁虎脚功能的传感器,结合相应驱动装置,可以在各种复杂表面上自由攀爬。

5.5.3.2 传感器功能的仿生

模仿生物的功能,研制具有与其功能相似的传感器。基于人手皮肤的触觉感应原理,意大利与瑞典科学家联合研制了基于传感器阵列的仿生感应系统和机械联动装置,可以模拟人手实现对各种复杂形貌物体的抓与放。

合肥智能机械所采用气体传感器阵列,开发了电子鼻探测器,可以实现易制毒化学品的快速检测,并可在几小时、几天甚至数月的时间内连续地、实时地监测特定位置的气味状况。下面具体介绍电子鼻的结构原理。

(1)电子鼻结构。电子鼻是利用气体传感器阵列的响应图案来识别气味的电子系统,主要由气味取样操作器、气体传感器阵列和信号处理系统三种功能器件组成,如图 5-24 所示。

图 5-24 电子鼻结构

（2）电子鼻的技术原理。

1）将性能彼此重叠的多个气体传感器组成阵列，模拟人鼻内的大量嗅感受器细胞，借助精密测试电路，得到对气味瞬时敏感的阵列检测器；

2）气体传感器的响应经滤波、A/D转换后，将对研究对象而言的有用成分和无用成分加以分离，得到多维有用响应信号的数据处理器；

3）利用多元数据统计分析方法、神经网络方法和模糊方法将多维响应信号转换为感官评定指标值或组成成分的浓度值，得到被测气味定性分析结果的智能解释器。

本 章 小 结

本章主要介绍当前应用较多的新型传感器，如光纤传感器、超声波传感器、红外传感器、智能传感器、MEMS 传感器、仿生传感器等。

光纤传感器以光作为信息的载体，用光纤作传递媒质，因此具有光纤和光学测量的典型特点。光纤的传输原理是基于光的全内反射，根据光纤在传感器中的作用可以分为：一类是功能型传感器，另一类是非功能型。

利用超声波在超声场中的物理特性和各种效应而研制的装置可称为超声波换能器、探测器或传感器，有超声波流量传感器、超声波物位传感器等类型。

红外传感器一般由光学系统、探测器、信号调理电路及显示系统等组成。红外探测器是红外传感器的核心，利用红外辐射与物质相互作用所呈现的物理效应来探测红外辐射。

半导体气敏传感器是利用待测气体与半导体表面接触时，产生的电导率等物理性质变化来检测气体的。湿敏传感器是能够感受外界湿度变化，并通过器件材料的物理或化学性质变化，将湿度转化成有用信号的器件。

智能传感器是具备人的某些智能特质的新型传感器。MEMS 传感器是由微传感器、微执行器、信号处理和控制电路、通讯接口和电源等部件组成的一体化的微型器件。仿生传感器是采用新检测原理的新型传感器，它采用固定化的细胞、酶或者其他生物活性物质与换能器相配合组成传感器。

习　题

5-1　光纤传感器的传播原理是什么？

5-2　光纤结构有什么特点，有哪些应用？

5-3　简述超声波传感器的基本原理，举例说明在生活中的应用。

5-4　简述红外传感器的原理，举例说明在生活中的应用。

5-5　利用脉冲回波法测厚度，怎么测量时间间隔？若已知超声波在工件中的声速 $v=5400\mathrm{m/s}$，测得时间间隔 $t=20\mu s$，求工件厚度。

5-6　什么是智能传感器，由哪几部分组成？

5-7　什么是 MEMS 传感器，有何特点？

5-8　仿生传感器有什么特点？

6 传感信号的分析与处理

本 章 要 点

- 放大电路分类及特点;
- 调制解调的分类、原理及应用;
- 滤波器的分类、原理及应用;
- 采样及采样定理;
- 量化及量化误差;
- 自相关函数特点及自相关分析法的应用;
- 互相关函数特点及互相关分析法的应用。

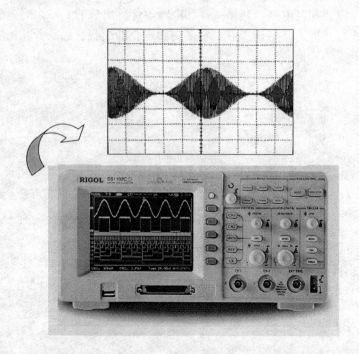

传感器所获得的信号往往混有各种噪声，信号的分析与处理就是用来排除信号中的干扰噪声从而获得有用信息的过程。一般来说，通常把研究信号的构成和特征值的过程称为信号分析，把对信号进行必要的变换获得所需信息的过程称为信号处理，信号的分析与处理过程是相互关联的。

传感器的模拟信号一般须经过数字化才能供检测系统所用，因此信号要经过放大、滤波和数字化等环节。本章前两节将从模拟预处理和数字化处理两方面对传感信号的处理环节作介绍，第三节将介绍传感信号分析中的相关检测法。

6.1 信号的预处理

传感检测中的信号预处理是为了便于信号的后续处理。传感器输出的电信号很微弱，往往需要进一步放大，而且输出的电信号中很容易混杂有干扰噪声，因而需要滤波处理以提高信噪比，另外，某些场合为便于信号的传输，则需要引入调制解调环节。如动态应变仪的信号处理框图 6-1 所示：这里的传感器即应变片输出的是电阻信号，再经电桥把电阻变化转化为电压变化，然后通过放大、调制解调和滤波环节得到可以反映被测量压力变化的电压，并在示波器得到输出波形。

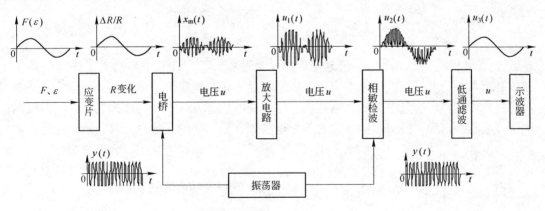

图 6-1　动态应变仪的信号处理

传感器有不同的输出信号，输出可能是电压、电流、电阻、电容、电感等信号，在设计传感信号的处理电路时要注意这些差异以满足系统不同的需要。在系统要求变化时，传感器也要做出相应的修改，例如一款只是输出略有不同的新式传感器出现时，必须对其放大和滤波等环节作相应的调整。下面分别介绍信号的放大、调制解调和滤波环节。

6.1.1 传感信号的放大电路

传感器信号放大的目的是得到标准电压、电流信号，以方便对被测信号的后续变换处理与记录。在数据采集系统中，通常模数转换环节前的信号输入通道是实现性能指标的最大障碍，信号处理电路中的放大器会带来不可避免的噪声，在一定程度上影响着系统的信噪比，因此要选用合适的放大电路来提高系统精度。

传感信号放大电路的类型很多，与之匹配的传感器也不尽相同。例如电桥放大电路主要针对阻抗型传感器的放大电路；仪表放大器适用于电位差、电势差输出型传感器，源于运算放大器，但优于运算放大器，适合对精度要求高的系统；比例放大器是通用型的放大电路，选择不同的工作区能对输入信号进行线性放大或者对两个输入端的信号大小进行比较；电荷放大器则主要针对电荷式传感器，如压电式传感器、CCD 传感器。下面侧重介绍应用较多的电桥放大电路和仪用放大器。

6.1.1.1   电桥放大电路

电桥放大电路灵敏度高，线性好，测量范围宽，而且容易实现温度补偿。电桥放大电路按桥臂阻抗性质可为电阻电桥、电容电桥和电感电桥，如图 6-2 所示；按供电电源属性可分直流电桥和交流电桥。直流电桥在前文中已作介绍，这里侧重介绍交流电桥。

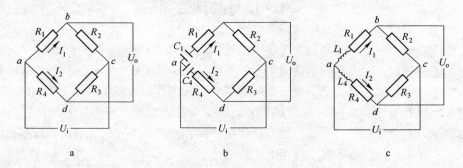

图 6-2   电桥电路

a—电阻电桥；b—电容电桥；c—电感电桥

交流电桥的平衡条件与直流电桥的平衡条件相似，但比直流电桥的平衡条件多一个相位平衡条件。在适用范围上，直流电桥是利用比较法精确测量电阻的基础电桥，适合电阻应变式传感器；交流电桥则是由电阻、电容或电感等元件组成的桥式电路，不但可以测电阻、电感、电容，还可以测量材料的介电常数、线圈间的互感系数等，适合电阻式、电感式、电容式传感器等。前面章节里我们介绍了直流电桥，这里主要介绍交流电桥中电容电桥和电感电桥的平衡条件。

（1）电容电桥。图 6-2b 是电容电桥电路，两相邻两臂为电容 C_1、C_4，其中 R_1、R_4 视为电容介质损耗的等效电阻，桥臂 1 和桥臂 4 的等效阻抗为 $R_1 + \dfrac{1}{j\omega C_1}$、$R_4 + \dfrac{1}{j\omega C_4}$。另相邻桥臂 R_2、R_3 为纯电阻，根据电桥的平衡条件有：

$$(R_1 + \frac{1}{j\omega C_1})R_3 = (R_4 + \frac{1}{j\omega C_4})R_2 \qquad (6-1)$$

$$R_1 R_3 + \frac{R_3}{j\omega C_1} = R_2 R_4 + \frac{R_2}{j\omega C_4} \qquad (6-2)$$

两边等式相等，必须实部和虚部分别相等，故有电桥的平衡条件：

$$\begin{cases} R_1 R_3 = R_2 R_4 \\ \dfrac{R_3}{C_1} = \dfrac{R_2}{C_4} \end{cases} \qquad \begin{array}{c}(6-3)\\[2ex](6-4)\end{array}$$

（2）电感电桥。图 6-2c 是电感电桥电路，两相邻两臂为电感 L_1、L_4，其中 R_1、R_4 视为电感损耗的等效电阻，桥臂 1 和桥臂 4 的等效阻抗分别为 $R_1 + j\omega L_1$、$R_4 + j\omega L_4$。根据电桥平衡条件有：

$$(R_1 + j\omega L_1)R_3 = (R_4 + j\omega L_4)R_2 \tag{6-5}$$

$$R_1 R_3 + j\omega L_1 R_3 = R_2 R_4 + j\omega L_4 R_2 \tag{6-6}$$

则有平衡条件：

$$\begin{cases} R_1 R_3 = R_2 R_4 & (6-7) \\ L_1 R_3 = L_4 R_2 & (6-8) \end{cases}$$

以上电桥的平衡条件是在供桥端电源只有一个频率的情况下推导的，如果供桥端电源有多个频率时，无法得到电桥的平衡条件，因此要求电源具有良好的频率稳定性。一般为了消除外界工频的干扰，通常采用 5～10kHz 的高频振荡作为供桥端电源。

6.1.1.2 仪用放大器

由单个运放组成的基本放大器综合性能指标一般都不高，只能用于条件要求不高的场合，在性能要求不能满足系统要求时可以考虑仪用放大器。仪用放大器是具有高共模抑制比、高输入阻抗、低噪声、低漂移的精密电压增益器件。

仪用放大器又称测量放大器，是一种具有差分输入和单端输出的闭环增益组件，仪用放大器与运算放大器不同之处是运算放大器的闭环增益是由反相输入端与输出端之间连接的外部电阻决定，而仪用放大器则使用与输入端隔离的内部反馈电阻网络，增益设置灵活，可由用户选择电阻来设定。仪用放大器可用作传感器信号的放大，或者作差动小信号的前置放大，是智能仪器中常用的放大器。

仪用放大器的典型结构如图 6-3 所示，主要由 3 个运放和电阻组成，其中同向放大器 A_1，A_2 构成输入级，差分放大器 A_3 构成输出级。运放为同相差分输入方式，同相输入可以大幅度提高电路的输入阻抗，减小电路对微弱输入信号的衰减；差分输入可以使电路只对差模信号放大，而对共模输入信号只起跟随作用，使得共模抑制比 CMRR 得到提高。这样在以运放 A_3 为核心部件组成的差分放大电路

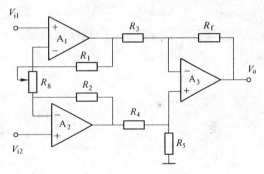

图 6-3　仪用放大器的结构图

中，在 CMRR 要求不变情况下，可明显降低对电阻 R_3 和 R_4、R_f 和 R_5 的精度匹配要求，从而使仪用放大器电路比简单的差分放大电路具有更好的共模抑制能力。

在 $R_1 = R_2$、$R_3 = R_4$、$R_f = R_5$ 的条件下，图 6-3 电路的增益为：

$$A_f = -\frac{V_0}{V_{i1} - V_{i2}} = -\left(1 + \frac{2R_1}{R_g}\right)\frac{R_5}{R_3} \tag{6-9}$$

假设 $R_3 = R_5$，即第二级运算放大器增益为 1，则增益为：

$$A_f = -\left(1 + \frac{2R_1}{R_g}\right) \tag{6-10}$$

由式（6-9）和式（6-10）可见：

（1）在电路参数对称形式下，放大倍数和两个输入端的失调电压无关，输出信号不会受共模干扰的影响，即仪用放大器可以抑制共模干扰。

（2）为了保证电路参数的对称性，最简单的电路增益调节是通过改变 R_g 阻值来实

现，当采用集成仪用放大器时，R_g 一般为外接电阻。

仪用放大器主要适用于需要数据采集、信号调理放大的场合。例如在数据采集方面，仪用放大器可放大噪声中的有用信号，比如对压力传感器或温度传感器信号的放大。在医疗仪器方面，仪用放大器可用于监测人体电压、电流，例如心电图仪、血压计等。另外，仪用放大器特别适合长距离的测量，例如工业过程中恶劣环境下的热电偶，如用普通放大器放大这样微弱的传感输出信号，对干扰的抑制能力很弱，一般使用差分仪用放大器。

6.1.2　调制与解调

调制就是利用缓变信号控制高频信号的某个参数（幅值、频率或相位）变化的过程。通过调制可以实现缓变信号的传输，特别是远距离传输，同时可以提高信号传输中的抗干扰能力和信噪比。解调就是对已调波进行鉴别以恢复缓变信号的过程。解调的目的就是恢复所需要的缓变信号。

调制可分为幅值调制（简称调幅 AM）、频率调制（简称调频 FM）、相位调制（简称调相 PM），下面主要以幅值调制及其解调来介绍调制与解调的整个思想。

6.1.2.1　幅值调制

调幅（图 6-4）是将一个高频简谐信号 $y(t)$（载波信号）与缓变信号（调制信号）$x(t)$ 相乘，使载波信号 $y(t)$ 的幅值随缓变信号 $x(t)$ 的幅值变化而变化过程。幅值调制后的信号称为调幅波。

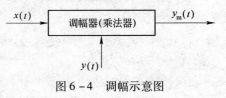

图 6-4　调幅示意图

调幅的时域变化的波形如图 6-5 所示。

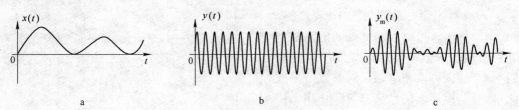

图 6-5　调幅的时域变化波形
a—调制波波形；b—载波波形；c—调幅波波形

$$y(t) = A_0\cos(2\pi f_0 t + \phi_0)$$
$$= \cos 2\pi f_0 t \tag{6-11}$$
$$y_m(t) = [A_0 x(t)]\cos(2\pi f_0 t + \phi_0)$$
$$= x(t)\cos 2\pi f_0 t \tag{6-12}$$

6.1.2.2　同步解调

解调（图 6-6）时调幅波再与 $y(t)$ 相乘能复原出原信号。
$$y_m(t) \cdot \cos 2\pi f_0 t = x(t) \cdot \cos 2\pi f_0 t \cdot \cos 2\pi f_0 t$$
$$= \frac{x(t)}{2}(1 + \cos 4\pi f_0 t)$$
$$= \frac{x(t)}{2} + \frac{x(t)}{2}\cos 4\pi f_0 t \tag{6-13}$$

由式（6-13）可以看出，调幅波在与 $y(t)$ 相乘后，得到 $\dfrac{x(t)}{2}$ 和 $\dfrac{x(t)}{2}\cos 4\pi f_0 t$，其中 $\dfrac{x(t)}{2}\cos 4\pi f_0 t$ 为高频杂波信号，可以

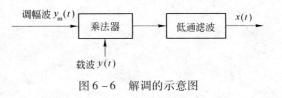

图 6-6 解调的示意图

通过滤波器将其衰减滤掉，最后得到只有 $\dfrac{x(t)}{2}$ 的信号，再通过一个放大电路可还原出原来的信号。

调制与解调的整个过程如图 6-7 所示。

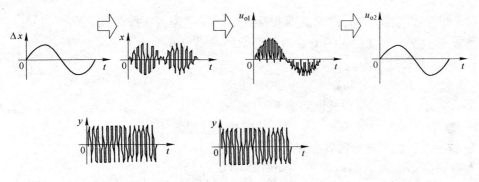

图 6-7 调制与解调的波形变化

6.1.3 滤波器

滤波器是一种选频装置，可以使信号中特定频率成分通过，而极大地衰减其他频率成分，低通滤波器和高通滤波器是滤波器的两种最基本的形式，其他的滤波器都可以分解为这两种类型的滤波器。

6.1.3.1 滤波器的分类

根据选频范围，滤波器可分为低通、高通、带通和带阻四种，如图 6-8 所示。

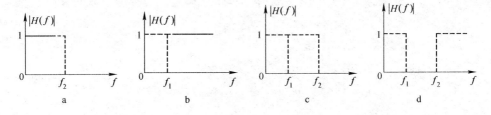

图 6-8 滤波器的特性图

a—低通滤波器；b—高通滤波器；c—带通滤波器；d—带阻滤波器

信号进入滤波器后，部分特定的频率成分可以通过，而其他频率成分极大地衰减。对于一个滤波器，信号能通过它的频率范围称为该滤波器的频率通带，被抑制或极大地衰减的频率范围称为频率阻带，通带与阻带的交界点，称为截止频率。例如 f_1 称为高通滤波器的下截止频率，f_2 称为低通滤波器的上截止频率，f_1、f_2 分别称为带通滤波器的下、上截止频率。

（1）低通滤波器。在 $0 \sim f_2$ 频率之间，幅频特性平直，如图 6 - 8a 所示。它可以使信号中低于 f_2 的频率成分几乎不受衰减地通过，而高于 f_2 的频率成分都被衰减掉，所以称为低通滤波器。

（2）高通滤波器。与低通滤波器相反，当频率大于 f_1 时，其幅频特性平直，如图 6 - 8b 所示。它使信号中高于 f_1 的频率成分几乎不受衰减地通过，而低于 f_1 的频率成分则被衰减掉，所以称为高通滤波器。

（3）带通滤波器。它的通频带在 $f_1 \sim f_2$ 之间。它使信号中高于 f_1，而低于 f_2 的频率成分可以几乎不受衰减地通过，如图 6 - 8c 所示。而其他的频率成分则被衰减掉，所以称为带通滤波器。

（4）带阻滤波器。与带通滤波器相反，带阻在频率 $f_1 \sim f_2$ 之间，它使信号中高于 f_2 而低于 f_1 的频率成分受到极大的衰减，其余频率成分几乎不受衰减地通过，如图 6 - 8d 所示。

6.1.3.2　实际滤波器的基本参数

实际带通滤波器的幅频特性如图 6 - 9 所示。虚线表示理想带通滤波器的幅频特性曲线，其尖锐、陡峭，通带为 $f_{c1} \sim f_{c2}$，通带内的幅频为常数 A_0，通带之外的幅值为零。实际滤波器的幅频特性曲线如实线所示，没有明显的转折点，通带与阻带部分不是那么平坦，通带内幅值也并非为常数。因此，需要用更多的参数来描述实际滤波器的特性。

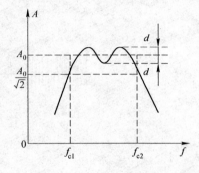

图 6 - 9　实际带通滤波器的幅频特性

（1）截止频率。幅频特性值为 $\dfrac{A_0}{\sqrt{2}}$ 时所对应的频率称为滤波器的截止频率。如图 6 - 9 所示，以 $\dfrac{A_0}{\sqrt{2}}$ 作平行于横坐标的直线与幅频特性曲线相交两点的横坐标值为 f_{c1}、f_{c2}，分别称为滤波器的下截止频率和上截止频率。

（2）带宽 B。滤波器上、下两截止频率之间的频率范围称为滤波器的带宽，即：

$$B = f_{c2} - f_{c1} \tag{6 - 14}$$

因为相对于 A_0 衰减 $-3\mathrm{dB}$，故称 $f_{c2} - f_{c1}$ 为"负三分贝带宽"。以 $B_{-3\mathrm{dB}}$ 表示，单位为 Hz。带宽决定着滤波器分离信号中相邻频率成分的能力，即频率分辨力。

（3）品质因数 Q。中心频率 f_n 和带宽 B 之比称为滤波器的品质因数，即：

$$Q = \frac{f_n}{B} \tag{6 - 15}$$

式中，中心频率 f_n 定义为上、下截止频率乘积的平方根，即：

$$f_n = \sqrt{f_{c1} f_{c2}} \tag{6 - 16}$$

（4）波纹幅度 d。实际的滤波器在通频带内可能出现波纹变化，其波动幅度 d 与幅频特性的稳定值 A_0 相比，越小越好，一般应远小于 $-3\mathrm{dB}$，即 $\dfrac{A_0}{\sqrt{2}}$。

（5）倍频程选择。在两截止频率外侧，实际滤波器有一个过渡带，这个过渡带的幅频曲线倾斜程度表明了幅频特性衰减的快慢，它决定着滤波器对带宽外频率成分衰减的能力。通常用倍频程选择性来表征。

倍频程选择性，是指在上截止频率 f_{c2} 与 $2f_{c2}$ 之间，或者在下截止频率 f_{c1} 与 $f_{c1}/2$ 之间幅频特性的衰减值，即频率变化一个倍频程时的衰减量，以 dB 表示。衰减越快，滤波器的选择性越好。

（6）滤波器因数（或矩形系数）。滤波器选择性的另一种表示方法，是用滤波器幅频特性的 −60dB 带宽与 −3dB 带宽的比值，即：

$$\lambda = \frac{B_{-60dB}}{B_{-3dB}} \qquad (6-17)$$

理想滤波器 $\lambda = 1$，通常使用的滤波器 $\lambda = 1 \sim 5$。有些滤波器因电容漏阻等器件影响，阻带衰减倍数达不到 −60dB，则以标明的衰减倍数（如 −40dB 或 −30dB）带宽与 −3dB 带宽之比来表示其选择性。

6.2 信号的数字化处理

信号数字化处理技术就是用数字方法处理信号，在运算速度、分辨力和功能等方面优于模拟信号处理技术，已得到越来越广泛的应用。目前已发展了不少数字式传感器，但大多数的传感器是模拟式传感器，输出信号为模拟量，因此需要将传感器输出连续的模拟量变换成离散的数字量，即进行模/数（A/D）转换。这一过程需要把信号的连续时间序列转变成等间隔的离散时间序列，并对该序列的幅值进行量化，然后送入通用计算机或专用数字信号处理仪中处理。

由于通用计算机或专用仪器的容量和计算速度是有限的，处理的数据长度也是有限的，为此信号一般经过截断处理，以致在数字处理中会引起一些误差。本节将对信号数字化处理过程中的基础概念做一些介绍。

6.2.1 信号数字化处理的基本步骤

数字信号处理的一般步骤可用图 6-10 所示简单框图来概括。把连续时间信号转换为与其相应的数字信号的过程称之为模/数（A/D）转换过程，反之则称为数/模（D/A）转换过程，它们是数字信号处理的必要程序。

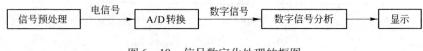

图 6-10 信号数字化处理的框图

（1）信号预处理。信号的预处理是将信号变换成适于数字处理的形式，以减小数字处理的难度，具体形式包括信号电压幅值处理，调制解调与滤波等，信号的调理环节应根据被测对象、信号特点和数学处理设备的能力进行安排。

（2）A/D 转换。A/D 转换包括了在时间上对原信号等间隔采样、幅值上的量化及编码，即把连续信号变成离散的时间序列，其处理过程如图 6-11 所示。

（3）数字信号分析。数字信号分析可以在信号分析仪、通用计算机或专用数字信息处

图 6 - 11　信号 A/D 转换过程

理机上进行。由于计算机只能处理有限长度的数据，所以要把长时间的序列截断。在截断时会产生一些误差，所以有时要对截断的数字序列进行加权以成为新的有限长的时间序列。如有必要还可以设计专门的程序进行数字滤波，然后把所得的有限长的时间序列按给定的程序进行运算。

6.2.2　采样、混叠和采样定理

6.2.2.1　采样

采样过程可以看作用等间隔的单位脉冲序列去乘模拟信号。这样，各采样点上的信号大小就变成脉冲序列的权值，这些权值将被量化成相应的二进制编码。其数学上的描述为：

$$x(t)g(t) = \int_{-\infty}^{\infty} x(t)\delta(t - nT_s)\mathrm{d}t = x(nT_s)(n = 0, \pm 1, \pm 2, \pm 3 \cdots) \quad (6-18)$$

式中，$g(t)$ 为采样函数；$x(t)$ 为模拟信号；T_s 称为采样间隔，也称为采样周期；$f_s = \dfrac{1}{T_s}$ 称为采样频率。经采样后，各采样点的信号幅值为 $x(nT_s)$，采样过程如图 6 - 12 所示。

由于后续的量化过程需要一定的时间 τ，对于随时间变化的模拟输入信号，要求瞬时采样值在时间 τ 内保持不变，这样才能保证转换的正确性和转换精度，这个过程就是采样保持。正是有了采样保持，实际上采样后的信号是阶梯形的连续函数。

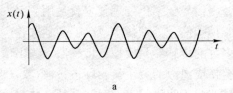

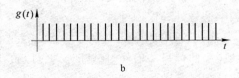

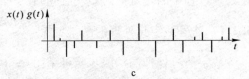

图 6 - 12　采样过程
a—模拟信号；b—脉冲序列；c—采样点

6.2.2.2　混频及采样定理

（1）混频现象。采样间隔的选择很重要，如果采样间隔太小，则对定长的时间记录来说其数字序列就很长，即采样点数多，使计算工作量增大；对定长的数字序列来说，则只能处理很短的时间历程，可能产生很大的误差。如果采样间隔太大，则可能丢失有用的信息。因此，必须选择合适的采样间隔。

【例 6 - 1】　信号 $x_1(t) = \sin(20\pi t)$ 和 $x_2(t) = \sin(100\pi t)$ 进行采样处理，采样间隔 $T_s = 1/40\text{s}$，即采样频率 $f_s = 40\text{Hz}$，比较两信号采样后的离散状态。

解：由于采样间隔 $T_s = 1/40\text{s}$，则 $t = nT_s = \dfrac{1}{40}n$

$$x_1(nT_s) = \sin\left(20\pi \frac{1}{40}n\right) = \sin\left(\frac{\pi}{2}n\right)$$

$$x_2(nT_s) = \sin\left(100\pi \frac{1}{40}n\right) = \sin\left(\frac{5\pi}{2}n\right) = \sin\left(\frac{\pi}{2}n\right)$$

可见，经采样后，两个信号的采样点瞬时值（图 6-13 中的"✦"点）完全相同，这样根据采样结果，就不能分辨出数字序列来自于 $x_1(t)$ 还是 $x_2(t)$，不同频率的信号 $x_1(t)$ 和 $x_2(t)$ 的采样结果的混叠，造成了"频率混淆"现象。

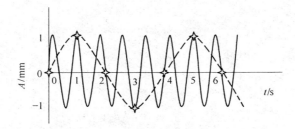

图 6-13　频率混叠现象

（2）采样定理。为了避免混叠，以便采样后仍能准确地恢复原信号，采样频率 f_s 必须不小于信号最高频率 f_c 的 2 倍，即 $f_s \geq 2f_c$，这就是采样定理。在实际工作中，一般采样频率应选为被处理信号中最高频率的 3～4 倍以上。

如果确知测试信号中的高频成分是由噪声干扰引起的，为满足采样定理并不使数据过长，常在信号采样前先进行滤波预处理。如果只对某一频带感兴趣，那么可用低通滤波器或带通滤波器滤掉其他频率成分，这样就可以尽量避免混叠并减少信号中其他成分的干扰。

6.2.3　量化和量化误差

连续模拟信号经采样后在时间轴上已离散，但其幅值仍为连续的模拟电压值。量化就是将模拟信号采样后的电压幅值变成为离散的二进制数码，其二进制数码只能表达有限个相应的离散量化电平。

如图 6-14 所示，把采样信号 $x(nT_s)$ 经过舍入或者截尾的方法变为只有有限个有效数字的数。若取信号 $x(t)$ 可能出现的最大值 A，令其分为 N 个间隔，则每个间隔的长度为 $M = A/N$，M 称为量化增量或量化步长。当采样信号 $x(nT_s)$ 落在某一小间隔内，经过舍入或者截尾的方法而变为有限值时，则产生量化误差。

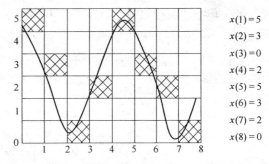

$x(1) = 5$
$x(2) = 3$
$x(3) = 0$
$x(4) = 2$
$x(5) = 5$
$x(6) = 3$
$x(7) = 2$
$x(8) = 0$

图 6-14　信号的 $D=6$ 等分量化过程

一般又把量化误差看成是模拟信号作数字处理时的可加噪声，故而又称之为舍入噪声或截尾噪声。量化增量 M 越大，则量化误差越大，量化增量大小，一般取决于计算机 A/D 卡的位数。例如，8 位二进制为 $2^8 = 256$，即量化电平 M 为所测信号最大电压幅值的 1/256。

【例 6-2】　将幅值为 $A=100$ 的谐波信号按 6、10 等分量化，求其量化后的曲线。

解：图 6-15 中，图 6-15a 是谐波信号，图 6-15b 是 6 等分的量化结果，图 6-15c 是 10 等分的量化结果。对比图 6-15b、图 6-15c 可知，等分数越小，量化增量越大，量化误差越大。

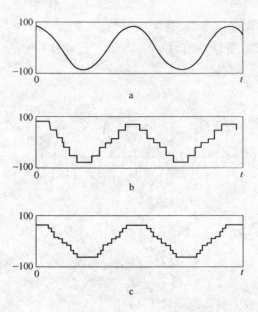

图 6 – 15 谐波信号按 6、10 等分量化的误差

a—谐波信号；b—6 等分；c—10 等分

6.3 微弱信号的相关检测法

所谓相关，是指变量之间的线性关系。对于确定性信号来说，两个变量之间可以用函数关系来描述，两者之间一一对应并为确定的数值。然而两个随机变量之间就不能用函数式来表达，也不具有确定的数学关系。但如果两个随机变量之间具有某种内在的物理联系，那么，通过大量的统计还是可以发现它们之间存在着某种虽然不精确但却具有相应的、表征其特性的近似关系。

如图 6 – 16 所示由两个随机变量 x 和 y 组成的数据点的分布情况。图 6 – 16a 显示两变量 x 和 y 有较好的线性关系；图 6 – 16b 显示两变量虽无确定关系，但从总体上看，两变量间具有某种程度的相关关系；图 6 – 16c 各点分布很散乱，可以说变量 x 和 y 之间是无关的。

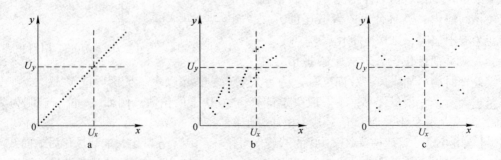

图 6 – 16 变量 x 与变量 y 的相关性

a—x、y 之间是线性关系；b—x、y 之间是某种相关关系；c—x、y 之间无关

6.3.1 自相关检测法

6.3.1.1 自相关函数的特性

图 6-17 所示为 $x(t)$ 和 $x(t+\tau)$ 的波形图，若 $x(t)=y(t)$，则 $y(t+\tau)\to x(t+\tau)$，则得到 $x(t)$ 的自相关函数 $R_x(\tau)$ 为：

$$R_x(\tau) = \lim_{T\to\infty} \frac{1}{T}\int_0^T x(t)x(t+\tau)\mathrm{d}t$$

$$(6-19)$$

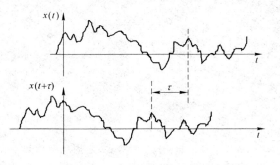

图 6-17 $x(t)$ 和 $x(t+\tau)$ 的波形图

自相关函数有以下特点：

（1）$R_x(\tau)$ 为实偶函数，即 $R_x(\tau)=R_x(-\tau)$。由于：

$$
\begin{aligned}
R_x(-\tau) &= \lim_{T\to\infty} \frac{1}{T}\int_0^T x(t+\tau)x(t+\tau-\tau)\mathrm{d}(t+\tau) \\
&= \lim_{T\to\infty} \frac{1}{T}\int_0^T x(t+\tau)x(t)\mathrm{d}(t+\tau) \\
&= \lim_{T\to\infty} \frac{1}{T}\int_0^T x(t+\tau)x(t)\mathrm{d}(t) \\
&= R_x(\tau)
\end{aligned}
$$

$$(6-20)$$

即 $R_x(\tau)=R_x(-\tau)$，又因为 $x(t)$ 为实函数，所以自相关函数 $R_x(\tau)$ 为实偶函数。

（2）延时 τ 值不同，$R_x(\tau)$ 不同。当 $\tau=0$ 时，$R_x(\tau)$ 的值最大，并等于信号的均方值 ψ_x^2。

$$R_x(0) = \lim_{T\to\infty} \frac{1}{T}\int_0^T x(t)x(t+0)\mathrm{d}t = \lim_{T\to\infty} \frac{1}{T}\int_0^T x^2(t)\mathrm{d}t = \sigma^2 + \mu^2 = \psi_x^2 \quad (6-21)$$

则

$$\rho_x(0) = \frac{R_x(0)-\mu_x^2}{\sigma_x^2} = \frac{\mu_x^2+\sigma_x^2-\mu_x^2}{\sigma_x^2} = 1 \qquad (6-22)$$

这说明变量 $x(t)$ 本身在同一时刻的记录样本呈线性关系，其自相关系数为 1，是完全相关的。

（3）$R_x(\tau)$ 值的范围为 $\mu_x^2-\sigma_x^2 \leqslant R_x(\tau) \leqslant \mu_x^2+\sigma_x^2$

由式（6-22）得：

$$R_x(\tau) = \rho_x(\tau)\sigma_x^2 + \mu_x^2 \qquad (6-23)$$

同时，由式 $|\rho_{xy}| \leqslant 1$ 得：

$$\mu_x^2-\sigma_x^2 \leqslant R_x(\tau) \leqslant \mu_x^2+\sigma_x^2 \qquad (6-24)$$

（4）当 $\tau\to\infty$ 时，$x(t)$ 和 $x(t+\tau)$ 之间不存在内在联系，彼此无关，即：

$$\rho_x(\tau\to\infty)\to 0 \qquad (6-25)$$

$$R_x(\tau\to\infty)\to \mu_x^2 \qquad (6-26)$$

如果均值 $\mu_x=0$，则 $R_x(\tau)\to 0$。

根据以上性质，自相关函数 $R_x(\tau)$ 为偶函数，则关于纵轴对称；当 $\tau=0$ 时，$R_x(\tau)$ 的值为最大值；$\tau\to\infty$ 时，$R_x(\tau)=0$，由此分析自相关函数的可能图形如图 6-18 所示。

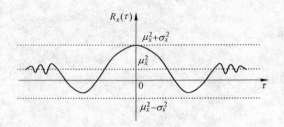

图 6 - 18　自相关函数的可能图形

6.3.1.2　自相关函数的应用

当信号 $x(t)$ 为周期函数时，自相关函数 $R_x(\tau)$ 也是同频率的周期函数。若周期函数为 $x(t) = x(t + nT)$，则其自相关函数为：

$$R_x(\tau + nT) = \frac{1}{T}\int_0^T x(t + nT)x(t + nT + \tau)\,\mathrm{d}(t + nT)$$

$$= \frac{1}{T}\int_0^T x(t)x(t + \tau)\,\mathrm{d}t \qquad (6-27)$$

$$= R_x(\tau)$$

【例 6 - 3】 求正弦函数 $x(t) = x_0\sin(\omega t + \varphi)$ 的自相关函数。

解： 此处初始相角 φ 是一个随机变量，由于存在周期性，所以各种平均值可以用一个周期内的平均值计算。

根据自相关函数的定义有：

$$R_x(\tau) = \lim_{T\to\infty}\frac{1}{T}\int_0^T x(t)x(t + \tau)\,\mathrm{d}t = \frac{1}{T_0}\int_0^T x_0^2\sin(\omega t + \varphi)\sin[\omega(t + \tau) + \varphi]\,\mathrm{d}t$$

$$= \frac{x_0^2}{2T}\int_0^T \big\{\cos[\omega(t + \tau) + \varphi - (\omega t + \varphi)] - \cos[\omega(t + \tau) + \varphi + (\omega t + \varphi)]\big\}\,\mathrm{d}t$$

$$= \frac{x_0^2}{2T}\int_0^T [\cos\omega\tau - \cos(2\omega t + \omega\tau + 2\varphi)]\,\mathrm{d}t \qquad (6-28)$$

$$= \frac{x_0^2}{2T}\int_0^T \cos\omega\tau\,\mathrm{d}t + \frac{x_0^2}{2T}\int_0^T \cos(2\omega t + \omega\tau + 2\varphi)\,\mathrm{d}t$$

$$= \frac{x_0^2}{2T}\cos\omega\tau$$

式中，T_0 为正弦函数的周期，$T_0 = \dfrac{2\pi}{\omega}$，即：

$$R_x(\tau) = \frac{x_0^2}{2}\cos\omega\tau \qquad (6-29)$$

可见正弦函数的自相关函数是一个余弦函数，在 $\tau = 0$ 时具有最大值 $\dfrac{x_0^2}{2}$，如图 6 - 19 所示。它保留了变量 $x(t)$ 的幅值信息 x_0 和频率 ω 信息，但丢掉了初始相位 φ 信息。

【例 6 - 4】 如图 6 - 20 所示，用轮廓仪对一机械加工表面的粗糙度检测信号 $a(t)$ 进行自相关分析，得到了其相关函数 $R_a(\tau)$。试根据 $R_a(\tau)$ 分析造成机械加工表面的粗糙度的原因。

解： 观察 $a(t)$ 的自相关函数 $R_a(\tau)$，发现 $R_a(\tau)$ 呈周期性，这说明造成粗糙度的

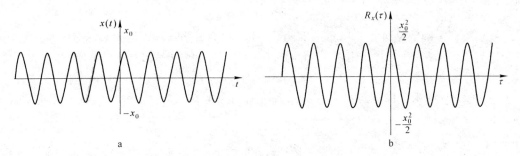

图 6 - 19　正弦函数及其自相关函数

a—正弦函数；b—正弦函数的自相关函数

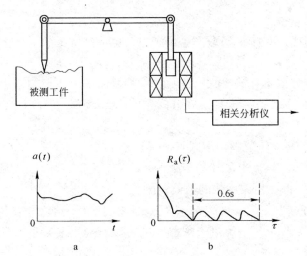

图 6 - 20　表面粗糙度的相关检测法

a—粗糙度检测信号 $a(t)$ 的波形；b—$a(t)$ 的自相关函数 $R_a(\tau)$ 的图形

原因之一是某种周期因素。从自相关函数图可以确定周期因素的频率为：

$$f = \frac{1}{T} = \frac{1}{0.6/3} = 5\,\mathrm{Hz}$$

根据加工该工件的机械设备中的各个运动部件的运动频率（如电动机的转速，拖板的往复运动次数，液压系统的油脉动频率等），通过测算和对比分析，运动频率与 5Hz 接近的部件的振动，就是造成该粗糙度的主要原因。

6.3.2　互相关检测法

6.3.2.1　互相关函数的特点

若 $x(t)$、$y(t)$ 为两个不同的信号，则把 $R_{xy}(\tau)$ 称为函数 $x(t)$ 与 $y(t)$ 的互相关函数，即：

$$R_{xy}(\tau) = \lim_{T \to \infty} \frac{1}{T} \int_0^T x(t) y(t + \tau) \, \mathrm{d}t \qquad (6 - 30)$$

相应的互相关系数为：

$$\rho_{xy}(\tau) = \frac{R_{xy}(\tau) - \mu_x \mu_y}{\sigma_x \sigma_y} \qquad (6 - 31)$$

互相关函数具有以下特点：

（1）互相关函数是可正、可负的实函数。因为 $x(t)$ 和 $y(t)$ 均为实函数，$R_{xy}(\tau)$ 也应当为实函数。在 $\tau = 0$ 时，由于 $x(t)$ 和 $y(t)$ 可正、可负，故 $R_{xy}(\tau)$ 的值可正、可负。

（2）互相关函数是非奇函数、非偶函数，而且 $R_{xy}(\tau) = R_{yx}(-\tau)$。对于平稳随机过程，在 t 时刻从样本采样计算的互相关函数应与 $t-\tau$ 时刻从样本采样计算的互相关函数一致，即：

$$R_{xy}(\tau) = \lim_{T \to \infty} \frac{1}{T} \int_0^T x(t) y(t+\tau) dt = \lim_{T \to \infty} \frac{1}{T} \int_0^T x(t-\tau) y(t-\tau+\tau) d(t-\tau)$$

$$= \lim_{T \to \infty} \frac{1}{T} \int_0^T x(t-\tau) y(t) dt = \lim_{T \to \infty} \frac{1}{T} \int_0^T y(t) x[t+(-\tau)] dt \qquad (6-32)$$

$$= R_{yx}(-\tau)$$

式（6-32）表明，互相关函数不是偶函数，也不是奇函数，$R_{xy}(\tau)$ 与 $R_{yx}(-\tau)$ 在图形上对称于纵坐标轴。

（3）$R_{xy}(\tau)$ 的峰值不在 $\tau = 0$ 处。$R_{xy}(\tau)$ 的峰值偏离原点的位置 τ_0 反映了两信号时移的大小，相关程度最高。在 τ_0 时，$R_{xy}(\tau)$ 出现最大值，它反映 $x(t)$、$y(t)$ 之间主传输通道的滞后时间。

（4）互相关函数的取值范围：由式（6-31）得：

$$R_{xy}(\tau) = \mu_x \mu_y + \rho_{xy}(\tau) \sigma_x \sigma_y \qquad (6-33)$$

结合 $R_{xy}(\tau) \leq 1$，可得互相关函数的取值范围是：

$$\mu_x \mu_y - \sigma_x \sigma_y \leq R_{xy}(\tau) \leq \mu_x \mu_y + \sigma_x \sigma_y \qquad (6-34)$$

根据以上互相关的特点，互相关函数的图形如图 6-21 所示。

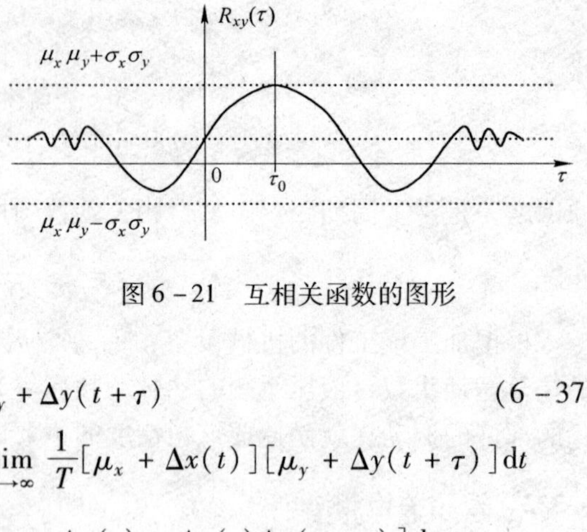

图 6-21 互相关函数的图形

（5）两个统计独立的随机信号，当均值为零时，则 $R_{xy}(\tau) = 0$。将随机信号 $x(t)$ 和 $y(t)$ 表示为其均值和波动分量之和的形式，即：

$$x(t) = \mu_x + \Delta x(t) \qquad (6-35)$$

$$y(t) = \mu_y + \Delta y(t) \qquad (6-36)$$

则

$$y(t+\tau) = \mu_y + \Delta y(t+\tau) \qquad (6-37)$$

$$R_{xy}(\tau) = \lim_{T \to \infty} \frac{1}{T} \int_0^T x(t) y(t+\tau) dt = \lim_{T \to \infty} \frac{1}{T} [\mu_x + \Delta x(t)][\mu_y + \Delta y(t+\tau)] dt$$

$$= \lim_{T \to \infty} \frac{1}{T} [\mu_x \mu_y + \mu_x \Delta y(t+\tau) + \mu_y \Delta x(t) + \Delta x(t) \Delta y(t+\tau)] dt$$

$$= R_{\Delta x \Delta y}(\tau) + \mu_x \mu_y \qquad (6-38)$$

因为信号 $x(t)$ 与 $y(t)$ 是统计独立的随机信号，所以 $R_{\Delta x \Delta y}(\tau) = 0$。所以 $R_{xy}(\tau) = \mu_x \mu_y$。当 $\mu_x = \mu_y = 0$ 时，$R_{xy}(\tau) = 0$。

（6）两个不同频率的周期信号的互相关函数为零。由于周期信号可以用谐波函数合成，故取两个周期信号中的两个不同频率的谐波成分：

$$x(t) = A_0 \sin(\omega_1 t + \theta_1), y(t) = B_0 \sin(\omega_2 t + \theta_2)$$

进行相关分析，则：

$$R_{xy}(\tau) = \lim_{T \to \infty} \frac{1}{T} \int_0^{T_0} x(t) y(t + \tau) \mathrm{d}t = \frac{1}{T_0} \int_0^{T_0} A_0 B_0 \sin(\omega_1 t + \theta_1) \sin[\omega_2(t + \tau) + \theta_2] \mathrm{d}t$$

$$= \frac{A_0 B_0}{2 T_0} \int_0^{T_0} \{\cos[(\omega_2 - \omega_1)t + (\omega_2 \tau + \theta_2 - \theta_1)] - \cos[(\omega_2 + \omega_1)t + (\omega_2 \tau + \theta_2 + \theta_1)]\} \mathrm{d}t$$

$$= 0$$

即
$$R_{xy}(\tau) = 0 \tag{6-39}$$

（7）周期信号与随机信号的互相关函数为零。由于随机信号 $y(t + \tau)$ 在时间 $t \to t + \tau$ 内并无确定的关系，它的取值显然与任何周期函数 $x(t)$ 无关，因此，$R_{xy}(\tau) = 0$。

【例 6 – 5】 求 $x(t) = A_0 \sin(\omega t + \theta_1)$、$y(t) = B_0 \sin(\omega t + \theta_2)$ 的互相关函数 $R_{xy}(\tau)$。

解：$R_{xy}(\tau) = \lim_{T \to \infty} \frac{1}{T} \int_0^{T_0} x(t) y(t + \tau) \mathrm{d}t = \frac{1}{T_0} \int_0^{T_0} A_0 B_0 \sin(\omega t + \theta_1) \sin[\omega(t + \tau) + \theta_2] \mathrm{d}t$

$$= \frac{A_0 B_0}{2 T_0} \int_0^{T_0} \{\cos(\omega \tau + \theta_2 - \theta_1) - \cos[2\omega t + (\omega \tau + \theta_2 + \theta_1)]\} \mathrm{d}t$$

$$= \frac{A_0 B_0}{2} \cos(\omega \tau + \theta_2 - \theta_1)$$

由此可见，与自相关函数不同，两个同频率的谐波信号的互相关函数不仅保留了两个信号的幅值 A_0、B_0 信息、频率 ω 信息，而且还保留了两信号的相位差 $\theta_2 - \theta_1$ 信息。

6.3.2.2 互相关函数的应用

互相关函数的上述性质在工程中具有重要的应用价值。

（1）在混有周期成分的信号中提取特定的频率成分。

【例 6 – 6】 在噪声背景下提取有用信息。对某一线性系统（如图 6 – 22 所示的机床）进行激振试验，所测得的振动响应信号中常常会含有大量的噪声干扰。

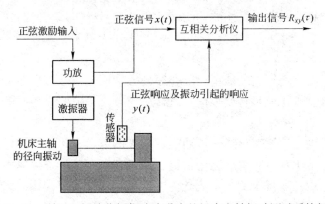

图 6 – 22 利用互相关分析仪消除噪声的机床主轴振动测试系统框图

根据线性系统的频率保持特性，只有与激振频率相同的频率成分才可能是由激振引起的响应，其他成分均是干扰。为了在噪声背景下提取有用信息，只需将激振信号和所测得的响应信号进行互相关分析，并根据互相关函数的性质，就可得到由激振引起的响应的幅值和相位差，消除噪声干扰的影响，其工作原理如图 6 – 22 所示。如果改变激振频率，就可以求得相应的信号传输通道构成的系统的频率响应函数。

（2）线性定位和相关测速。

【例 6 – 7】 用相关分析法确定深埋地下的输油管裂损位置，以便开挖维修。如图

6 - 23所示。漏损处 K 可视为向两侧传播
声音的声源，在两侧管道上分别放置传感
器 1 和 2。因为放置传感器的两点相距漏
损处距离不等，则漏油的声响传至两传感
器的时间就会有差异，在互相关函数图上
$\tau = \tau_m$ 处有最大值，这个 τ_m 就是时差。设
s 为两传感器的安装中心线至漏损处的距
离，v 为音响在管道中的传播速度，则：

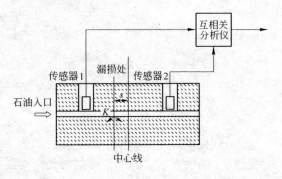

$$s = \frac{1}{2} v \tau_m$$

图 6 - 23　利用相关分析进行线性定位

用 τ_m 来确定漏损处的位置，即线性定位问题，其定位误差为几十厘米，该方法也可
用于弯曲的管道。

本 章 小 结

传感器的信号分析与处理就是用来排除信号中的干扰噪声从而获得有用信息的过程。
模拟信号一般须经过数字化才能供检测系统所用，因此信号要经过放大、滤波和数字化等
环节。

传感信号放大电路的类型很多，侧重介绍了应用较多的电桥放大电路和仪用放大器。

调制就是利用缓变信号控制高频信号的某个参数（幅值、频率或相位）变化的过程。
调制可分为幅值调制、频率调制、相位调制。解调就是对已调波进行鉴别以恢复缓变信号
的过程。解调的目的就是恢复所需要的缓变信号。

滤波器是一种选频装置，可以使信号中特定频率成分通过，而极大地衰减其他频率成
分，低通滤波器和高通滤波器是滤波器的两种最基本的形式，其他的滤波器都可以分解为
这两种类型的滤波器。根据选频范围，滤波器可分为低通、高通、带通和带阻四种滤
波器。

采样过程可以看作用等间隔的单位脉冲序列去乘模拟信号。采样定理保证采样后仍能
准确地恢复原信号。量化就是将模拟信号采样后的电压幅值变成为离散的二进制数码，会
产生量化误差。

随机信号没有确定表达式描述，可通过自相关函数、互相关函数特点来反映。自相关
和互相关性质在工程中具有重要的应用价值。如可在混有信号中提取周期信号成分，可以
在周期成分的信号中提取特定的频率成分，可以进行线性定位和相关测速等。

习　　题

6 - 1　放大有哪些形式？

6 - 2　仪用放大器的优点有哪些？

6 - 3　什么是调制，调制方式有几种？

6 - 4　有调幅波的表达式为：$x_a(t) = \cos 2\pi f_c t (100 + 30\cos 2\pi f_1 t + 20\cos 6\pi f_1 t)$，其中 $f_c = 10\text{kHz}$，$f_1 =$
　　　500Hz，求包含的各分量的频率及振幅。

6 - 5　什么是解调，什么是同步解调？

6 - 6　滤波器有哪几种形式，滤波器的主要指标有哪些？

6-7　简述信号数字化处理的步骤。

6-8　什么是采样定理，什么是混频？

6-9　什么是量化误差？

6-10　什么是自相关分析？举例说明其工程应用。

6-11　什么是互相关分析？举例说明其工程应用。

7 常见工程量检测

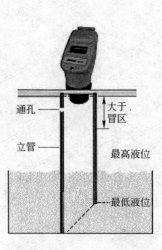

7.1 温度检测

温度是表征物体冷热程度的物理量，是物体内部各分子无规则剧烈运动程度的标志。温度是工业生产和科学研究实验中的一个非常重要的参数。温度直接和安全生产、产品质量、生产效率、节约能源等重大技术经济指标相联系，物体的许多物理现象和化学性质都与温度有关，许多生产过程都是在一定温度范围内进行的，需要测量温度和控制温度的场合极其广泛，测量温度的传感器也越来越多。

7.1.1 常见的测温方法

温度测量方法按照感温元件是否与被测介质接触，可以分为接触式与非接触式两大类。

接触式测温的方法就是使温度敏感元件与被测温度对象相接触，之间进行充分的热交换，当热交换平衡时，温度敏感元件与被测温度对象的温度相等，测温传感器的输出大小即反映了被测温度的高低。常用的接触式测温的温度传感器主要有热膨胀式温度传感器、热电偶、热电阻、热敏电阻和温敏晶体管等。这类传感器的优点是结构简单、工作可靠、测量精度高、稳定性好、价格低；缺点是有较大的滞后现象（测温时由于要进行充分的热交换），不方便于运动物体的温度测量，被测对象的温度场易受传感器接触的影响，测温范围受感温元件材料性质的限制等。

非接触式测温的方法就是利用被测温度对象的热辐射能量随其温度的变化而变化的原理，通过测量与被测温度对象有一定距离处被测物体发出的热辐射强度来测得被测温度对象的温度。常见非接触式测温的温度传感器主要有光电高温传感器、红外辐射温度传感器等。这类传感器的优点是不存在测量滞后和温度范围的限制，可测高温、腐蚀、有毒、运动物体及固体、液体表面的温度，不干扰被测温度场，缺点是受被测温度对象热辐射率的影响，测量精度低，使用中测量距离和中间介质对测量结果有影响等。

常见测温方法及其使用的传感器如表 7−1 所示。

表 7−1 温度测量方法及其使用的传感器

测量方法	测温原理	温度传感器	
接触式测量	体积变化	固体热膨胀	双金属温度计
		液体热膨胀	玻璃管液体温度计
		气体热膨胀	气体温度计、充气式压力温度计
	电阻变化		金属热电阻、半导体热敏电阻
	热电效应		热电偶
	频率变化		石英晶体温度传感器
	光学特性		光纤温度传感器、液晶温度传感器
	声学特性		超声波温度传感器
非接触式测量	热辐射	亮度法	光学温度计、光电亮度温度计
		全辐射法	全辐射温度计
		比色法	比色温度计
		红外法	红外温度传感器
	气流变化		射流温度传感器

7.1.2　温度测量实例

7.1.2.1　接触式温度测量

常见的接触式测温的温度传感器主要有将温度转化为非电量和温度转化为电量两大类。而转化为非电量的温度传感器主要是热膨胀式温度传感器；转化为电量的温度传感器主要是热电偶、热电阻、热敏电阻和集成温度传感器等。

（1）热膨胀式温度传感器。热膨胀式温度传感器是基于液体、固体、气体受热时产生热膨胀的工作原理而制成的，因而这类温度传感器有液体膨胀式、固体膨胀式和气体膨胀式三大类。

日常生活中常用的酒精温度计、水银温度计就是液体膨胀式温度传感器。它是在有刻度而又透明的细玻璃管内充入液体（酒精、水银），当液体受到温度的变化而在玻璃管内伸缩变化，通过读取液体表面对应的刻度值而获取温度。

固体膨胀式温度传感器是由两片具有不同线膨胀系数的热敏金属紧固结合在一起而成双金属片构成的，为了提高灵敏度，双金属片常常作成螺旋形。如图7－1a所示为一固体膨胀式温度传感器的结构示意图，螺旋形双金属片一端固定，一端跟指针轴相连。当温度变化时，螺旋形跟指针连接的自由端便绕中心轴旋转，同时带动指针在刻度盘上指示出相应的温度值。

气体膨胀式温度传感器是基于封闭在密封容器中的气体压力随温度变化而变化这一原理来进行测温的，利用这一原理制作的温度传感器常常又称为压力式温度传感器。如图7－1b所示，当温度变化时，温包内的气体压力也会随着改变，气压通过毛细管的传递，带动弹簧管运动，进而改变指针在刻度盘上所指位置，从而测得温包所处的温度，即被测温度。

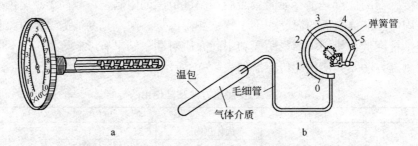

图7－1　热膨胀式温度传感器结构示意图
a—固体膨胀式；b—气体膨胀式

（2）集成温度传感器。集成温度传感器是利用晶体管 PN 结的电流和电压特性与温度的关系，把敏感元件、放大电路和补偿电路等部分集成化，并把它们封装在同一壳体里的一种一体化温度检测元件。它除了与半导体热敏电阻一样具有体积小、反应快的优点外，还有线性好、性能高、价格低、抗干扰能力强等特点。虽然由于 PN 结受耐热性能和特性范围的限制，只能用来测量150℃以下的温度，但在许多领域得到了广泛应用。目前集成温度传感器主要分为三大类：一类为电压型集成温度传感器；另一类为电流型集成温度传感器；还有一类是数字输出型集成温度传感器。

电压型集成温度传感器是将温度传感器基准电压、缓冲放大器集成在同一芯片上，制成一个两端器件。因器件有放大器，故输出电压高，线性输出为 10mV/℃；另外，由于其具有输出阻抗低的特性，抗干扰能力强，故不适合长线传输。这类集成温度传感器特别适合于工业现场测量。

电流型集成温度传感器是把线性集成电路和与之相容的薄膜工艺元件集成在一块芯片上，再通过激光修版微加工技术，制造出性能优良的测温传感器。这种传感器的输出电流正比于热力学温度，即 1μA/K；其次，因电流型输出恒流，所以传感器具有高输出阻抗，其值可达 10MΩ，这为远距离传输深井测温提供了一种新型器件。

1）电流型集成温度传感器。典型的电流输出型温度传感器主要有美国 Analog Devices 公司生产的 AD590 系列及我国生产的 SG590 系列。AD590 是目前广泛应用的一种集成温度传感器，其内部含有放大电路，如配以相应的外电路，就可构成各种应用电路。

如图 7-2 所示，是一个 AD590 集成温度传感器测温的基本电路，它将电流信号转化为电压信号输出，获得与温度成正比的电压输出，其灵敏度为 1mV/K。

将几块 AD590 串联使用，可测量几个被测点的最低温度；当将几块 AD590 并联使用时，可用来测量几个点的平均温度，如图 7-3 所示。

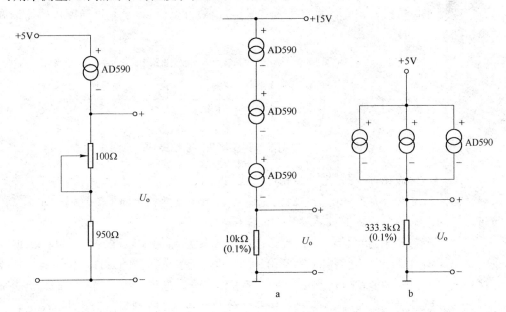

图 7-2　AD590 基本测温电路　　　　图 7-3　AD590 的串、并联电路
　　　　　　　　　　　　　　　　　　　　　　a—串联；b—并联

2）数字输出型集成温度传感器。美国 DALLAS 公司生产的单总线数字温度传感器 DS1820，可把温度信号直接转换成串行数字信号供微机处理。由于每片 DS1820 含有唯一的串行序列号，所以在一条总线上可挂接任意多个 DS1820 芯片。从 DS1820 读出的信息或写入 DS1820 的信息，仅需要一根口线（单总线接口）。读写及温度变换功率来源于数据总线，总线本身也可以向所挂接的 DS1820 供电，而无需额外电源。DS1820 提供九位温度读数，构成多点温度检测系统而无需任何外围硬件。

由于单总线数字温度传感器 DS1820 具有在一条总线上可同时挂接多片的显著特点，

可同时测量多点的温度，而且 DS1820 的连接线可以很长，抗干扰能力强，便于远距离测量，因而得到了广泛应用。

7.1.2.2　非接触式温度测量

任何物体受热后都将有一部分热量转变成辐射能（又称为热辐射），温度越高，辐射到周围的能量也就越多，而且两者之间满足一定的函数关系。通过测量物体辐射到周围的能量就可测得物体的温度，这就是非接触式温度测量的测量原理。由于非接触式温度测量是利用了物体的热辐射，故也常称为辐射式温度测量。

非接触式温度测量系统一般由两部分构成：

（1）光学系统：用于瞄准被测物体，把被测物体的辐射集中到检测元件上。

（2）检测元件：用于把会聚的辐射能转换为电量信号。

非接触式温度传感器按传感器的输入量可分为辐射式温度传感器、亮度式温度传感器和比色温度传感器。这里主要介绍一下辐射式温度传感器。

辐射式温度传感器分为全辐射温度传感器和部分辐射温度传感器。

（1）全辐射温度传感器。全辐射温度传感器是利用物体在全光谱范围内总辐射能量与温度的关系来测量温度的，由于是对全辐射波长进行测量，所以希望光学系统有较宽的光谱特性，而且热敏检测元件也采用没有光谱选择性的元件。全辐射温度传感器测温系统结构如图 7 - 4 所示。

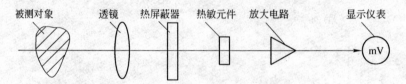

图 7 - 4　全辐射温度传感器测温系统结构示意图

图 7 - 4 中透镜的作用是把被测物体的辐射聚焦在热敏元件上，热敏元件受热而输出跟被测物体温度大小有关的电信号。为了使热敏元件只受到正面来的热辐射而不受其他方向热辐射的影响，采用热屏蔽器对其加以保护。

（2）部分热辐射温度传感器。为了提高温度传感器的灵敏度，有时也可根据特殊测量的要求，辐射式温度传感器的检测元件采用具有光谱选择性的元件。由于这些温度检测元件只能对部分光谱能量进行测量，而不能工作在全光谱范围内，所以我们称这类温度传感器为部分热辐射式温度传感器。常见的部分热辐射温度传感器的检测元件主要有光电池、光敏电阻、红外探测元件等。这里以红外温度传感器为例说明其测温原理。

自然界中任何物体，只要其温度在绝对零度以上，都会产生红外光向外界辐射出能量。所辐射能量的大小，直接与该物体的温度有关，具体地说是与该物体热力学温度的 4次方成正比，用公式可表达为：

$$E = \sigma \varepsilon (T^4 - T_0^4) \tag{7 - 1}$$

式中　E——物体在温度 T 时单位面积和单位时间的红外辐射总量；

　　　σ——斯蒂芬 - 玻耳兹曼常数，$\sigma = 5.67 \times 10^{-8} \text{W}/(\text{m}^2 \cdot \text{K}^4)$；

　　　ε——物体的辐射率，即物体表面辐射本领与黑体辐射本领之比值，黑体 $\varepsilon = 1$；

　　　T——物体的温度，K；

T_0——物体周围的环境温度，K。

通过测量物体所发射的 E，就可测得物体的温度。利用这个原理制成的温度测量仪表叫红外温度传感器。这种测量不需要与被测对象接触，因此属于非接触式测量。红外温度仪表可用于很宽温度范围的测温，从 −50℃ 直至高于 3000℃。在不同的温度范围，对象发出的电磁波能量的波长分布不同，在常温（0~100℃）范围，能量主要集中在中红外和远红外波长。

红外温度传感器测温的原理图如图 7−5 所示。

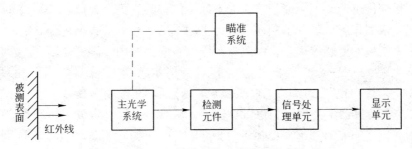

图 7−5　红外温度传感器测温原理图

图 7−5 中的主光学系统有两个作用：1）把被测处的红外线集中到检测元件上；2）把进入仪表的红外线发射面限制在固定范围内。检测元件把红外线能量转换为电信号。信号处理单元把检测元件输出的信号，用电子技术和计算机技术进行处理，变成人们需要的各种模拟量和数字量信息。显示单元把处理过的信号变成人们可阅读的数字或画面。瞄准系统用于瞄准（或指示）被测部位。有些红外温度传感器不需要瞄准。

7.2　位 移 检 测

位移是指物体上某一点在一定方向上的位置变动，为一个向量，包括线位移和角位移。位移测量一般在位移方向上测量物体的绝对位置或相对位置的变动量。位移测量包括线位移和角位移的测量。

位移测量在工程中应用很广。其中，一类是直接检测物体的移动量或转动量，如检测机床工作台的位移和位置、振动的振幅、回转轴的径向和轴向运动误差、物体的变形量等；另一类是通过位移测量，特别是微位移的测量来反映其他物理量的大小，如力、压力、扭矩、应变、速度、加速度、温度等。此外，物位、厚度、距离等长度参数也可以通过位移测量的方法来获取，所以位移测量也是非电量电测技术的基础。

7.2.1　常用的位移传感器

在工程应用中，一般将位移测量分为模拟式测量和数字式测量两大类。在模拟式测量中，需要采用能将位移量转换为电量的传感器。这类传感器发展非常迅速，随着传感器技术及检测方法的进步，几乎包含了从传统到最新型传感器的各种类型。常见的有：电阻式传感器（电位器式和应变式）、电感式传感器（差动电感式和差动变压器式）、电容式传感器（变极距式、变面积式和变介质式）、电涡流式传感器、光电式传感器及光导纤维传感器、超声波传感器、激光及辐射式传感器、薄膜传感器等。将上述传感器与相应的测量电路结合在一起，即组成工程中常用的测量仪器和仪表，如电阻式位移计、电感测微仪、电容测微仪、电涡流测微仪、光电角度检测器、电容液位计等。各种位移测量仪表的测量范围和测量精度各不相同，使用时应根据测量任务选择合适的测量方法和测量仪表。数字式测量方法主要是指在精密数控装置如数控机床和三坐标测量仪等设备中，将直线位移或角位移转换为脉冲信号输出的测量方法。常用的转换装置有感应同步器（直线形、圆形）、旋转变压器、磁尺（带状、线状、圆形）、光栅（直线形、圆形）和各种脉冲编码器等。

此外，根据传感器原理和使用方法的不同，位移测量可分为接触式测量和非接触式测量两种方式。根据作用机理的不同还可分为主动式测量和被动式测量等方式。

用于位移测量的传感器很多，因测量范围的不同，所用传感器也不同。小位移通常采用应变式、电感式、差动变压器式、电容式、霍尔式等传感器，测量精度可以达到$0.5\% \sim 1.0\%$，其中电感式和差动变压器式传感器的测量范围要大一些，有些可达100mm。小位移传感器主要用于测量微小位移，从微米级到毫米级，如进行蠕变测量、振幅测量等。大位移的测量则常采用感应同步器、计量光栅、磁栅、编码器等传感器。这些传感器具有较易实现数字化、测量精度高、抗干扰性能强、避免了人为的读数误差、方便可靠等特点。在测量线位移和角位移的基础上，还可以测量长度、速度等物理量，在检测与自动控制系统中得以广泛使用。一般来说，在进行位移检测时，要充分利用被测对象所在场合和具备的条件来选择和设计检测方法。

7.2.2 位移测量实例

不少位移传感器在前面的章节已有介绍，下面介绍几种前面未述及的传感器，这些传感器被广泛应用于检测与自动控制系统中。

7.2.2.1 光栅式位移传感器

光栅是一种在基体上刻制有等间距均匀分布条纹的光学元件。用于位移测量的光栅被称为计量光栅，工业控制系统中使用的计量光栅又以透射式光栅为多。如图7-6所示为透射式光栅的示意图，在镀膜玻璃上均匀刻制许多有明暗相间、等间距分布的细小条纹（又称为刻线），这就是光栅。

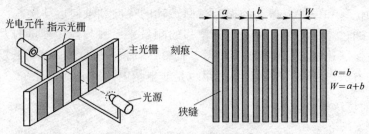

图7-6 透射式光栅示意图

图7-6所示中a为光栅刻线宽度（不透光），b为光栅缝隙宽度（透光），$a+b=W$称为光栅的栅距，也称光栅常数。通常光栅刻线以透光比按1:1的方式，即$a=b$，也有刻成$a:b=1.1:0.9$的。计量光栅的刻线密度一般有每毫米10、25、50、100、125、250线等几种形式。

　　当主光栅与指示光栅的光栅面平行安装，且让它们的刻痕之间以一个微小夹角 θ 相互重叠时，由于遮光效应（对于刻线密度小于 50 线/毫米的光栅），或衍射效应（对于刻线密度大于 100 线/毫米的光栅），在与光栅刻画线大致垂直的方向上将产生明暗相间的条纹，这些条纹称为"莫尔条纹"，如图 7 - 7 所示。莫尔条纹是光栅非重合部分光线透过而形成的亮带，它由一系列四棱形图案组成，如图 7 - 7 中 d—d 线区所示。图 7 - 7 中 f—f 线区则是由于光栅的遮光效应形成的。

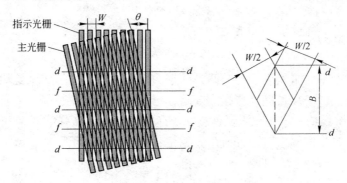

图 7 - 7　光栅莫尔条纹的形成

　　莫尔条纹测位移具有以下 3 个方面的重要特点：

　　（1）位移的放大作用。当光栅相对移动一个光栅栅距 W 时，莫尔条纹移动一个间距 B。栅距 W、间距 B、两光栅刻线夹角 θ 之间的关系为：

$$B = \frac{W}{\sin \frac{\theta}{2}} \approx \frac{W}{\theta} \tag{7 - 2}$$

　　从式（7 - 2）可知：夹角 θ 越小，莫尔条纹的间距 B 越大。如当 $\theta = 10'$ 时，$1/\theta \approx 344$，可知莫尔条纹间距 B 为光栅栅距 W 的 344 倍，这种放大作用很好地提高了传感器的测量灵敏度。

　　（2）对应关系。标尺光栅与指示光栅相互移动时，莫尔条纹也会移动。对于前面介绍的两光栅刻线以微小夹角相互重叠而形成的莫尔条纹，又称为"横向莫尔条纹"，除了莫尔条纹垂直于光栅刻线夹角平分线外，在移动方向上也存在对应关系。即两光栅相对移动一个栅距，莫尔条纹也在与刻线几乎垂直的方向上移动一个间距，且光栅的移动方向与莫尔条纹的移动方向是对应的。根据莫尔条纹的移动，不仅可以测量光栅移动量的大小，而且可以辨别光栅的移动方向。

　　（3）误差的平均效应。由于光栅莫尔条纹的形成是光栅上大量的刻线共同作用的结果，通过光电元件探测到的莫尔条纹明暗变化也是几十甚至上千条刻线起的作用。所以一定程度上的光栅刻线局部误差对测量精度影响不大，即对刻线误差的平均抵消作用可以在很大程度上消除短周期误差的影响。

　　光栅式位移传感器（计量光栅）作为一个完整的测量装置包括光电转换装置（光栅读数头）、光栅数显表两大部分。光栅读数头利用光栅原理把输入量（位移量）转换成响应的电信号；光栅数显表是实现细分、辨向和显示功能的电子系统。

　　1）光电转换。光电转换装置（光栅读数头）主要由主光栅（也称标尺光栅）、指示光栅、光路系统和光电元件等组成，如图 7-8 所示。主光栅（标尺光栅）的有效长度决定了传感器的有效测量长度或范围。指示光栅比主光栅要短得多，但光栅刻线间距是一样的，且两块光栅在使用时以微小的空隙相互重叠。主光栅一般固定在被测物体上，且随被测物体一起移动，其长度取决于测量范围，指示光栅相对于光电元件固定，从而实现位移测量。

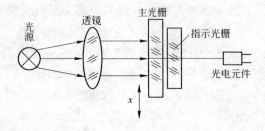

图 7-8　光栅读数头结构示意图

莫尔条纹是一个明暗相间的带。两条暗带中心线之间的光强变化是从最暗到渐暗，到渐亮，一直到最亮，又从最亮经渐亮到渐暗，再到最暗的渐变过程。主光栅移动一个栅距 W，光强变化一个周期，若用光电元件接收莫尔条纹移动时光强的明暗变化，则将光信号转换为电信号，输出的幅值可以近似用光栅位移量 x 的正弦函数来表示。

$$u = U_0 + U_m \sin\left(\frac{\pi}{2} + \frac{2\pi x}{W}\right) \tag{7-3}$$

式中，u 为光电元件输出电压；U_0 为输出信号中的平均直流分量；U_m 为输出信号中正弦交流分量的幅值。

实际的光栅信号输出是在一个莫尔条纹周期内设置 4 个光电元件，接收信号在相位上相差 90°，再将相位差 180°的信号输入差动放大器，分别得到两路信号，称为正弦信号和余弦信号（或 0°信号和 90°信号）。

将输出的电压信号经过放大、整形为方波，经微分电路转换为脉冲信号，再由辨向电路和可逆计数电路计数，则可以数字形式实时地显示出位移量的大小。位移量等于脉冲与栅距乘积，测量分辨率等于栅距。

当光栅移动一个栅距 W，输出信号波形就变化一周，此时对应莫尔条纹移动一个条纹宽度 B。因此，只要记录波形变化周数或条纹移动数 n，就可以知道光栅的位移 x。即：

$$x = nB \tag{7-4}$$

2）辨向与细分。光栅读数头实现了位移量由非电量转换为电量，位移是向量，因而对位移量的测量除了确定大小之外，还应确定其方向。位移是矢量，所以位移的测量除了要确定大小之外，还要确定其方向。

为了辨别位移的方向，进一步提高测量的精度，以及实现数字显示的目的，必须把光栅读数头的输出信号送入数显表作进一步的处理。光栅数显表由整形放大电路、细分电路、辨向电路及数字显示电路等组成。

①辨向原理。光栅副在相对运动时，在视场中某一点观察莫尔条纹都是作明暗交替变化，故利用单一的光电元件可以确定条纹的移动个数，却无法辨别其移动的方向。所以在实际的测量电路中必须加入辨向电路。如图 7-9 所示为辨向电路示意图。

从图 7-9 中可以看到：辨向电路可根据光栅运动方向正确地给出加计数脉冲或减计数脉冲，将它们输入可逆计数器，实时显示出相对于某个参考点的位移量。

②细分技术。前面介绍的光栅测量原理，以移动过的莫尔条纹数量来确定位移量，能测量的最小位移量就是光栅栅距。为了提高分辨率，以测量小于栅距的位移量，应采用细

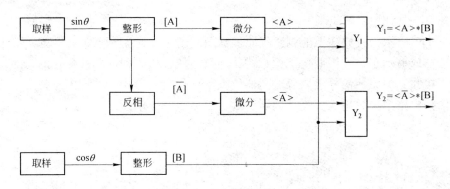

图7-9 辨向电路示意图

Y_1—"加脉冲",当光栅正向移动时输出脉冲信号,此时 Y_2 门堵塞;

Y_2—"减脉冲",当光栅反向移动时输出脉冲信号,此时 Y_1 门堵塞

分技术。光栅信号细分技术主要有光学细分、电子细分和微机软件细分方式。光学细分由于结构复杂、调试困难、成本高等原因,已很少使用。而电子细分的原理是在莫尔条纹信号变化一个周期内,发出若干个脉冲,以减小脉冲当量。如一个周期内发出 n 个脉冲,就可使分辨率为原来的 n 倍,每个脉冲当量相当于原来栅距的 $1/n$。由于细分后计数脉冲频率为原来的 n 倍,所以也称为 n 倍频。在电子细分技术中,常采用四倍频细分法,在图7-9所示的电路中增加一些逻辑电路就可实现四倍频细分,这种细分法也是许多其他细分法的基础。电子细分不可能得到高的细分数,且细分数是固定的,所以现在大多数光栅数显表都采用了微机软件细分法。软件细分法一般是:将两个相差 $\pi/2$ 的信号通过 A/D 转换输入微机,再利用一定的算法计算出莫尔信号的相位,即可推算出此时莫尔条纹内的位置点,得到小于栅距的细分值,又称小数。通过辨向电路输出的为大数脉冲,脉冲频率对应于莫尔条纹变化频率,脉冲当量为光栅栅距值。如图7-10所示为软件细分的原理图。

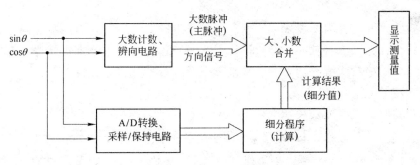

图7-10 光栅信号微机软件细分原理图

经过大、小数合并处理后,再有微机进行数值计算和码制转换等处理,即可得到测量值。采用微机软件细分方法,不但可以得到高细分数,而且可以通过编程改变细分数、结构简单、成本低、可靠性高,非常适用于智能检测与控制等系统。

由于光栅位移传感器测量精度高、动态测量范围广,可进行非接触测量、易实现系统的自动化和数字化,因而在机械工业中得到了广泛的应用。特别是在量具、数控机床的闭环反馈控制、工作母机的坐标测量等方面,光栅位移传感器都起着重要作用。

光栅位移传感器通常作为测量元件应用于机床定位、长度和角度的计量仪器中,并用于测量速度、加速度、振动等。

图 7-11 所示为光栅式万能测长仪原理框图。由于主光栅和指示光栅之间的透光和遮光效应，形成莫尔条纹，当两块光栅相对移动时，便可接收到周期性变化的光通量。由光敏晶体管接收到的原始信号经差分放大器放大、移相电路分相、整形电路整形、辨向电路辨向、倍频电路细分后进入可逆计数器计数，由显示器显示读出。

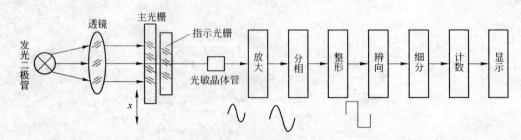

图 7-11　光栅式万能测长仪原理框图

7.2.2.2　编码器

编码器是将位移量转换成以数字代码形式输出的传感器，这类传感器的种类很多，按其结构形式有直线式编码器和旋转式编码器，直线式编码器又称为编码尺，旋转式编码器又称为编码盘。编码尺和编码盘可以分别用于直线位移和角位移的测量，但由于许多直线位移是通过转轴的运动产生的，因此旋转式编码器应用更为广泛。编码器以其高精度、高分辨率和高可靠性而广泛用于各种位移测量。

按编码器的检测原理，可以分为电磁式、接触式、光电式等形式。光电式编码器具有非接触、体积小、分辨率高的特点，作为精密位移传感器在自动测量和自动控制技术中得到了广泛的应用，为科学研究、军事、航天和工业生产提供了对位移量进行精密检测的手段。

旋转式编码器又分为增量式编码器和绝对式编码器。增量式编码器的输出是一系列脉冲，需要一个计数系统对脉冲进行累计计数，一般还需要一个基准数据即零位基准才能完成角位移测量。绝对式编码器不需要基准数据及计数系统，它在任意位置都可给出与位置相对应的固定的数字码输出。

光电式编码器主要由安装在旋转轴上的编码圆盘（码盘）、狭缝以及安装在圆盘两边的光源和光电元件等组成，其基本结构如图 7-12 所示。

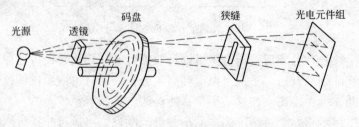

图 7-12　光电式编码器结构示意图

码盘一般由光学玻璃制成，上面刻有许多同心码道，每位码道上都有按一定规律排列的透光和不透光部分，即亮区和暗区。码盘构造如图 7-13 所示，这是一个 6 位的二进制码码盘。

当光源将光投射在转动的码盘上时，光线透过亮区和狭缝后，由光敏元件所接收。光敏元件的排列与码道——对应，对应于亮区和暗区的光敏元件输出的信号，前者有光照或光照为强，数码输出为"1"，后者无光照或光照为弱，数码输出为"0"。所以，当码盘旋转至不同的位置时，光敏元件输出信号的组合将反映出按一定规律编码的数字量，代表了码盘轴的角位移大小。

编码器码盘按其所用码制可分为二进制码、十进制码、循环码等。图7－13所示的6位二进制码码盘，最内圈码盘一半透光，一半不透光，最外圈一共分成$2^6 = 64$个黑白间隔。每一个角度方位对应于不同的编码。例如：零位对应于000000（全黑）；第23个方位对应于010111。这样在测量时，只要根据码盘的起始和终止位置，就可以确定角位移，而与转动的中间过程无关。

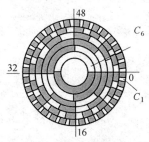

图7－13　6位二进制码码盘

一个n位二进制码盘的最小分辨率，即能分辨的最小角度为$\alpha = 360°/2^n$。若$n=6$，则$\alpha \approx 5.6°$，如果要达到1″左右的分辨率，则至少需要用20位的码盘。对于一个刻划直径为400mm的20位码盘，其外圈分划间隔不到$1.2\mu m$。可见对码盘的制作工艺要求是较高的。

实际应用中，较少采用二进制编码器，因为这种传感器的任何微小的制作误差都可能引起读数的粗误差。主要是当二进制码在某一较高的数码改变时，所有比它低的各位数码需要同时改变，即造成编码在一些位置的变化时光电接收元件输出信号发生陡变。如果由于刻划误差等原因，使得某一较高位提前或延后改变，就会造成粗误差。

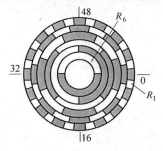

图7－14　6位循环码码盘

为了清除粗误差，可采用相邻位置的编码无陡变的形式。常用循环码来代替二进制码，图7－14所示为一个6位的循环码码盘。

对于n位的循环码码盘，与二进制码一样，具有2^n种不同的编码，其最小分辨率$\alpha = 360°/2^n$。表7－2给出了四位二进制码与循环码的对照表。

从表中可以看出：从任何数变到相邻数时，仅有一位编码发生变化。如果任意一个码道刻划有误差，只要误差不太大，只可能有一个码道出现读数误差，而产生的误差最多等于最低位的一个比特。所以，只要适当限制各码道的制造误差和安装误差，就不会产生粗误差。由于这一原因使得循环码码盘获得了广泛的应用。

循环码是一种无权码，这给译码造成一定困难。通常先将它转换成二进制码然后再译码。按表7－2所列，可以找到循环码和二进制码之间的转换关系为：

$$C_i = R_i \oplus C_{i+1} \tag{7-5}$$

式中，R为循环码；C为二进制码。

根据式（7－5），可以用与非门构成循环码/二进制码转换电路。这种转换电路所用元件是比较多的，如采用存储器芯片或软件编程方式可以方便地实现循环码到二进制码的转换。

表7-2　四位二进制码与循环码对照码

十进制数	二进制	循环码	十进制数	二进制	循环码
0	0000	0000	8	1000	1100
1	0001	0001	9	1001	1101
2	0010	0011	10	1010	1111
3	0011	0010	11	1011	1110
4	0100	0110	12	1100	1010
5	0101	0111	13	1101	1011
6	0110	0101	14	1110	1001
7	0111	0100	15	1111	1000

　　大多数编码器都是单盘的，全部码道在一个圆盘上。但如要求有很高的分辨率时，码盘制作困难，圆盘直径增大，而且精度也难以达到。这时可采用双盘编码器，它的特点是由两个分辨率较低的码盘组合而成为高分辨率的编码器。

7.3　转速检测

7.3.1　转速的测量方法

　　旋转轴的转速测量在工程上经常遇到，用于确定物体转动速度的快慢，以每分钟的转数来表达，即 r/min。测量转速的仪表统称为转速仪。转速仪的种类繁多，按测量原理可分为模拟法、计数法和同步法；按变换方式又可分为机械式、电气式、光电式和频闪式等。转速的测量方法及其特点如表7-3所示。

表7-3　转速的测量方法及其特点

测量方法		转速仪	测量原理	应用范围 /r·min^{-1}	特　　点
模拟法	机械式	离心式	利用质量块的离心力与转速的平方成正比；利用容器中液体的离心力产生的压力或液面变化	30~24000 中、低速	简单、价格低廉、应用广泛，但准确度较低
		黏液式	利用旋转体在黏液中旋转时传递的扭矩变化测速	中、低速	简单，但易受温度的影响
	电气式	发电机式	利用直流或交流发电机的电压与转速成正比关系	约1000 中、低速	可远距离指示，应用广，易受温度影响
		电容式	利用电容充放电回路产生与转速成正比例的电流	中、高速	简单、可远距离指示
		电涡流式	利用旋转盘在磁场内使电涡流产生变化测转速	中、高速	简单、价格低廉，多用于机动车

续表 7 - 3

测量方法		转速仪	测量原理	应用范围 /r·min⁻¹	特　点
计数法	机械式	齿轮式 钟表式	通过齿轮转动数字轮 通过齿轮转动加入计时器	中、低速 约10000	简单、价格低廉，与秒表并用
	光电式	光电式	利用来自旋转体上的光线，使光电管产生电脉冲	中、高速 30~48000	简单、没有扭矩损失
	电气式	电磁式	利用磁、电等转换器将转速变化转换成电脉冲	中、高速	简单、数字传输
同步法	机械式	目测式	转动带槽圆盘，目测与旋转体同步的转速	中、高速	简单、价格低廉
	频闪式	闪光式	利用频闪光测旋转体频率	中、高速	简单、可远距离指示、数字测量

7.3.2　转速测量实例

7.3.2.1　磁电式转速传感器

磁电式转速传感器的结构原理如图7-15所示。永磁体通过软铁与齿形铁芯构成磁路，在这个磁路中，若改变磁阻（如空气隙）的大小，则磁通量随之改变。磁路通过感应线圈，当磁通量发生突变时，感应出一

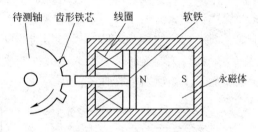

图 7 - 15　磁电式转速传感器的结构原理图

定幅度的脉冲电势，该脉冲电势的频率等于磁阻变化的频率。为了使气隙变化，在待测轴上装一个由软磁材料做成的齿盘（通常采用 60 个齿）。当待测轴转动时，齿盘也跟随转动，齿盘中的齿和齿隙交替通过永久磁铁的磁场，从而不断改变磁路的磁阻，使铁芯中的磁通量发生突变，在线圈内产生一个脉冲电动势，其频率跟待测转轴的转速成正比。线圈所产生的感应电动势的频率为：

$$f = \frac{nz}{60} \qquad\qquad (7-6)$$

式中　f——频率，Hz；

$\quad n$——转速，r/min；

$\quad z$——齿轮的齿数。

当齿轮的齿数 $z = 60$ 时，则：

$$f = n$$

即只要测量频率 f，即可得到被测转速。而只要将线圈尽量靠近齿轮外缘安放，那么，线圈产生的感应电动势就是正弦波形。

7.3.2.2　光电式转速传感器

（1）直射式光电转速传感器。图 7-16 所示为直射式转速传感器的结构图，它由开孔圆盘、光源、光敏元件及缝隙板等组成。开孔圆盘的输入轴与被测轴相连接，光源发出的光通过开孔圆盘和缝隙板照射到光敏元件上被光敏元件接收，将光信号转换成电信号输

出。开孔圆盘上有许多小孔，开孔圆盘旋转一周，光敏元件输出的电脉冲的个数等于圆盘的开孔数，因此，可通过测量光敏元件输出的脉冲频率得知被测转速，即：

$$n = \frac{f}{N} \qquad (7-7)$$

式中　n——转速，r/min；

　　　N——圆盘开孔数；

　　　f——脉冲频率，Hz。

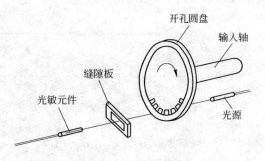

图 7-16　直射式光电转速传感器的结构图

（2）反射式光电转速传感器。图 7-17 所示为反射式转速传感器的结构图，它由光源、光电元件、光学系统等组成；光学系统由透镜和半透膜片构成半透膜片既能使光源发射的光射向转动的物体，又能使从转动物体反射回来的光穿过半透膜片射向光电元件。测量时，将金属箔或反射纸粘贴在被测转轴上，贴出一圈黑白相间的反射面，这种纸具有定向反射作用。光源发射的光线经透镜、半透膜片和聚焦透镜 1 投射在转轴反射面上，反射光经聚焦透镜 2 会聚后，照射在光电元件上产生光电流。当被测物体旋转时，粘贴在物体上的反射纸和物体一起旋转，黑白相间的反射面造成反射光强弱变化，形成频率与转速及黑白间隔数有关的光脉冲，使光电元件产生相应电脉冲。该信号经电路处理后便可以由显示电路显示出被测对象转速的大小。

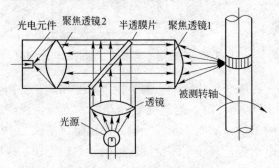

图 7-17　反射式光电转速传感器的结构图

（3）电涡流式转速传感器。图 7-18 为电涡流式转速传感器的工作原理图，它由电涡流式传感器和输入轴等组成。在软磁性材料的输入轴上加工一个键槽，在距输入轴表面 d_0 处设置电涡流式转速传感器，输入轴与被测旋转轴相连。当被测旋转轴转动时，输入轴跟随转动，从而使传感器与输入轴的距离发生 Δd 的变化。由于电涡流效应，这种变化将导致振荡回路的品质因数变化，使传感器线圈电感随 Δd 的变化而变化，它们将直接影响振荡器的电压幅值和振荡频率信号。因此，随着输入轴的旋转，从振荡器输出的信号中包含与转速成正比的脉冲频率信号 f_n。这种传感器可实现非接触式测量，最高测量转速可达 $6 \times 10^5 \, r/min$。

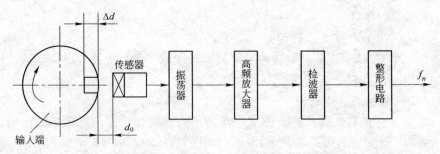

图 7-18　电涡流式转速传感器的工作原理图

（4）霍尔转速传感器。霍尔转速传感器的结构原理如图 7 - 19 所示，实际上它是利用霍尔开关测转速，它由霍尔开关集成传感器和磁性转盘组成。霍尔开关固定在小磁钢附近，磁性转盘的输入轴与待测物体转轴相连。待测物以角速度 ω 旋转时，磁性转盘也随之转动，每当一个小磁钢转过霍尔开关集成电路，霍尔开关便产生一个相应的脉冲。检测出单位时间的脉冲数，即可确定待测物的转速。

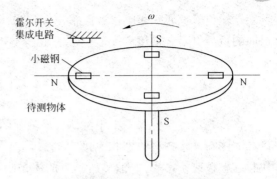

图 7 - 19　霍尔转速传感器的结构原理图

设频率计的频率为 f，粘贴的磁钢数为 Z，则转轴转速为：

$$n = \frac{60f}{Z}\mathrm{r/min} \qquad (7-8)$$

若 $Z = 60$，则 $n = f$，即转速为频率计的示值。但是，粘贴 60 块磁钢实在麻烦，通常粘贴 6 块磁钢，则转速为：

$$n = 10f \qquad (7-9)$$

这样读数与计算都比较方便。

图 7 - 20 所示为霍尔转速传感器的各种不同结构示意图，磁性转盘上的小磁钢数目的多少，将确定传感器的分辨率，小磁钢愈多，分辨率愈高。

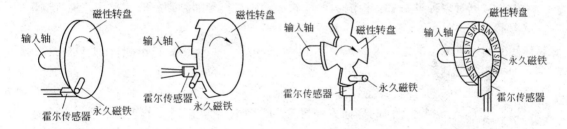

图 7 - 20　霍尔转速传感器的各种不同结构示意图

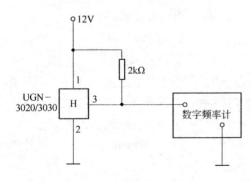

图 7 - 21　霍尔传感器测量转速的装置

由式（7 - 9）可知，若数字频率计示值为 f，则转速立刻便读出。其测量转速的装置如图 7 - 21 所示。将霍尔传感器按图 7 - 21 的方式装成以后，再将霍尔传感器 H 的 1 脚和 3 脚间接 $2\mathrm{k}\Omega$ 的电阻，将其输出端接到数字式频率计的输入端，将其示值乘以 10 即为被测机械的转速。

开关型霍尔传感器可利用 UGN - 3020，UGN - 3030 型，其电源电压为 4.5 ~ 25V，对应强度 B 的大小要求严格，当电源电压为 12V 时，其输出截止电压的幅值 $U_0 \leqslant 12\mathrm{V}$。亦可利用国产 CS837、CS6837 型，其电源电压为 10V；CS839、CS6839 其电源电压为 18V。值得提醒的是：1）CS 型开关集成霍尔传感器为双端输出，也属于集电极开路输出级；2）不管是单端输出还是双端输出，电源和集电极间的负载电阻必须接上才能正常使用。

7.4　物 位 检 测

物位是指各种容器设备中液体介质液面的高低、两种不相溶的液体介质的分解面的高低和固体粉末状物料的堆积高度等的总称。在制造业中，常常需要对生产的固体（包括块料、颗粒或粉料等）、液体所具有的体积或在容器内的相对高度进行了解和掌握，以利于生产的正常运行和进行必要的经济核算，从而达到经济、优质、高产的目的。具体来说，常把储存于各种容器中的液体所积存的相对高度或自然界中江、河、湖、水库的表面称为液位；在各种容器中或仓库、场地上堆积的固体物的相对高度或表面位置称为料位。在同一容器中由于两种密度不同且互不相溶的液体间或液体与固体之间的分界面（相界面）位置称为界位。

上述液位、料位和界位总称为物位。根据具体用途可以使用液位、料位、界位等传感器。物位测量的目的主要是按生产工艺要求等监视、控制被测物位的变化。物位测量结果常用绝对长度单位或百分数表示。要求物位测量装置或系统应具有对物位进行测量、记录、报警或发出控制信号等功能。

7.4.1　常用的物位传感器

由于被测对象种类繁多，检测的条件和环境也有很大的差别，因而对物位进行测量的传感器形式有许多种，简单的有直读式或直接显示的装置；复杂的有利用通过敏感元件将物位转变为电量输出的电测仪表，以及建立在多传感器数据融合技术和智能识别与控制基础上的检测与控制系统。也有应用于特殊要求和测量场合的声、光、电转换原理的传感器表等。目前使用的物位测量传感器按工作原理大致可分为以下几类：

（1）直读式。根据流体的连通性原理来测量液位。直接使用与被测容器连通的玻璃管或玻璃板来显示容器内的物位高度，或在容器上开有窗口直接观察物位高度。这种传感器是最简单也是最常见的，方法可靠、准确，但只能就地指示，主要用于液位检测和压力较低的场合。这类仪表有玻璃管液位计、玻璃板液位计、窗口式料位仪表等。

（2）压力式。根据液柱或物料堆积高度变化对某点上产生的静（差）压力的变化的原理测量物位。在静止的介质内，某一点所受压力与该点上方的介质高度成正比，因此可用压力表示其高度，或者间接测量此点对另一参考点的压力差。这类仪表有压力式、差压式等。

（3）浮力式。根据漂浮于液面上的浮子的位置随液面的升降而变化（恒浮力式），或者浸没于液体中的浮筒的浮力随液位而变化（变浮力式）的原理来测量液位。这种传感器应用最早，应用范围最广。这类仪表有带钢丝绳或钢丝带式浮子液位计和带杠杆浮球（浮筒）式液位计等几种形式。

（4）电学式。将物位的变化转换为某些电量参数的变化而进行间接测量的物位仪表。可以测量液位，也可以测量料位。根据电量参数的不同，可分为电阻式、电容式、电感式以及压磁式等。

（5）声学式。根据物位变化引起声阻抗和反射距离变化来测量物位。由于物位的变化引起声阻抗变化，声波的遮断和声波反射距离的不同，测出这些变化就可测知物位高低。这类仪表有超声波物位传感器、声波遮断式、反射式和声阻尼式等。

（6）光学式。利用物位对光波的遮断和反射原理来测量物位。这种传感器应用最早，应用范围广。

（7）核辐射式。根据同位素射线的核辐射透过物料时，其强度随物质层的厚度变化而变化的原理来测量物位。放射性同位素所放出的射线，如 α 射线、γ 射线等，被中间介质吸收而减弱，利用此原理可以制成各式液位仪表，可实现液位的非接触测量。

（8）其他形式。有微波式、激光式、射流式、光纤式等。

7.4.2 物位测量实例

工程应用中物位的情况是比较复杂的，必须根据设计要求，结合现场条件选择适用的测量方法和传感器，在机械电气装置结构设计、信息处理与读取方式、测量误差分析等方面进行系统的考虑。下面仅对几个常见的物位测量实例加以介绍。

7.4.2.1 浮力式液位传感器

浮力式液位传感器是利用液体浮力来测量液位的。它结构简单，使用方便，是目前应用较广泛的一种液位传感器。根据测量原理，分为恒浮力式和变浮力式两大类型。

最原始的浮力式液位传感器是将一个浮子置于液体中，它受到浮力的作用漂浮在液面上，当液面变化时，浮子随之同步移动，其位置就反映了液面的高低。水塔里的水位常用这种方法指示，图 7-22 是水塔水位测量示意图。液面上的浮子由绳索经滑轮与塔外的重锤相连，重锤上的指针位置便可反映水位。但与直观印象相反，标尺下端代表水位高，若使指针动作方向与水位变化方向一致，应增加滑轮数目，但引起摩擦阻力增加，误差也会增大。

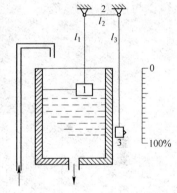

图 7-22 浮力式液位测量
1—浮子；2—绳索；3—重锤

如图 7-23 所示的自动跟踪浮子式液位计可以克服上述缺点。浮子 5 浮在被测液面上，上端绳索被卷线鼓轮 1 张紧，滑轮 4 安装在可绕支点 3 转动的杠杆 6 上，而 6 的另一端与铁芯 7 及弹簧 8 相连，8 的另一端则固定不动。在正常情况下，浮子重力和所受浮力与平衡弹簧的弹簧力以及杠杆、铁芯和绳索等的重力对支点 3 的力矩处于平衡状态，此时铁芯处于差动变压器中间位置。当差动变压器一次线圈通过交流激磁电流时，两个差接的二次线圈产生的感应电动势总的输出为零。当液面上升时，浮子 5 上升，钢丝绳 2 将变松，对杠杆 6 上的作用力下降，铁芯 7 上移，差动变压器的输出经放大器 9 放大，带动可逆电机 10 转动，使卷线鼓轮 1 收紧钢丝绳，杠杆 6 又处于平衡状态。

当开关 K 接于 E 点时，此时 $U_{AC} > U_{BC}$，信号经放大器放大后，使可逆电机 10 工作带动卷线鼓轮 1 转动，将浮子 5 提到最高位置用以验证显示器 12 显示数值是否正确并查看液位计的工作是否正常。

7.4.2.2 电容式液位传感器

图 7-24 所示为飞机上使用的一种油量表。它采用了自动平衡电桥电路，由油箱液位

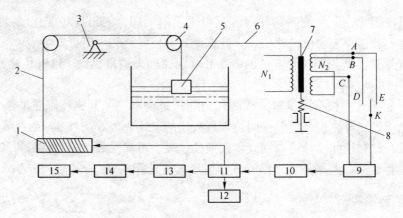

图 7－23　自动跟踪浮子式液位测量
1—卷线鼓轮；2—钢丝绳；3—支点；4—滑轮；5—浮子；6—杠杆；
7—铁芯；8—平衡弹簧；9—放大器；10—可逆电机；11—变速机构；
12，15—显示器；13—自整角发送器；14—自整角接收器

电容式传感器装置、交流放大器、两相伺服电机、减速器和指针等部件组成。电容式传感器电容 C_x 接入电桥的一个桥臂，C_0 为固定的标准电容器，RP 为调整电桥平衡的电位器，其电刷与指针同轴连接。

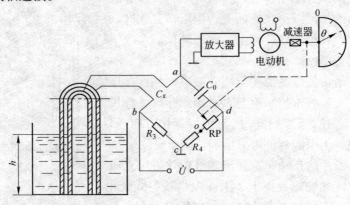

图 7－24　飞机上用于油箱液位检测的电容式传感器

当油箱无油（$h = 0$）时，电容式传感器有一起始电容 $C_x = C_{x0} = C_0$，且电位器 RP（阻值 R_p）的电刷在 o 点，即 $R = 0$，相应指针也指在零位上，令 $C_{x0}/C_0 = R_4/R_3$，使电桥处于平衡状态，桥路输出电压 $U_{ac} = 0$，伺服电机不转动。

当油箱中油量增加，液位上升至 h 处时，则 $C_x = C_{x0} + \Delta C_x$，由第三章知，$\Delta C_x$ 与 h 成正比，设 $\Delta c_x = k_1 h$，k_1 为电容传感器的灵敏度。此时电桥失去平衡 $U_{ac} \neq 0$，电桥输出电压经放大后驱动伺服电动机转动，经减速后，一方面带动指针偏转 θ 角，以指示油量的多少；另一方面带动电位器 RP 的电刷移动，直到 $U_{ac} = 0$，系统重新平衡为止，伺服电动机停转，指针停留在新的位置（θ_x 处）。在新的平衡位置上有：$\dfrac{C_{x0} + \Delta C_x}{C_0} = \dfrac{R_4 + R_p}{R_3}$，整理得

$R_p = \dfrac{R_3}{C_0} \Delta C_x = \dfrac{R_3}{C_0} k_1 h$。因为指针与电位器电刷同轴相连，$R_p$ 和 θ 角之间存在确定的对应关

系，设 $\theta = k_2 R_p$，则 $\theta = k_2 R_p = k_1 k_2 R_p = \dfrac{R_3}{C_0} h$，其中，$k_2$ 为比例系数。可见，指针偏转角 θ 与液位高度 h 呈线性关系，因而可以从刻度盘上读出油位的高度 h。

7.4.2.3　微波式物位传感器

微波传感器测物位的原理如图 7-25 所示。当被测物位较低时，发射天线发出的微波束全部由接收天线接收到，经检波、放大及电压比较后，显示正常工作；当被测物位上升到天线所在高度时，微波束部分被物体吸收，部分被反射，接收天线接收到的微波功率相应减弱，经检波、放大与电压比较后，低于设定电压值，显示被测物位位置高于设定的物位信号。

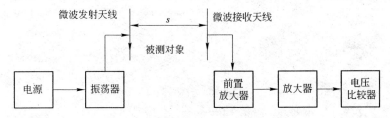

图 7-25　微波传感器测物位原理框图

当被测物位低于设定物位时，接收天线接收的功率为：

$$P_o = \left(\frac{\lambda}{4\pi s}\right)^2 P_t G_t G_r \qquad (7-10)$$

式中　P_t——发射天线的发射功率；

　　　G_t——发射天线的增益；

　　　G_r——接收天线的增益；

　　　s——两天线间的水平距离；

　　　λ——微波的波长。

当被测物位升高到天线所在高度时，接收天线接收的功率为：

$$P_r = \eta P_o \qquad (7-11)$$

式中，η 由被测物的形状、材料性质、电磁性能及高度决定。

本 章 小 结

本章主要介绍了温度、位移、转速、物位等几种常见工程量的检测。常见工程量的测量方法、常用的传感器和典型应用是本章的学习重点，在实际使用的过程中，注意根据需求合理选择相应的传感器。

习　　题

7-1　简述温度的测量方法和常用的传感器。

7-2　试用单总线数字温度传感器 DS1820 设计一个多路温度检测系统。

7-3　简述位移的测量方法和常用的传感器。

7-4　试述光栅式位移传感器的组成以及测量过程。

7-5　试述转速的检测的主要方法与特点。

7-6　简述一种转速传感器的测量原理。

7-7　简述物位测量的主要方式有哪些。

7-8　试举例说明常见的液位传感器。

8 现代检测系统

本 章 要 点

- 现代检测系统的组成与设计；
- 多传感器信息融合技术及应用；
- 虚拟仪器的组成、特点及应用。

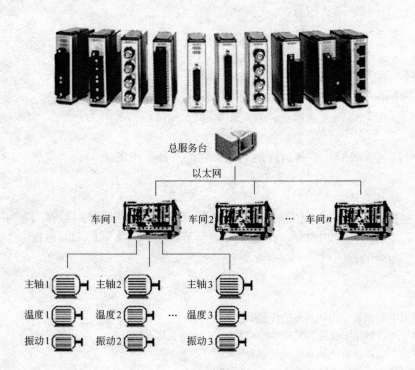

随着控制理论、计算机技术和通信技术的快速发展，在传感器与检测技术领域中出现了很多新概念、新理论和新技术。这些新的检测技术已成为推动国民经济和科学技术高速发展的关键因素，并在现代工业生产、教学科研、医疗诊断、军事战争、气象预报、大地测绘、交通指挥、探测灾情等领域有着极其广泛的应用。本章主要介绍计算机检测技术、多传感器信息融合和虚拟仪器等内容。

8.1 现代检测系统的组成与设计

现代检测系统通常会以一个或多个单片机、数字信号处理器、工业控制计算机等广义计算机作为数据处理、系统控制和管理的核心，因此，现代检测系统通常也称为计算机检测系统。

计算机技术已经渗透到人类生产、生活的各个方面，作为当今世界新技术革命的主要标志之一，它在传感器与检测技术中更是得到了广泛的应用，检测系统本身也借助计算机强大的功能发生着巨大的变化。传统的检测系统中包含的信号调理、信号处理、显示与记录设备等组成部分，正逐步被具有信号调理与处理功能的通用或专用电路板，以及计算机所取代。由此产生的计算机检测系统及由它进一步发展而来的智能仪器仪表和虚拟仪器等现代测试技术得到了迅猛的发展，目前已成为传感器与检测技术中的主要趋势。

8.1.1 现代检测系统的组成

计算机检测是将温度、压力、流量、位移等模拟量采集、转换成数字量后，再由计算机进行存储、处理、显示或打印的过程。相应的系统称为计算机检测系统。

计算机检测系统的任务就是对传感器输出的模拟信号进行采集，将其转换成计算机能够识别的数字信号，然后送入计算机，根据不同的需要由计算机进行相应的计算和处理，得到所需的数据。与此同时，将计算机得到的数据进行显示或打印，以实现对某些物理量的监视，其中一部分数据还将被生产过程中的计算机控制系统用来控制某些物理量。

典型计算机检测系统的组成如图 8－1 所示。与传统的检测系统比较，计算机检测系统通过将传感器的模拟信号转换为数字信号，利用计算机系统的丰富的软、硬件资源达到检测自动化和智能化的目的。

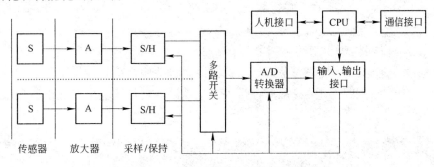

图 8－1 典型计算机检测系统的组成

计算机检测系统一般包括软件和硬件两大部分。软硬件之间相对独立却又有机联系为一体。此外，纯粹的检测系统较为少见，更多的系统通常还具有一定的控制功能，在检测到现场各参数的基础上，根据设定值与检测值的偏差经特定的控制算法运算处理后输出模拟量或数字量，在经放大后驱动执行机构改变被控参量。软件部分除了具有必要的计算机操作系统软件外，主要包含有信号的采集、处理与分析等功能模块软件。硬件部分主要是由传感器、数据采集系统（信号调理、采样/保持、模/数转换、逻辑控制电路等）、微处理器、输入输出接口等部分组成。这里主要就数据采集系统和输入输出接口进行介绍。

8.1.1.1　数据采集系统

数据采集系统的一般组成如图 8 - 2 所示。数字信号和开关信号的数据采集处理比较简单；典型的模拟信号的数据采集处理由前置放大器、采样/保持、多路开关、A/D 转换和逻辑控制电路等组成。

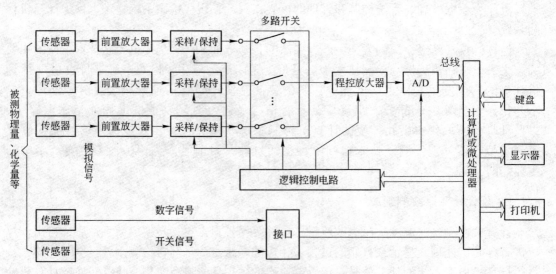

图 8 - 2　数据采集系统的组成

设计数据采集系统时，首先需要确定其结构形式，这取决于被测信号的特点（变化速率和通道数）、对数据采集系统的性能要求（测量精度、分辨率、速度、性价比等）。常用的数据采集系统结构有三种形式：多通道共享采样/保持器和 A/D 转换器实现数据的采集，多通道同步型数据采集系统结构（各路信号共用一个 A/D 转换器，但每一路通道都有一个采样保持器），多通道并行数据采集系统结构（每个通道都有独自的采样保持器和 A/D 转换器）。

8.1.1.2　输入、输出通道

输入、输出通道的基本任务是实现人机对话，包括输入或修改系统参数，改变系统工作状态，输出测试结果，动态显示测控过程，实现以多种形式输出、显示、记录、报警等功能。

（1）输入通道接口。计算机检测系统的输入通道是指传感器与微处理器之间的接口通道。检测系统中，各种传感器输出的信号是千差万别的。从仪器仪表间的匹配考虑，必须将传感器输出的信号转换成统一的标准电压或电流信号输出，标准信号就是各种仪器仪表输入、输出之间采用的统一规定的信号模式，标准电压信号为 0 ~ ±10V、0 ~ ±5V、0 ~ 5V 等；标准电流信号为 0 ~ 10mA、4 ~ 20mA 等几种形式。在大多数计算机检测系统中，传感器输出的信号是模拟信号（如直流电流、直流电压、交流电流、交流电压），因此，需要进行信号调理，涉及的技术包括信号的预变换、放大、滤波、调制与解调、多路转换、采用/保持、A/D转换等。如果传感器本身为数字式传感器，即输出的是开关量脉冲信号或已编码的数字信号，则只需要进行脉冲整形、电平匹配、数码变换即可与微处理器接口。

（2）输出通道隔离与驱动。计算机检测系统的输出通道有两个任务：一是把检测结果数据转换成显示和记录机构所能接受的信号形式，加以直观地显示或形成可保存的文件；二是对以控制为目的的系统，需要把微处理器所采集的过程参量经过调节运算转换成生产过程执行机构所能接受的驱动控制信号，使被控对象能按预定的要求被控制。驱动信号不外乎是模拟量和数字量两种信号类型。模拟量输出驱动受模拟器件漂移等影响，很难到达较高的精度。相反，数字量驱动可以到达很高的精度，应用越来越广泛。

1）数字量（开关量）的输出隔离。数字量（开关量）的输出隔离的目的在于隔断微处理器与执行器间的直接电气联系，以防外界强电磁干扰或工频电压通过输出通道反串到检测系统。目前，主要使用光电耦合隔离和继电器隔离两种技术。

①光电耦合隔离。光电耦合器件由发光元件和光敏元件组合而成，其输出信号和输入信号在电气上完全隔离，抗干扰能量强，隔离电压可超过千伏；没有缺点，寿命长，可靠性高；响应速度快，易与TTL电路配合使用。

②继电器隔离。继电器的线圈和触点之间没有电气上的联系，因此可以利用继电器的线圈接收信号，利用触点发送和输出信号，从而避免强电与弱电信号之间的直接接触，实现抗干扰隔离。

2）数字量（开关量）的输出驱动。智能测控系统中，大功率、大电流驱动往往是不可缺少的环节，其性能好坏直接影响现场控制的质量。目前常用的开关量输出驱动电路主要有功率晶体管、晶闸管、功率场效应管、集成功率电子开关、固态继电器以及各种专用集成驱动电路等。

8.1.2　现代检测系统的设计

在学习、掌握现有的检测技术基本原理及计算机检测系统基本组成的基础上，针对实际的测试问题而设计一个实用的检测系统，是非常重要的。当然，实际的计算机检测系统，其总体结构的复杂程度和各环节的设计参数要根据测试任务和对系统的性能指标等要求具体确定。此外，还要充分运用实际工程知识和实践经验，使设计的系统到达最佳性能价格比指标。以下仅从传感器选择，主计算机选型，输入、输出通道设计和软件设计等几个方面阐述一些设计时需要考虑的问题。

8.1.2.1　传感器的选择

对于同一被测量，可以采用不同传感器，为了选择最适合于测量目的的传感器，应注意传感器的基本选用准则。虽然传感器选择时应考虑的事项很多，但根据传感器实际使用的目的、指标、环境条件和成本等限制条件，从不同的侧重点，优先考虑几个重要的条件就可以了。

例如测量某一对象的温度，要求适应0～15℃温度范围，测量精度为±1℃，且要多点测量，可以选择各种热电偶、热敏电阻、半导体PN结温度传感器、IC温度传感器等，它们都能满足测量范围、精度等条件。在这种情况下，如果主要考虑成本、测量电路、相配设备是否简单等因素，则选用半导体 PN 结温度传感器最为合适。倘若上述测量范围为 0~400℃，其他条件不变，此时只能选用热电偶中的镍镉－考铜或铁－康铜等热电偶。如需要长时间连续使用传感器时，就必须重点考虑那些稳定性好的传感器。而对于化学分析等时间比较短的测量过程，则需要考虑灵敏度和动态特性好的传感器。总之，选择使用传感器时，应根据几项基本标准，具体情况具体分析，选择性价比高的传感器。选择传感器时应从以下几方面的条件考虑：

（1）与测量条件有关的因素：输入信号的幅值、频带宽度、精度要求、测量所需要的时间。

（2）与传感器有关的技术指标有：精度、稳定度、响应特性、模拟量与数字量、输出幅值、对被测物体产生的负载效应、校正周期、超标准过大的输入信号保护等。

（3）与使用环境条件有关的因素有：安装现场条件及情况、环境条件（湿度、温度、振动等）、信号传输距离、所需现场提供的功率容量等。

（4）与购买和维修有关的因素有：价格、零配件的储备、服务与维修制度、保修时间、交货日期等。

以上是有关选择传感器时主要考虑的因素。为了提高测量精度，应注意平常使用时的显示值应以满量程的 50% 左右来选择测量范围或刻度范围。选择传感器的响应速度，目的是适应输入信号的频带宽度，从而得到高的信噪比。此外，应合理选择使用现场条件，注意安装方法，了解传感器的安装尺寸和重量，并从传感器的工作原理出发，联系被测对象中可能会产生的负载效应问题，从而选择最合适的传感器。

8.1.2.2　主计算机选型

微型计算机是计算机检测系统的核心，对系统的功能、性能价格以及研发周期等起着至关重要的作用。对"微机内置式"系统，需要选择微处理器、外围芯片等构成嵌入在系统之中的微型计算机；而对"微机扩展式"系统，则需要选择适用的微型计算机系统作为开发和应用平台，搭建"微机扩展式"检测系统、虚拟仪器系统等。

适合计算机检测系统使用的计算机类型很多，一般可考虑单片机、单板机、微型机等。而单片机因其性价比高、开发方便、应用成熟等优点，在检测系统中被广泛使用。在我国应用最多、普及最广的应属美国 Intel 公司的 8 位 MCS-51 系列单片机和 16 位 MCS-96（196）系列单片机。选择单片机需重点考虑以下几个主要方面：中央处理单元 CPU（亦称微处理器单元 MPU）、存储器、定时/计数器和通用输入输出 I/O 接口，还有一些单片机的增强功能等方面。在"微机嵌入式"计算机检测系统的设计中，选用适合的单片机芯片极为重要。

8.1.2.3　输入、输出通道设计

输入通道数应根据需检测参数的数目来确定。输入通道的结构可综合考虑采样频率要求及电路成本按前述的几种基本结构来选择。输出通道的结构主要决定于对检测数据输出形式的要求，如是否需要打印、显示，是否有其他控制、报警功能要求等。

在检测系统中，传感器是第一环节，对于系统性能的影响较大。传感器的选用应参考前面所述的原则。若各测点检测的物理量不同，使用了不同原理的传感器，则各传感器输出电压的范围会有所不同。因此，在信号进入 A/D 转换器之前，信号应经过不同增益的

放大器进行调理。此外，还应考虑 A/D 转换器与其前置环节的阻抗匹配问题，以消除负载效应的影响。对公共的 A/D 转换器，其分辨率和位数应根据所有被测参数中的最高精度要求来确定。所采用的 A/D 转换原理主要考虑转换时间的要求，转换时间根据数据采样时间间隔确定。在转换时间满足要求的前提下，应尽可能考虑线性度、抑制噪声干扰能力等方面的要求。A/D 转换器的极性方式由传感器输出电压变化的极性确定。

计算机检测系统输入通道中的采样/保持器电路有单片形式，也有和 A/D 转换器等集成在同一芯片上的形式。在有些情况下可以简化电路，降低成本，如在被测信号变换相当缓慢的情况下，可以用一个电容器并联于 A/D 转换器的输入端来代替采样/保持电路的功能，或根据具体要求而不用采样/保持器。

多路模拟开关电路主要根据信号源的数目和采样频率参数选择，当采样频率不高时，模拟开关的转换速度不必要求太高，以降低成本。

8.1.2.4　软件设计

计算机检测系统的软件应具有两项基本功能：其一是对输入、输出通道的控制管理功能；其二是对数据的分析、处理功能。对高级系统而言，还应具有对系统进行自检和故障自诊断的功能及软件开发、调试功能等。

输入通道数据采集、传送的方式有程序控制方式和 DMA 方式。当不需要以高速进行数据传送时，应多采用程序控制方式。在数据采集与传送控制中最常用的是查询方式和中断方式，对多路数据采集则常用轮流查询方式。

检测系统的采样工作模式主要有两种。一种是先采样、后处理，即在一个工作周期内先对各采样点顺序快速采样、余下的时间作数据分析、处理或其他工作；另一种是边采样、边处理，即将一个工作周期按采样点数等分，在每个等分的时间内完成对一个采样点的采样及数据处理工作。若在测试中既有要求采样快的参数，也有要求采样慢的参数，则可以采用长、短采样周期相结合的混合工作模式。

采样周期由被测参数变化的快慢程度和测量准确度要求确定。采样周期用程序定时有两种方法：（1）程序执行时间定时，通常用于采样周期比较短的情况。如果采样周期比程序指令执行时间稍长，则可在程序中增加若干条"空操作"指令，达到延时目的。（2）CTC 中断定时。用于采样周期比较长的情况，即由程序初始化确定 CTC 的定时状态和所需计时时间，一旦计时时间到了，芯片就向 CPU 发出中断信号，中断响应后就可进入采样周期。

8.1.2.5　计算机检测系统设计的基本步骤

计算机检测系统设计大致可分为总体设计与详细设计两个阶段。

（1）系统总体设计。

1）确定所需的信息、同时确定为提供所需信息而测量的系统物理参数。在检测系统的设计中，应防止信息过多和信息不足两种情况的发生。第一种情况是由于不断提高系统的测量水平和不断扩大测量范围所致。从而形成了一种以过分的高精度和高分辨率采集所有可以得到的信息的趋势，其结果是有用的数据混在大量无关的信息中，且由于这些无关数据的存在，给系统的数据处理带来了沉重的负担。第二种情况大多因为对测量在整个系统中的功能和目的考虑不周所致。这种不能提供所需要全部信息的缺点会导致系统整体功能的显著下降。

2）测试方法的选择。检测系统采用的测试方法取决于系统的性能指标，诸如非线性度、精度、分辨率、误差、零漂、温漂、可靠性等，在这些性能指标确定后。根据成本预算、人机界面、测量模块与其他模块的界面要求选择合适的测试方法。

（2）系统详细设计。总体设计完成之后，即可开始进行详细设计。详细设计宜采用模块化设计方法，需要考虑因素有：

1）根据性能要求选择相应的测量方法；

2）选择适当的传感器或转换器；

3）考虑系统所处现场需要的处理功能；

4）与传感器、转换器相配合的硬件和机电装置的规格，以及专用器材的制造；

5）有关的应用软件的选择及软件的编制。

8.2　多传感器信息融合技术

随着现代科学技术的发展，被测对象越来越复杂人们不仅需要了解被测对象的某一被测量的大小，而且需要了解被测对象的综合信息或某些内在特征信息，单一的孤立的传感器已经很难满足这种要求。以前传感器技术是将传感器的信息传给独立的处理系统。近年来，一个复杂的系统上装备的传感器在数量和种类上都越来越多（如一架宇航飞行器就需装备数千个传感器），因此需要有效地处理大量的各种各样的传感器信息。这就意味着增加了待处理的信息量，而且还会涉及各传感器数据之间的矛盾和不协调。如何把多种传感器集中于一个检测控制系统，综合利用来自多传感器的信息，获取对被测对象一致性的可靠了解和解释，以利于系统做出正确的响应、决策和控制，成为现代测控系统中亟待解决的问题。多传感器信息融合作为消除系统不确定因素、提供准确观测结果与新的观测信息的智能化处理技术可以作为智能检测系统、智能控制系统的一个基本组成部分，因此多传感器信息融合可直接用于检测、控制、态势评估和决策过程。

传感器信息融合又称数据融合，是对多种信息的获取、表示及其内在联系进行综合处理和优化的技术。传感器信息融合技术从多信息的视角进行处理及综合，得到各种信息的内在联系和规律，从而剔除无用的和错误的信息，保留正确的和有用的成分，最终实现信息的优化。它也为智能信息处理技术的研究提供了新的观念。

一般将传感器信息融合可以定义为充分利用不同时间与空间的多传感器信息资源，采用计算机技术对按时序获得的多传感器观测信息在一定准则下加以自动分析、综合、支配和使用，获得对被测对象的一致性解释与描述，以完成所需的决策和估计任务，使系统获得比它的各组成部分更优越的性能。即"融合"是将来自多传感器或多源的信息和数据模仿专家的综合信息处理能力进行智能化处理，从而得出更为准确可信的结论。单一传感器只能获得环境或被测对象的部分信息段，而多传感器信息经过融合后能够完善地、准确地反映环境的特征。经过融合后的传感器信息具有信息冗余性、信息互补性、信息实时性、信息获取的低成本性等特征。

传感器信息融合技术的理论和应用涉及信息电子学、计算机和自动化学多个学科，是一门应用广泛的综合性高新技术。

8.2.1　传感器信息融合的分类和结构

8.2.1.1　传感器信息融合的分类

传感器信息融合方法可分为以下 4 类：组合、综合、融合、相关。

（1）组合：由多个传感器组合成平行或互补方式来获得多组数据输出的一种处理方法，是一种最基本的方式，涉及的问题有输出方式的协调、综合以及传感器的选择。在硬件这一级上应用。

（2）综合：信息优化处理中的一种获得明确信息的有效方法。例如，在虚拟现实技术中，使用两个分开设置的摄像机同时拍摄到一个物体的不同侧面的两幅图像，综合这两幅图像可以复原出一个准确的有立体感的物体的图像。

（3）融合：当将传感器数据组之间进行相关或将传感器数据与系统内部的知识模型进行相关，而产生信息的一个新的表达式。

（4）相关：通过处理传感器信息获得某些结果，不仅需要单项信息处理，而且需要通过相关来进行处理，获悉传感器数据组之间的关系，从而得到正确信息，剔除无用和错误的信息。相关处理的目的：对识别、预测、学习和记忆等过程的信息进行综合和优化。

8.2.1.2　传感器信息融合的功能模型

功能模型是适用于任何融合系统的一组功能定义。多传感器信息融合系统的功能模型如图 8-3 所示。由图可见，多传感器信息融合系统的功能主要有特征提取、分类、识别、参数估计和决策，其中特征提取和分类是基础，实际的融合在识别和参数估计阶段完成。多传感器信息融合过程可分为两个步骤，与不同的抽象层次相对应：第一步是低层处理，包括像素级融合和特征级融合，输出的是状态、特征和属性；第二步是高层处理，即决策融合，输出的是抽象结果，如目的等。

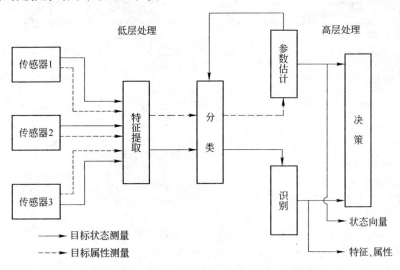

图 8-3　多传感器信息融合系统的功能模型

8.2.1.3　多传感器信息融合的结构

多传感器信息融合的结构分为三种情形：并联融合、串联融合和混合融合，如图 8-4 所示。并联融合时，各传感器直接将各自的输出信息传输到数据融合中心，由数据融合中心对各输入信息按适当方法处理后，输出最终结果，因此并联融合中各传感器输出之间互不影响。串联融合是，每个传感器在接收前一级传感器信息的基础上，先实现信息的本地融合，再将融合的结果传给下一级传感器，直到最后一级传感器的输出综合了所有前级传感器输出的信息。因此，串联融合中每个传感器既有接收信息的功能，又有数据融合的功能，前级传感器的输出将影响后级传感器的输出。混合融合方式则是串联和并联融合两种方式的结合，或者是总体串联、局部并联，或者是总体并联、局部串联。

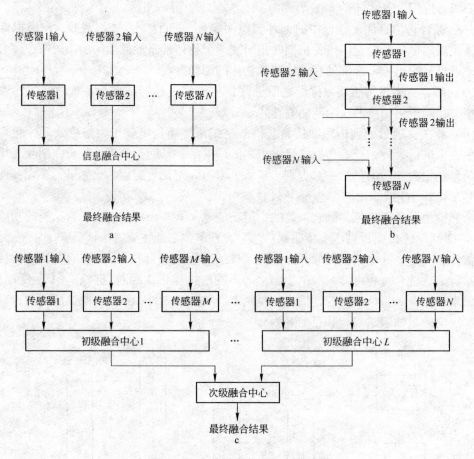

图 8-4   多传感器信息融合的结构
a—并联融合；b—串联融合；c—混合融合

8.2.2   传感器信息融合的一般方法

传感器信息融合的方法有很多，最常用的方法主要有三类：嵌入约束法、证据组合法、人工神经网络法。

8.2.2.1   嵌入约束法

嵌入约束法认为由多种传感器所获得的客观环境（即被测对象）的多组数据就是客观环境按照某种映射关系形成的像，信息融合就是通过像求解原像，即对客观环境加以了解。用数学语言描述就是，所有传感器的全部信息，也只能描述环境的某些方面的特征，而具有这些特征的环境却有很多，要使一组数据对应唯一的环境（即上述映射为一一映射），就必须对映射的原像和映射本身加约束条件，使问题能有唯一的解。

嵌入约束法最基本的方法有 Bayes 估计和卡尔曼滤波。

Bayes 估计是融合静态环境中多传感器低层数据的一种常用方法。其信息描述为概率分布，适用于具有可加高斯噪声的不确定性信息。这种方法的实质是剔除处于误差状态的传感器信息而保留"一致传感器"数据计算融合值。

卡尔曼滤波（KF）用于实时融合动态的低层次冗余传感器数据，该方法用测量模型的统计特性，递推决定统计意义下最优融合数据合计。如果系统具有线性动力学模型，且系统噪声和传感器噪声可用高斯分布的白噪声模型来表示，KF 为融合数据提供唯一的统计意义下的最优估计，KF 的递推特性使系统数据处理不需大量的数据存储和计算。KF 分为分散卡尔曼滤波（DKF）和扩展卡尔曼滤波（EKF）。DKF 可实现多传感器数据融合完全分散化，其优点是每个传感器节点失效不会导致整个系统失效。而 EKF 的优点是可有效克服数据处理不稳定性或系统模型线性程度的误差对融合过程产生的影响。

8.2.2.2 证据组合法

证据组合法认为完成某项智能任务是依据有关环境某方面的信息做出几种可能的决策，而多传感器数据信息在一定程度上反映环境这方面的情况。因此，分析每一数据作为支持某种决策证据的支持程度，并将不同传感器数据的支持程度进行组合，即证据组合，分析得出现有组合证据支持程度最大的决策作为信息融合的结果。

证据组合法是对完成某一任务的需要而处理多种传感器的数据信息，完成某项智能任务，实际是做出某项行动决策。它先对单个传感器数据信息每种可能决策的支持程度给出度量（即数据信息作为证据对决策的支持程度），再寻找一种证据组合方法或规则，在已知两个不同传感器数据（即证据）对决策的分别支持程度时，通过反复运用组合规则，最终得出全体数据信息的联合体对某决策总的支持程度。得到最大证据支持决策，即信息融合的结果。

利用证据组合进行数据融合的关键在于：一是选择合适的数学方法描述证据、决策和支持程度等概念；二是建立快速、可靠并且便于实现的通用证据组合算法结构。

常用证据组合方法有概率统计方法和 Dempster – Shafer 证据推理。概率统计方法适用于分布式传感器目标识别和跟踪信息融合问题。D – S 证据推理方法的优点是算法确定后，无论是静态还是时变的动态证据组合，其具体的证据组合算法都有一共同的算法结构。但其缺点是当对象或环境的识别特征数增加时，证据组合的计算量会以指数速度增长。

8.2.2.3 人工神经网络法

通过模仿人脑的结构和工作原理，设计和建立相应的机器和模型并完成一定的智能任务。

神经网络根据当前系统所接收到的样本的相似性，确定分类标准。这种确定方法主要表现在网络权值分布上，同时可采用神经网络特定的学习算法来获取知识，得到不确定性推理机制。神经网络多传感器信息融合的实现，分 3 个重要步骤：

（1）根据智能系统要求及传感器信息融合的形式，选择其拓扑结构；

（2）各传感器的输入信息综合处理为一总体输入函数，并将此函数映射定义为相关单元的映射函数，通过神经网络与环境的交互作用把环境的统计规律反映网络本身结构；

（3）对传感器输出信息进行学习、理解，确定权值的分配，完成知识获取信息融合，进而对输入模式做出解释，将输入数据向量转换成高层逻辑（符号）概念。

8.2.3　传感器信息融合的应用

多传感器信息融合技术的应用领域大致分为军事应用和民事应用两大类。

军事应用是多传感器信息融合技术诞生的源泉，具体应用包括海洋监视系统，空对空或地对空防御系统，战场情报、防御、目标获取，战略预警和防御系统。其中，海洋监视系统包括潜艇、鱼雷、水下导弹等目标的检测、跟踪和识别，典型的传感器包括雷达、声纳、远红外、综合孔径雷达等；空对空、地对空防御系统包括检测、跟踪、识别敌方飞机、导弹和反飞机武器，典型的传感器包括雷达、ESM 接收机、远红外、敌我识别传感器、电光成像传感器等；战场情报、防御、目标获取包括军事目标（舰艇、飞机、导弹等）的检测、定位、跟踪和识别，这些目标可以是静止的，也可以是运动的。

在民事应用领域，主要用于机器人、智能制造、智能交通、无损检测、环境监测、医疗诊断、遥感、刑侦和保安等领域。其中，机器人被用于完成物料搬运、零件制造、检验和装配等工作；智能制造系统包括各种智能加工机床、工具和材料传送装置、检测和试验装置以及装配装置，这样可以在制造系统中用机器智能来代替人进行智能加工、状态监测和故障诊断；智能交通系统采用多传感器信息融合技术，实现无人驾驶交通工具的自主道路识别、速度控制以及定位；在环境监测中，主要用于辨识和确定自然现象（如地震、气候等）；在医疗诊断中，多传感器信息融合技术被用于定位和各种病的诊断（如肿瘤的定位与识别）。例如在以往的医疗诊断中，外科医生常用视觉检查以及温度计和听诊器来帮助诊断。现在出现了更为复杂而有效的医用传感技术，如超声波成像、核磁共振成像和X2 射线成像等，将这些传感器的数据进行融合能更准确地进行医疗诊断。

遥感在军事和民事领域都有一定的应用，可用于监测天气变化、矿产资源、农作物收成等。多传感器融合在遥感领域中的应用主要是通过高空间分辨率全色图像和低光谱分辨率图像的融合，得到高空间分辨率和高光谱分辨率的图像，融合多波段和多时段的遥感图像来提高分类的准确性。多传感器数据融合技术在刑侦中的应用，主要是利用红外、微波等传感设备进行隐匿武器、毒品等的检查。将人体的各种生物特征如人脸、指纹、声音、虹膜等进行适当的融合，能大幅度提高对人的身份识别认证能力，这对提高安全保卫能力是很重要的。

8.3　虚 拟 仪 器

虚拟仪器（Virtual Instrument，简称 VI）是虚拟技术在仪器仪表领域中的一个重要应用，它是现代计算机技术（硬件、软件和总线技术）和仪器技术深层次结合产生的全新概念的仪器，是当今计算机辅助测试领域的一项重要技术，是对传统仪器概念的重大突破，是仪器领域内的一次革命。虚拟仪器是继第一代仪器（模拟式仪表）、第二代仪器（分立元件式仪表）、第三代仪器（数字式仪表）、第四代仪器（智能化仪器）之后的新一代仪器。模拟仪器主要是以电磁感应基本定律为基础的指针式仪器，如指针式万用表、指针式电压表、指针式电流表等；分立元件仪器主要是以电子管或晶体管电子电路为基础的测试仪器；数字化仪器主要是以集成电路芯片为基础，这类仪器将模拟信号的测量转化为数字信号的测量，并以数字方式输出最终结果，适用于快速响应和较高准确度的测量，如数字电压表、数字频率计等。智能仪器主要是以微处理器为核心，这类仪器内置微处理器，既能进行自动测试，又具有一定数据处理功能，可取代部分脑力劳动，所有的功能均以硬件（或固化软件）的形式存在，缺乏灵活性。虚拟仪器是现代计算机技术、通信技术和测量技术相结合的产物，是仪器产生发展的一个重要方向。

8.3.1 虚拟仪器的基本概念

虚拟仪器是在以计算机为核心的硬件平台上，由用户设计定义具有虚拟面板，其测试功能由测试软件实现的一种计算机仪器系统。也就是说，虚拟仪器是利用计算机显示器模拟传统仪器控制面板，以多种形式输出检测结果；利用计算机软件实现信号数据的运算、分析和处理；利用 I/O 接口设备完成信号的采集、测量与调理，从而完成各种测试功能的一种计算机仪器系统。VI 以透明的方式把计算机资源（如微处理器、内存、显示器等）和仪器硬件（如 A/D、D/A、数字 I/O、定时器、信号调理等）的测量、控制能力结合在一起，通过软件实现对数据的分析处理与表达。

测量仪器的内部功能可划分为输入信号的测量、转换、数据分析处理及测量结果的显示 4 个部分。虚拟仪器也不例外，但是实现上述功能的方式不同，可划分为信号采集与控制、数据分析与处理、结果表示与输出三大功能模块，如图 8-5 所示。信号采集与控制主要由虚拟仪器的通用硬件平台，并配合仪器驱动程序共同完成，而数据分析与处理、结果表达与输出则主要由用户应用软件完成。

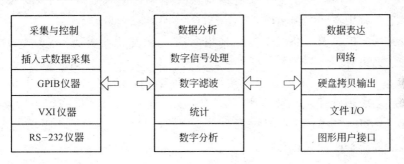

图 8-5 VI 内部功能划分

8.3.2 虚拟仪器的构成和特点

8.3.2.1 虚拟仪器的构成

虚拟仪器系统是由计算机、测控功能硬件（仪器硬件）和应用软件三大要素构成的。计算机与测控功能硬件又称为 VI 的通用仪器硬件平台（简称硬件平台）。

（1）虚拟仪器的硬件平台。虚拟仪器的硬件平台一般分为计算机硬件平台和测控功能硬件（I/O 接口设备）。计算机硬件平台可以是各种类型的计算机，如 PC、便携式计算机、工作站、嵌入式计算机等。计算机管理着虚拟仪器的硬件资源，是虚拟仪器的硬件支撑。计算机技术在显示、存储能力、处理性能、网络、总线标准等方面的发展，推动着虚拟仪器系统的发展。

I/O 接口设备主要完成被测输入信号的采集、放大、模/数转换。不同的总线有其相应的 I/O 接口硬件设备，如利用 PC 总线的数据采集卡（DAQ）、GPIB 总线仪器、VXI 总线仪器模块、串口总线仪器等。

虚拟仪器的构成方式主要有 5 种类型，如图 8 - 6 所示。

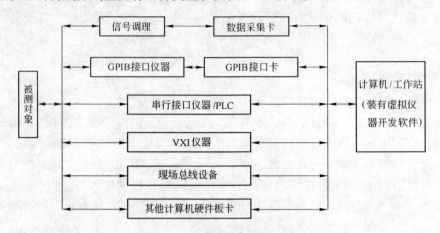

图 8 - 6   虚拟仪器的基本构成框图

无论上述哪种 VI 系统，都是通过应用软件将仪器硬件与各类计算机相结合，其中 PC - DAQ 测试系统是构成 VI 的基本方式。因为，实际上数据采集系统 DAS 是构成各种标准总线仪器的基础，故虚拟仪器是基于"信息的数据采集（ADC）－信号的分析与处理（DSP）－输出（DAC）及显示"的结构模式建立通用仪器硬件平台。在这个通用仪器硬件平台上，调用不同的测量软件就构成了不同功能的仪器。

目前较常用的虚拟仪器系统是数据采集系统、GPIB 控制系统、VXI 仪器系统以及这三者之间的任意组合。

（2）虚拟仪器的软件。虚拟仪器系统的软件结构从底层到顶层包括 I/O 接口软件、仪器驱动程序和应用软件三部分，如图 8 - 7 所示。I/O 接口软件和仪器驱动程序主要完成特定外部硬件设备的扩展、驱动与通讯。应用软件包括实现虚拟面板功能的软件程序和定义测试功能的流程图软件程序两类。

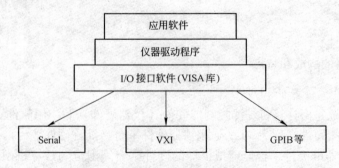

图 8 - 7   虚拟仪器系统的软件结构

虚拟仪器技术最核心的思想，就是利用计算机的硬件/软件资源，使本来需要硬件实现的技术软件化（虚拟化），以便最大限度地降低系统成本，增强系统的功能与灵活性。开放虚拟仪器，必须有合适的软件工具。目前的虚拟仪器软件开发工具有以下两类：

1）文本式编程语言，如 Visual C++、Visual Basic、Labwindows/CVI 等。

2）图形化编程语言，如 LabVIEW、LabWindows/CVI 、HPVEE 等。

其中，LabVIEW 最流行，是目前应用最广、发展最快、功能最强的图形化软件。非常适于仪器、测量与控制领域的虚拟仪器软件开发。

LabVIEW 是美国 NI（National Instrument）公司推出的一种基于 G 语言（Graphics Language，图形化编程语言）的虚拟仪器软件开发工具。LabVIEW 为虚拟仪器设计者提供了一个便捷、轻松的设计环境。利用它，设计者可以像搭积木一样轻松组建一个测量系统和构造自己的仪器面板，而无需进行任何烦琐的计算机代码的编写。

（3）虚拟仪器的设计方法。虚拟仪器的设计方法与实现步骤同通常软件设计方法和实现步骤基本相同。虚拟仪器设计内容主要包括：I/O 接口仪器驱动程序设计、仪器面板的设计与仪器功能算法设计。

1）I/O 接口仪器驱动程序的设计。首先，根据仪器功能要求，确定仪器接口标准。其次，I/O 接口仪器驱动程序是控制硬件设备的驱动程序，是连接主控计算机与仪器设备的纽带。若没有设备驱动程序，必须编写针对 I/O 接口仪器设备驱动程序。

2）仪器面板的设计。在虚拟仪器开发平台上，得用各类仪器控件创建用户界面，即虚拟仪器的面板。

3）仪器功能算法的设计。根据仪器功能的需要，利用虚拟仪器开发平台所提供的函数库，确定程序的基本框架、主要处理算法和所实现的技术方法。

8.3.2.2 虚拟仪器的特点

虚拟仪器与传统仪器相比，具有以下特点：

（1）虚拟仪器凭借计算机强大的硬件资源，突破了传统仪器在数据处理、显示、存储等方面的限制，增强了传统仪器的功能。高性能处理器、高分辨率显示器、大容量硬盘等已成为虚拟仪器的标准配置。

（2）在通用硬件平台确定后，由软件取代传统仪器中的硬件来完成仪器的功能。

（3）仪器的功能可以由用户根据需要由软件自行定义，而不是由厂家事先定义，增加了系统灵活性。

（4）仪器性能的改进和功能扩展只需要更新相关软件设计，而不需购买新的仪器，节省了物质资源。

（5）研制周期较传统仪器大为缩短。

（6）虚拟仪器是基于计算机的开放式标准体系结构，可与计算机同步发展，与网络及其周围设备互联。

决定虚拟仪器具有传统仪器不可能具备的特点的根本原因在于"虚拟仪器的关键是软件"。

8.3.3 虚拟仪器的开发应用

目前世界上最具代表性的虚拟仪器系统开发环境是美国国家仪器公司（NI）两个虚拟仪器开发平台：LabWindows/CVI 和 LabVIEW。这里以 LabVIEW 为例说明虚拟仪器的开发应用。

LabVIEW 是一种基于 G 语言的图形化开发语言，是一种面向仪器的图形化编程环境，用来进行数据采集和控制、数据分析和数据表达、测试和测量、实验室自动化以及过程监控。

使用 LabVIEW 开发平台编制的程序称为虚拟仪器程序，简称为 VI。VI 包括 3 个部分：程序前面板、框图程序和图标/连接器。因此，一个 VI 程序的设计主要包括前面板的设计、框图程序设计以及程序的调试。

用户在使用虚拟仪器时，对仪器的操作和测试结果的观察，都是在前面板中进行的，因此应根据实际中的仪器面板以及该仪器所能实现的功能来设计前面板。前面板主要由输入控制器（Control）和输出指示器（Indicator）组成。用户可以利用控制模板以及工具模板来添加输入控制器和输出指示器（添加后，会在框图程序窗口中出现对应的控制器和指示器的端口图标），使用控制器可以输入数据到程序中（输入量被称为控制），而指示器则可用来显示程序产生的结果（输出量被称为显示）。控制和显示是以各种图标形式出现在前面板上，如旋钮、开关、按钮、图表等，这使得前面板直观易懂。用于模拟真实仪表的前面板，其大小、外观、功能布局均可以由用户根据自己的需要进行定制。

图 8-8 和图 8-9 所示为一个虚拟仪器的前面板和与其对应的框图程序。

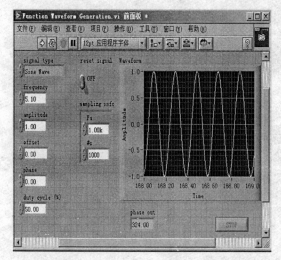 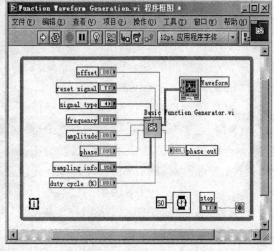

图 8-8　LabVIEW 程序前面板图　　　图 8-9　与 LabVIEW 程序前面板对应的框图程序

框图程序用 LabVIEW 图形编程语言编写，可以把它理解成传统程序的源代码。每一个程序前面板都对应着一段框图程序。它由端口、节点、图框和连线构成。端口被用来同程序前面板的控制和显示传递数据，节点被用来实现函数和功能调用，图框被用来实现结构化程序控制命令，连线代表程序执行过程中的数据流，定义了框图内的数据流动方向。

图标/连接器是子 VI 被其他 VI 调用的接口。图标是子 VI 在其他程序框图中被调用的节点表现形式；连接器则表示节点数据的输入/输出口，就像函数的参数。用户必须指定连接器端口与前面板的控制和显示一一对应。连接器一般情况下隐含不显示，除非用户选择打开观察它。

下面来说明 LabVIEW 程序设计的一般过程。

8.3.3.1　前面板的设计

使用输入控件器和输出指示器来构成前面板。控制器是用户输入数据到程序的接口。

而指示器是输出程序产生的数据接口。控制器和指示器有许多种类，可以从控制模板的各个子模板中选取。

两种最常用的数字对象是数字控制器和数字指示器。若想要在数字控制器中输入或修改数值，可以使用操作工具（见工具模板）点击控制部件和增减按钮，或者用操作工具或标签工具双击数值栏进行输入数值修改。

绝大多数的控件器和输出指示器的配置是可以改变的：在控件器和输出指示器上单击右键，在弹出的快捷菜单中选择相应的选项来改变配置。一个 VI 程序的前面板如图 8-8 所示。

8.3.3.2 框图程序的组成

框图程序是由节点、端点、图框和连线四种元素构成的，如图 8-10a 所示。框图程序相当于程序的源代码，只有创建了框图程序后，该程序才能真正运行。对框图程序的设计主要是针对节点、数据端口和连线的设计。

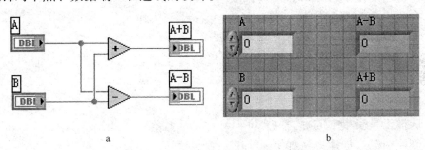

a   b

图 8-10 简单的程序框图和前面板

a—程序框图；b—前面板

8.3.3.3 从框图程序窗口创建前面板对象

用任意 LabVIEW 工具，用户都可以用鼠标右键单击任意的 LabVIEW 功能函数或者子程序，然后可以弹出其快捷菜单。

用选择和连线工具，可以用鼠标右键点击任一节点和端点，然后从弹出菜单中选择"创建常数"，"创建控制"，或"创建显示"等命令，如图 8-11 所示。Lab-VIEW 会自动地在被创建的端点与所点击对象之间接好连线。

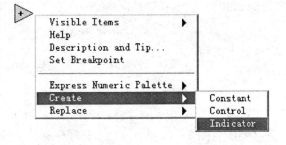

8.3.3.4 数据流编程

VI 程序的运行是"数据流"驱动的。

图 8-11 从框图程序窗口创建前面板对象

对一个节点而言，只有当它的输入端口上的数据都有效以后，它才能被执行。当节点程序运行完毕后，它把结果数据送给所有的输出端口。"数据流"与常规程序的"控制流"相类似，相当于指令执行的顺序按照程序的编写顺序。

如图 8-12 所示，这个 VI 程序把两个输入数值相乘，再把乘积减去 50。这个程序中，框图程序从左往右执行，这个执行次序不是由于对象的摆放位置，而是由于相减运算函数的一个输入量是相乘函数的运算结果，它只有当相乘运算完成并把结果送到减运算的输入口后才能继续下去。

注意，一个节点（函数）只有当它所有的输入端的数据都成为有效数据后才能被执行，而且只有当它执行完成后，它的所有输出端口上的数据才成为有效。

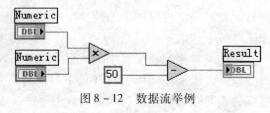

图 8 - 12 数据流举例

下面简单介绍这个 VI 框图程序的创建过程：

（1）选择框图程序窗口。在功能模板中选择 Numeric 下的 Multiply（乘法）函数，放入框图程序窗口。

（2）在此函数图标的左端输入端口上单击右键，从弹出的对话框中选择 Creat→Control，创建一个与它相连的控制器。

（3）重复上面的步骤，创建第二个控制器同乘法函数的连接。

（4）在功能模板中选择 Numeric 下的 Subtract（减法）函数，放入框图程序窗口。

（5）在此函数左端相应输入端口上单击右键，从弹出的对话框中选择 Creat→Constant，创建一个常数。

（6）在此减法（Subtract）函数右端输出端口上单击右键，从弹出的对话框中选择 Creat→Indicator，创建指示器。

（7）用连线工具连线。

（8）选择工具模板中的标签（Edit Text）工具修改标签并填入数字。

（9）创建图标。创建方法如下：

1）在前面板窗口或框图程序窗口的右上角的图标框中单击右键，从弹出的快捷菜单中选择 Edit Icon（或双击此图标框）。

2）双击选择工具，选中默认的图标按 Delete 键，清除所选图标图案。

3）用画图工具画出所需的图标。注意：在用鼠标画线时按住 Shift 键，则可以画出水平或垂直方向的直线。

4）用文本工具写文字，双击文本工具可改变字体及字号。

5）当图标创建完成后，单击"OK"按钮以关闭图标编辑。生成的图标将显示在前面板的右上角。

（10）从 File 菜单中选择 Save 命令来保存此例子，命名为"例子 1"。

8.3.3.5 创建子程序

在 LabVIEW 中，每个 VI 程序都可以将其创建成子程序，以便其他程序调用。创建如下（我们将图 8 - 12 所示的 VI 程序保存为"例子 1"，创建成子程序）：

（1）打开 VI 程序"例子 1"。

（2）创建接线端口。接线端口是 VI 程序数据的输入/输出端口，创建过程如下：

1）右键单击前面板中右上角图标，从弹出的快捷菜单中选择 Show Connector 选项。

此时前面板窗口右上角的图标由接线端口 ⊞ 取代，每个小矩形框代表一个连线的端口，这些端口用来将数据输入到 VI 程序中或将 VI 程序的数据输出。LabVIEW 将会根据控制器和指示器的数值选择一种连线端口模式。本例中有 3 个端口：两个数字控制器（Numeric1 和 Numeric2），一个数字指示器（Result）。如果有必要，还可以在连线端口图标上单击右键，从弹出的快捷菜单中选择 Patterns 来改变连线端口模式。默认状态时，输入端口（控制器端口）在连线端口方框左边，输出端口（指示器端口）在连线端口方框右边。

　2）把连线端口分配给相应的控制器和指示器。

　3）使用连线工具，在左边连线端口框内单击鼠标左键，则端口将会变黑，再单击控制器，一个闪烁的虚线框将包围住该控制器。此时端口的颜色也会根据控制器的类型做相应的变换。现在单击右边的连线端口，使它变黑，再点击相应的指示器，这样就创建了该指示器同相应端口的连接。

　（3）保存此程序，以后我们就可以对其象子程序一样调用了。

　（4）打开一个新的 VI，在框图程序中选择 Functions→All Functions→Select a VI…，再选择上面我们保存的 VI 程序"例子1"。此时，此 VI 程序将以图标形式出现。用连线工具可以看到它的连线端口，这样我们就可以创建相应的控制器和指示器，如图 8 - 13 所示。

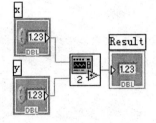

图 8 - 13　调用子程序

8.3.3.6　程序调试技术

当前面板和框图程序设计好以后，我们还需要对程序进行调试，以排除程序执行过程中可能遇到的错误。程序调试是进行任何程序设计过程中所必需的过程。我们在程序设计过程中不可避免地会有各种逻辑上和语法上的错误，这些都需要通过程序调试找出来加以改正。LabVIEW 提供了几种程序调试的方法，主要有以下几种：找出语法错误、设置执行程序高亮、断点与单步执行、探针。

本 章 小 结

本章主要介绍了计算机检测技术、多传感器信息融合和虚拟仪器等现代检测技术。

计算机检测技术主要掌握现代检测系统的组成、现代检测系统的设计方法（传感器选择、主计算机选型、输入输出通道设计和软件设计）和计算机检测系统设计的基本步骤。

多传感器信息融合技术主要掌握其基本概念、传感器信息融合的分类和结构、传感器信息融合的一般方法以及多传感器信息融合技术在军事方面和民事方面的应用。

虚拟仪器技术主要掌握其基本概念和特点、虚拟仪器系统的构成（通用仪器硬件平台和应用软件组成）、虚拟仪器的设计方法以及虚拟仪器的开发应用（使用 LabVIEW 开发平台编制虚拟仪器程序）。

习　　题

8 - 1　试简要说明现代检测系统的组成。

8 - 2　以某一检测量为例（如压力、速度、厚度等），设计一个计算机检测系统，给出其系统组成并说明其工作原理。

8 - 3　什么是传感器的信息融合技术，传感器信息融合技术的分类有哪几种，传感器的信息融合有哪几种方法？

8 - 4　试举例说明传感器的信息融合技术的应用。

8 - 5　什么是虚拟仪器？简述虚拟仪器的构成与特点。

8 - 6　简述 LabVIEW 的基本构成及程序设计的一般方法。

9 传感检测技术应用实例

本章要点

- 传感检测在智能楼宇中的应用;
- 传感检测在汽车电子中的应用;
- 传感检测在工业自动化中的应用;
- 传感检测在机器人中的应用。

　　传感器是实现自动检测和自动控制的首要环节。随着科技的不断发展、不断融合，传感器在各行业中的应用也越来越广泛，目前市场上增长最快的是汽车市场，其次是过程控制市场。

　　本章主要通过传感检测技术在智能楼宇、汽车电子、工业自动化、机器人等领域的应用来了解行业中传感器的综合应用情况。

9.1　传感检测在智能楼宇中的应用

　　智能楼宇是信息时代的产物，是计算机及传感器应用的重要方面。智能楼宇（如图9-1a所示）采用网络化技术，把通信、消防、安防、门禁、能源、照明、空调、电梯等各个子系统统一到设备监控站上。楼宇管理系统能够使用网络化、智能化、多功能化的传感器和执行器，传感器和执行器通过数据网和控制网连接起来，与通信系统一起形成整体的楼宇网络，并通过宽带网与外界沟通，如图9-1b所示为智能楼宇综合实训台。

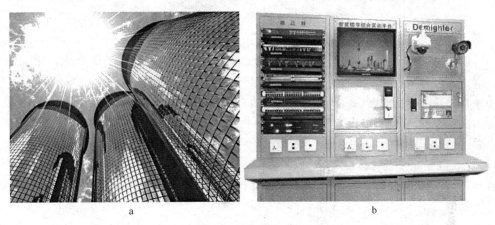

图9-1　智能楼宇系统图片

a—智能楼宇；b—智能楼宇综合实训台

　　（1）供配电系统监控。照明控制系统水平的高低反映了整个智能楼宇的智能化水平。供配电系统对电压、电流、视在功率、功率因数、频率等指标进行了监视，并自动进行功率因数补偿；为了节电，当传感器长期感应不到有人走动时，自动关闭该区域的灯光照明。

　　当楼宇内的供配电出现故障时，传感器和计算机必须在极短的时间里向监控中心报告故障的部位和原因，供电系统将立即启动 UBS 或自备发电机，向重要供电对象提供电力。

　　（2）火灾监视、控制系统。火情、火灾报警传感器主要有感烟传感器、感温传感器以及紫外线火焰传感器。从物理作用上区分，可分为离子型、光电型等；从信号方式区分，可分为开关型、模拟型及智能型等。在重点区域必须设置多种传感器，同时对现场加以监测，以防误报警；还应及时将现场数据经控制网络向控制系统汇总。获得火情后，系统就会自动采取必要的措施，经通信网络向有关职能部门报告火情，并对楼宇内的防火卷帘门、电梯、灭火器、喷水头、消防水泵、电动门等联动设备下达启动或关闭的命令，以使火灾得到及时控制。

　　火灾报警联动控制器是一种大型的智能化报警系统，该系统是由多个微处理器组成，采用了先进的软件结构和智能化网络分布处理技术，具备火灾探测、消防联动等功能。火灾感知传感器及玻璃球洒水喷头，当发生火灾时，温度升高使玻璃球爆裂，高压自来水自动喷出，如图9-2所示。

图9-2　火灾报警装置
a—火灾报警按钮；b—火灾感知传感器

　　（3）智能楼宇的监控系统。

　　1）停车监控系统。在智能楼宇内，车库综合管理系统监控车辆的进入，指示停车位置，禁止无关人员闯入，能自动登录车牌号码。当车辆驶近入口时，电涡流线圈（电感传感器）感应到车辆的速度、长度，并启动CCD摄像机，将车牌影像摄入，并送到车牌图像识别器，形成对应的车牌数据存入计算机内，并分配停车位。当管理系统允许该车辆进入后，电动车闸栏杆自动开启。进库的车辆在停车引导灯的指挥下，停到规定的位置。

　　2）入侵监测系统。智能楼宇一般有监控系统禁止无关人员闯入，入侵探测报警系统一般有微型、小型、中型和大型之分，结构上基本都是由探测器、控制器、转换电路、报警电路和电源组成，如图9-3所示。

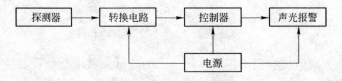

图9-3　入侵探测报警系统框图

　　入侵探测器的类型很多，如振动传感器、红外传感器、超声波传感器、光电传感器等。例如红外入侵探测报警器由红外发射机、红外接收机和报警控制器等组成。置于发射端的光学透镜将红外光聚焦成平行光，形成一道人眼看不到的警戒线，当有人穿越或遮断设置的红外光束时，红外接收器接收不到红外信号，将启动报警控制器发出声光报警信号。

　　（4）电梯的运行监测。智能楼宇中的电梯运行中，传感器起到十分重要的作用。在电梯中，有很多传感装置用于电梯控制，如电梯的平层控制、选层控制、门系统控制等。

　　为保证乘客或货物的安全，在电梯门的入口处都带有安全保护装置。多数电梯采用光电式保护装置。在轿门边上安装两道水平光电装置，选用对射式红外光电开关，对整个开门宽度进行传感。在轿门关闭的过程中，只要乘客或货物遮断任一道光路，门都会重新开启，待乘客进入或离开轿厢后才继续完成关闭动作。

（5）给排水系统监控。给排水系统的监控主要包括水泵的自动启停控制、水位流量、压力的测量与调节，用水量和排水量的测量，污水处理设备运转的监视、控制、水质传感，故障及异常状况的记录等。现场监控站内的控制器按预先编制的软件程序来满足自动控制的要求，即根据水箱和水池的高、低水位信号来控制水泵的启、停及进水控制阀的开关，并且进行溢水和停水的预警等。当水泵出现故障时，备用水泵则自动投入工作，同时发出报警信号。

9.2　传感检测在汽车中的应用

为了更全面地改善汽车性能，并增加人性化服务功能，先进的汽车检测和控制技术不仅体现在发动机上，现已扩展到汽车全身，这样能降低油耗，减少排气污染，提高行驶安全性，操作方便和舒适性，这其中要涉及一系列传感器，如曲轴位置传感器、吸气及冷却水温度传感器、压力传感器、气敏传感器等。

现代高级轿车的电子化控制系统水平的关键就在于采用传感器的数量和水平，目前一辆普通家用轿车上大约安装几十到近百只传感器（如图9-4所示），而豪华轿车上的传感器数量可多达二百余只，种类通常达30余种，多则达百种。

9.2.1　应用在汽车上的各种传感器

（1）用在发动机上的传感器（图9-4）。

1）进气压力传感器：反映进气歧管内的绝对压力大小的变化，是向发动机电控单元ECU提供计算喷油持续时间的基准信号。例如国产奥迪100型轿车（V6发动机）、桑塔纳2000型轿车等均采用这种压力传感器。

2）空气流量传感器：测量发动机吸入的空气量，提供给电控单元ECU作为喷油时间的基准信号。根据测量原理不同，可以分为旋转翼片式（丰田PREVIA旅行车）、卡门涡游式（丰田凌志LS400轿车）、热线式（日产千里马车用VG30E发动机）和热膜式四种空气流量传感器。目前主要采用热线式和热膜式空气流量传感器。

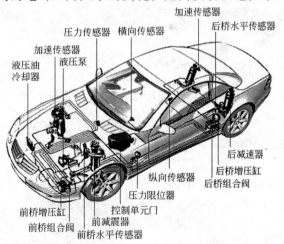

图9-4　汽车上的各种传感器

3）节气门位置传感器：测量节气门打开的角度，提供给ECU作为断油、控制燃油/空气比、点火提前角修正的基准信号，有开关触点式（桑塔纳2000型轿车）、线性可变电阻式（北京切诺基）、综合型（国产奥迪100型V6发动机）三种形式节气门位置传感器。

4）曲轴位置传感器：用于检测曲轴及发动机转速，提供给ECU作为确定点火正时及工作顺序的基准信号，有电磁脉冲式、霍尔效应式（桑塔纳 2000 型轿车）、光电效应式三种形式曲轴位置传感器。曲轴位置传感器形式不同，其控制方式和控制精度也不同。

5）氧传感器：检测排气中的氧浓度，提供给 ECU 作为控制燃油/空气比在最佳值（理论值）附近的基准信号。

6）温度传感器：检测进气温度，提供给 ECU 作为计算空气密度的依据。检测冷却液的温度，向 ECU 提供发动机温度信息。

7）爆燃爆震传感器：安装在缸体上专门检测发动机的爆燃状况，提供给 ECU 根据信号调整点火提前角。安装在发动机的缸体上，随时监测发动机的爆震情况。

（2）用在底盘控制方面的传感器，有变速器上的车速传感器、温度传感器、轴转速传感器、压力传感器等，方向器有转角传感器、转矩传感器、液压传感器；悬架上有加速度传感器、车身高度传感器、侧倾角传感器、转角传感器等；ABS 有车轮速度传感器。

（3）车身的传感器与安全性能息息相关，主要有安全气囊传感器、侧面防碰传感器、测距传感器等。

（4）灯光及电气系统的传感器主要有光亮检测传感器、雨滴量传感器、空调温度传感器、座椅位置传感器等。

9.2.2　在汽车中的检测技术

汽车的结构比较复杂，大体可分为发动机、底盘和电气设备三大部分，每一部分均安装有许多传感和控制用的传感器。传感检测技术主要应用于汽车的发动机零部件检测、轮胎检测、齿轮啮合检测、轴类矫直检测等方面。

发动机是汽车的动力装置，其作用是使吸入的燃料燃烧而产生动力，通过传动系统，使汽车行驶。汽油发动机主要由汽缸、燃料系、点火系、启动系、冷却系及润滑系等组成。

汽车的工作过程均是在电控单元 ECU 控制下进行的，与发动机配套使用的传感器有很多，比如图 9-5a 所示的曲轴位置传感器、图 9-5b 所示的进气压力传感器。

汽车 ECU 的应用体现在以下几方面：

（1）在汽车四轮独立悬挂避振中的应用。为了减小汽车在崎岖道路上的颠簸，提高舒适性，ECU 还能根据四个车轮的独立悬挂系统的受力情况，控制油压系统，调节四个车轮的高度，跟踪地面的变化，保持轿厢平稳。汽车底盘示意见图 9-6。

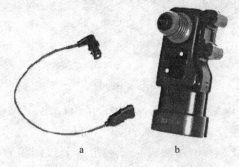

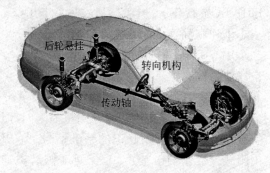

图 9-5　与发动机配套用的传感器
a—曲轴位置传感器；b—进气压力传感器

图 9-6　汽车底盘示意图

（2）ECU 用于防碰撞。汽车避撞系统原理如图9－7所示。传感器将速度、距离等与碰撞有关的参数传送给ECU。ECU在接收到碰撞传感器的信号后，打开折叠式安全气囊。

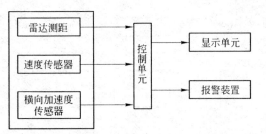

图9－7　汽车避撞系统原理图

（3）防侧滑。汽车在行驶过程中必须保持驱动车轮在冰雪等易滑路面上的稳定性并防止侧偏力的产生，故在前后四个车轮中安装有车轮速度传感器。当发生侧滑时，ECU分别控制有关车轮的制动控制装置及发动机功率，提高行驶的稳定性和转向操作性。

（4）防抱死制动系统ABS。当汽车紧急刹车时，使汽车减速的外力主要来自地面作用于车轮的摩擦力（地面附着力）。而地面附着力的最大值出现在车轮接近抱死而尚未抱死的状态。这就必须设置一个"防抱死制动系统"又称为ABS，如图9－8所示。ABS由车轮速度传感器、ECU以及电－液控制阀等组成。ECU根据车轮速度传感器来的脉冲信号控制电液制动系统，使各车轮的制动力满足少量滑动但接近抱死的制动状态，以使车辆在紧急刹车时不致失去方向性和稳定性。汽车在用力紧急刹车时，防抱死制动系统ABS自动启动。

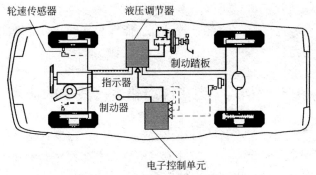

图9－8　汽车防抱死制动系统框图

9.2.3　多传感器数据融合技术故障诊断方法

随着微电子技术、现场总线、测控技术、信息与处理技术、计算机通信等技术的发展，多传感器信息融合的智能化诊断技术在汽车系统故障诊断中的应用已成为一个新的研究方向。多传感器数据融合与所有单传感器信号处理相比，单传感器信号处理只是对系统状态中的一种信息进行多角度的分析，从中提取有关系统行为的特征，这样给系统故障的有效诊断带来了局限性；而通过多传感器数据融合可以更大程度地获得被测目标和环境的信息量，能够在最短的时间内获取单个传感器所无法获取的更精确特征。

多传感器信息融合技术运用于汽车系统的故障诊断中的原理如图9－9所示，通过汽车运动时所采集到的状态参数、运动参数、发动机以及任务设备等方面的数据信息，结合给定汽车系统故障机理及失效分析，找出数据信息与故障元件之间的映射关系，然后对采集的数据信息进行融合，形成基于知识推理的多传感器信息融合故障诊断方法，从而诊断出故障。但随着汽车故障诊断系统的复杂化，传感器的类型和数目急剧增多，从而使汽车系统形成了一个传感器群。

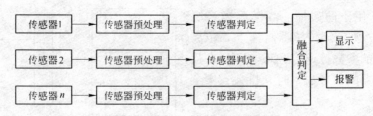

图 9-9 多传感器融合的检测框图

当汽车在运行时，其传感器群均处于实时信息采集状态，对于每个系统每种故障征兆可能对应着故障库中多种可能的故障，而故障库中的每个故障也可能引起多种故障征兆，所以要对各传感器采集的故障信息进行融合。分别通过各故障征兆对所有的假设进行独立的判断，得出各假设情况下发生的故障概率分布及发生的概率，然后融合各故障信息，以求得各故障发生的概率，其中发生概率最大的为主要故障。

比如，在汽车的运动过程中，利用发动机气缸的缸温对发动状态进行诊断时，由于信号类型中能够提供的信息较少，因而很难做出准确评价。但如果能将气缸的温度信息、发动机转速，以及汽车的运动速度综合起来考虑，那么就可以对发动机的状态进行更准确的评价。在某些故障诊断过程中，虽然有时利用一种信息，即可判断机器的故障，但在许多情况下得出的诊断结果并不可靠。因而多传感器数据融合技术从多个不同的信息源获得有关系统状态的特征参数进行有效的集成与融合，能较为准确和可靠地实现系统运行状态的识别和故障的诊断与定位。

9.3　传感检测在自动化生产线中的应用

在工业自动化生产线上，设备的自动化运转过程中，需要传感器担任重要角色，如全自动化生产线如图 9-10 所示。这里通过传感检测技术在食品加工和机械加工两个行业中的应用情况来了解它在自动化生产线中的应用。

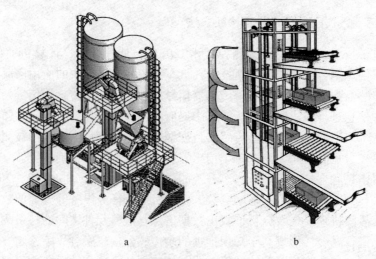

图 9-10　生产线示意图

a—全自动生产线；b—升降生产线

9.3.1　传感检测在食品加工中的应用

食品加工生产线上常用的传感器有以下几种：

（1）光电传感器：将光信号转换为电信号的一种传感器，可以进行产品流水线上的产量统计、对物品是否到位检测。此种测量方法具有非接触、高可靠性、高精度和反应快等优点，如图9-11所示。

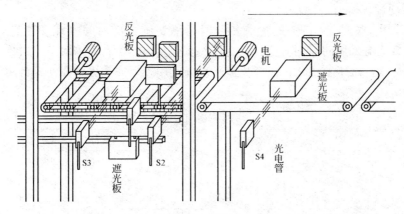

图9-11　光电传感器在自动化生产线中的应用

（2）传统热电阻和热电偶传感器：用于食品工业温度测量，佐料车间炒佐料的过程中，时间和温度直接影响着佐料质量的好坏，需要严格的监控。目前，食品工业应用最广泛的热电阻材料是铂和铜：铂电阻精度高，稳定性好，适用于中性和氧化性介质；铜电阻在测温范围内，电阻值和温度呈线性关系，温度线数大，适用于无腐蚀介质。

（3）光纤传感器：适合在食品工业环境和电介质传感器无法工作的环境。检测微波中的食物内各个温度的差异，给研究食物在不同温度下的水分及含量提供了可靠准确的数据。

（4）生物传感器：用于检测生物分子的存在与浓度等。

（5）图像传感器：用于检测包装上是否有日期、标签等信息。

9.3.2　传感检测在机械加工中的应用

传感检测技术在机械加工中的主要应用体现在两个方面：一个是机床运行过程的检测，一个是切削过程的检测。其中，机床运行检测的目标有驱动系统、轴承与回转系统、温度的监测与控制及安全性等，而切削过程检测的目标有切削力、切削过程振动、切削过程声发射、切削过程电机的功率等。

（1）机床运行过程检测。机床运行时一般需要有三方面的传感检测。

1）驱动系统的检测：为了实现对机床驱动系统的位移的监视，并提供偏离目标值的反馈信号，经常采用激光干涉仪、旋转变压器和线纹尺等多种位移传感器来实现。如螺纹磨床的自动修正系统，其传感器有由双频激光干涉仪系统构成的线位移传感器和角度数字传感器。

2）回转系统的检测：主轴部件的回转误差对工件的影响很大，部件监视过程可采用涡流传感器、载荷传感器、角度传感器等对回转系统进行检测。其中，涡流传感器用于探测监视轴承变形，载荷传感器用于监视卡盘夹紧状况，角度传感器用于在线齿轮监视系统。

3）机床状态监视传感：通过霍尔传感器来实现电动机的电流、电压和功率参数的监测。基于扭矩、功率的机床状态监视系统，可能用到的传感器有扭矩传感器、声发射传感器和光学传感器等。此外，还可能采用为进行机床热变形误差补偿的温度传感器。

（2）切削过程检测。

1）切削力的探测。切削力的探测是实时检测切削力随时间（或切削过程）的变化量。主要的传感器采用动态测力仪、应变片或多种力传感器，其中动态测力仪虽然可靠而且很灵敏，但常常难于实用化；应变片适于现场应用，但安装不够简便，常用的切削力传感方法见表9-1。

表9-1　检测切削力的传感器

检测方法	传 感 器	特 点
动态测量法	应变片型 压电型 加速度计型	高灵敏度 价廉 易获得，但多数只适用于实验室
机床内的检测法	用变形传感器或载荷单元探测架变形 用变形片或传感器探测主轴变形	简便不复杂 工作精度取决于传感器的检测精度 现主要用于实验室
简化法	用电流表测量电动机功率 用压力传感器探测轴承承受的压力	便于使用，成本低 低灵敏度 可工业应用

2）振动检测。振动通常是由于刀具与工件的振动而引发的一种现象，与切削过程的不稳定性有关。检测方法可分为直接法和间接法两大类。直接法是直接测定机床的振动，也可以从振动时切削力的变化中获取；间接法是通过振动伴随效应的传感检测来间接表征振动的。

直接法可直接将振动传感器装在工作台上。如较早用于铣床和车床加工中的动态测量仪，随后开发了频率响应在2000Hz以上的新型动态测量仪。后面出现的热电动势振动检测法是利用刀具与同机床其他绝缘的工件形成闭合电路，利用刀具与工件间的热电偶原理实现传感检测。振动出现时，会引起热电动势的变化。经FFT分析后可获得热电动势的功率谱密度。这种方法成本低，易于操作。

间接法常通过对振痕、裂纹或表面局部不规则性等信息的传感检测来间接地探测切削颤震的出现。例如常用光学方法来探测磨削表面振痕和局部不规则现象，但其实用性较差。此外，还开发了一种利用传声器检测振动的方法，可预测颤震出现，但可靠性还需加强。

9.4　传感检测在机器人中的应用

机器人是由计算机控制的复杂机器，它具有类似人的肢体及感官功能；动作程序灵活；有一定程度的智能；在工作时可以不依赖人的操纵。机器人传感器在机器人的控制中起了非常重要的作用，正因为有了传感器，机器人才具备了类似人类的知觉功能和反应能力。

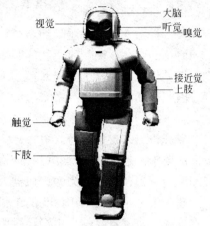

9.4.1 机器人的组成及分类

根据传感器的作用分，一般传感器分为内部传感器和外部传感器。如图 9 - 12 所示的各种传感器。内部传感器主要测量机器人内部系统，比如温度、电机速度、电机载荷、电池电压等；外部传感器主要测量外界环境，比如距离测量、声音、光线等，有物体识别传感器、物体探测传感器、距离传感器、力觉传感器、语音识别传感器等，有位置和角度传感器等。

根据传感器的运行方式，可以分为被动式传感器

图 9 - 12　机器人上的传感器类别

和主动式传感器。被动式传感器本身不发出能量，比如 CCD 摄像头传感器，靠捕获外界光线来获得信息。主动式传感器会发出探测信号，比如超声波、红外。但是此类传感器的信号会受到很多物质的影响，从而影响准确的信号获得。

机器人中的传感器及对应类型如表 9 - 2 所示。

表 9 - 2　机器人中的传感器类别

传感器件	传感内容	应用目的	类别
光敏管、光电断续器	是否有光，亮度多少	判断有无对象，得定量结果	明暗觉
光敏阵列、CCD 等	物体的位置、角度、距离	根据物体位置，判断物体移动	位置觉
光敏阵列、CCD 等	物体的外形	提取物体轮廓及固有特征，识别物体	形状觉
光电传感器、微动开关、压敏高分子材料	与对象是否接触，接触的位置	决定对象位置，识别对象形态，控制速度	接触觉
压电元件、导电橡胶、压敏高分子材料	对物体的压力、握力、压力分布	控制握力，识别握持物，测量物体弹性	压觉
应变片、导电橡胶	机器人有关部件（如手指）所受外力及转矩	控制手腕移动，伺服控制，正确完成作业	力觉
霍尔传感器、涡流传感器、超声波传感器	对象物是否接近，接近距离，对象面的倾斜	控制位置，寻径，安全保障，异常停止	接近觉
角编码器、振动传感器、光电旋转传感器	垂直握持面方向物体的位移，重力引起的变形	修正握力，防止打滑，判断物体表面状态	滑觉
彩色摄影机、滤色器、彩色 CCD	对象的色彩及浓度	利用颜色识别对象	色觉

9.4.2 移动机器人

移动机器人是工业机器人的一种类型，它由计算机控制，具有移动、自动导航、多传

感器控制、网络交互等功能,它可广泛应用于机械、电子、医疗、食品等行业的搬运功能,也用于自动化立体仓库、柔性加工系统等。

移动机器人的实时避障和路径规划过程中,机器人需依赖于外部环境信息的获取,感知障碍物的存在,测量障碍物的距离。目前机器人避障和测距传感器有红外、超声波、激光及视觉传感器。其中激光传感器和视觉传感器对控制器的要求较高,而且成本相对较高,因此移动机器人系统多采用红外、超声波传感器。

9.4.2.1 救援机器人

救援机器人要实时地获取障碍物信息来规划其移动路径,因此对传感器的测量精度有较高的要求。超声波传感器以其价格低廉、容易实现,被广泛用作测距传感器。通过超声波测距传感器,系统可为救援机器人提供准确和可靠的障碍物信息。

超声波测距根据所用探头的工作方式,又可分为单探头方式和双探头方式。单探头的工作方式是自发自收的,由于计算距离的公式比较简单,一般优先考虑;而双探头方式的计算中需进行一些修正;另外,探头多了所用的接插件等附件数量也要增多,增加了出现故障的概率。但是在某些特殊情况下需要采用双探头方式,比如测量距离很远,需采用特殊形式的大功率超声波发射换能器来当作接收器件,而且双探头的盲区很小。所以在实际选用超声波传感器时,应该根据不同的应用场合、测量精度、测量范围进行确定。

9.4.2.2 高压巡线机器人

移动机器人技术的发展,为架空电力线路巡检提供了新的移动平台。高压巡线机器人是沿架空高压输电线路进行巡检作业的自动化装置,能沿输电导线运行,利用携带的传感器对杆塔、导线及避雷线、绝缘子、线路等进行检测,代替工人进行电力线路的巡检工作,提高巡线的效率。

巡线机器人在爬行和跨越障碍物时,需要让一个操作手夹紧导线,腾出另一操作手在空间做动作,此时操作手能否夹紧导线就显得尤为关键:夹紧力过大,会损坏机械结构;夹紧力不够,容易掉下来。由于机器人工作在强电场、强磁场环境下,且高压输电导线为柔性导索,夹紧机构的夹持角度不固定,待夹导线和障碍的直径也不相同,使其对夹紧力传感器的选用十分苛刻,因此所用测力的传感器需要能避免强电场、强磁场的干扰,能自适应夹紧不同直径的物体,而且要结构小巧、便于安装。

A　测力传感器

测力用的传感器选为电流传感器,由原边线圈、次级线圈、磁芯、霍尔电极、放大电路等部分组成,如图9-13所示。原边电流I_1通过原边线圈N_1产生磁场B_1,其磁力线集中在磁芯气隙周围。内置在磁芯气隙中的霍尔电极产生和原边磁力线成正比的mV级电压,后续电路将这个微小信号转换成副边补偿电流I_2,I_2流过次级线圈N_2产生补偿磁场B_2。当原边与副边的磁场达到平衡时,补偿电流I_2即可反映原边电流I_1的值,即$I_1N_1 = I_2N_2$。输出电流I_2经过测量电阻R_m,则可以得到一个与原边电流成正比的大小为几伏的电压输出信号。

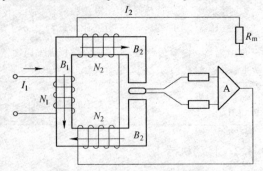

图9-13　磁补偿式电流传感器原理图

B　测力检测原理

测力检测系统由直流驱动电机、电流传感器、模/数转换模块、控制器及传动与夹紧机构组成,如图9-14所示。其中直流电机通过传动机构驱动夹紧机构动作,电流传感器串接在电机正极接线端子中,其输出信号送入模/数转换模块,控制器根据转换结果控制电机的动作。

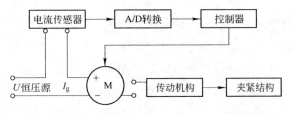

图9-14　系统构成简图

在电机工作时,其工作电流 I_g 与电机轴输出转矩 M(包括机械摩擦阻力矩 M_f 和夹紧力反力矩 M_1)的关系为:

$$I_g = f(M)$$

当系统采用恒压源供电时, I_g 与 M 成线性关系,在电机正常工作过程中 M_f 可视为定值, M_1 是在夹紧过程中随夹紧力 F 变化的变量。由于在夹紧过程中 M_1 的力臂保持不变,故 M_1 与 F 成线性关系。根据分析可知,夹紧力 F 与电机工作电流 I_g 成线性关系。用电流传感器测出电机的工作电流 I_g,通过标定即可转换为相应的夹紧力 F。

9.4.3　其他机器人

除了移动机器人还有其他机器人,如焊接机器人、机械手、服务机器人等。

9.4.3.1　焊接机器人

焊接机器人(图9-15)具有性能稳定、工作空间大、运动速度快和负荷能力强等特点,焊接质量明显优于人工焊接,大大提高了点焊作业的生产率。

a　　　　　　　　　　　　　　　b

图9-15　焊接机器人

a—点焊机器人;b—弧焊机器人

(1)点焊机器人。点焊机器人主要用于汽车整车的焊接工作,生产过程由各大汽车主机厂负责完成。国际工业机器人企业提供各类点焊机器人单元产品,并以焊接机器人与整车生产线配套形式进入中国,在该领域占据市场主导地位。

　　随着汽车工业的发展，2008 年，机器人研究所研制完成国内首台点焊机器人，并成功应用于奇瑞汽车焊接车间。2009 年，经过优化和性能提升的第二台机器人完成并顺利通过验收，该机器人整体技术指标已经达到国外同类机器人水平。

　　（2）弧焊机器人。弧焊机器人主要应用于各类汽车零部件的焊接生产。弧焊机器人结合激光传感器和视觉传感器离线工作方式的优点，采用激光传感器实现焊接过程中的焊缝跟踪，提升焊接机器人对复杂工件进行焊接的柔性和适应性，结合视觉传感器离线观察获得焊缝跟踪的残余偏差，基于偏差统计获得补偿数据并进行机器人运动轨迹的修正，在各种工况下都能获得最佳的焊接质量。

　　随着我国经济的发展与国际逐步接轨，改造过去的生产方式已迫在眉睫，采用自动化焊接提高生产率已是大势所趋。采用机器人进行焊接作业可以极大地提高生产效益和经济效率；另一方面，机器人的移位速度快，可达 3m/s，甚至更快。因此，一般而言，采用机器人焊接比同样用人工焊接效率可提高 2 ~ 4 倍，焊接质量优良且稳定。

9.4.3.2　机械手

　　机械手是最早出现的工业机器人，也是最早出现的现代机器人，应用机械手可以代替人从事单调、重复或繁重的体力劳动，实现生产的机械化和自动化，代替人在有害环境下的手工操作，改善劳动条件，保证人身安全，因而广泛应用于机械制造、冶金、电子、轻工和原子能等部门。

　　机械手首先是从美国开始研制的。1958 年美国联合控制公司研制出第一台机械手。20 世纪 40 年代后期，美国在原子能实验中，首先采用机械手搬运放射性材料。50 年代以后，机械手逐步推广到工业生产部门，用于在高温、污染严重的地方取放工件和装卸材料。机械手通常用作机床或其他机器的附加装置，如在自动生产线上装卸，如图 9 - 16 所示。

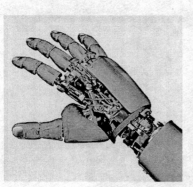

a　　　　　　　　　　　　　　b

图 9 - 16　机械手
a—机械手；b—装配机器人

10　传感器实践指导

本 章 要 点

- 实验平台介绍；
- 典型实验项目指导；
- 系统设计实例。

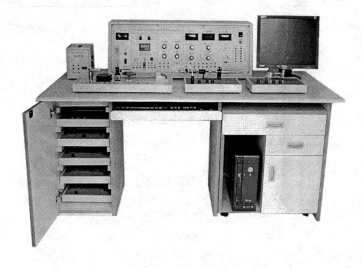

10.1 实验平台介绍

YL2000 型传感器与测控技术综合实验台是杭州高联传感技术有限公司生产的实验教学仪器，如图 10 -1 所示。此实验平台配置有多种传感器（如应变式、电容式、电感式、压电式、磁电式、光电式、光纤等传感器，见图 10 -2）、测量电路模块（如电桥、放大器、相敏检波器、滤波器等，见图 10 -3）、直流稳压电源、音频振荡器、低频振荡器、电动机、速度/频率表等。不仅可完成典型的基础实验，而且还可自主开发设计性实验。

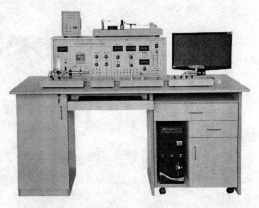

图 10 -1   YL2000 型传感器实验台

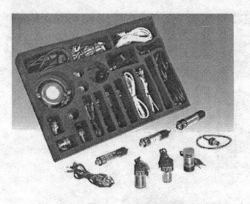

图 10 -2   多种传感器

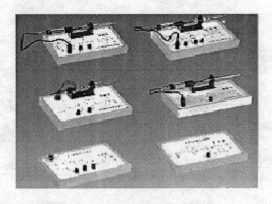

图 10 -3   多种测量电路模块

使用过程中的注意事项：
（1）不能带电接线，在确保接线正确后开启电源；
（2）电源或振荡器引出的线要特别注意，不要到处乱插，以免造成损坏；
（3）用激振器时，不能开太大，以免梁的振幅过大造成损坏；
（4）小心插拔，以免损坏插头或线路。

10.2 实 验 项 目

10.2.1 实验1 金属箔式应变片电桥性能实验

一、实验目的
（1）了解金属箔式应变片的应变效应；
（2）熟悉应变片的连接和电桥的使用；
（3）比较单臂、半桥与全桥电桥的性能。

二、基本原理

（1）电阻丝在外力作用下发生机械变形时，其电阻值发生变化，这就是电阻应变效应，描述电阻应变效应的关系式为：$\Delta R/R = K\varepsilon$。

通过金属箔式应变片转换被测部位的受力状态变化，电桥的作用是完成电阻到电压的比例变化，电桥的输出电压反映了相应的受力状态。单臂电桥输出电压 $U_{o1} = EK\varepsilon/4$。

（2）不同受力方向的两片应变片接入电桥作为邻边，电桥输出灵敏度提高，非线性得到改善。当两片应变片阻值和应变量相同时，其桥路输出电压 $U_{o2} = EK\varepsilon/2$。

（3）全桥测量电路中，将受力性质相同的两应变片接入电桥对边，不同的接入邻边，当应变片初始阻值相同，其变化值相同时，其桥路输出电压 $U_{o3} = KE\varepsilon$。

三、需用器件

应变式传感器实验模块、应变式传感器、砝码、数显表、±15V 电源、±4V 电源、万用表。

四、实验步骤

（一）单臂电桥

（1）根据图 10 - 4，应变式传感器已装于应变传感器模块上。传感器中各应变片已接入模块的左上方的 R_1、R_2、R_3、R_4。加热丝也接于模块上，可用万用表进行测量判别，$R_1 = R_2 = R_3 = R_4 = 350\Omega$，加热丝阻值为 50Ω 左右。

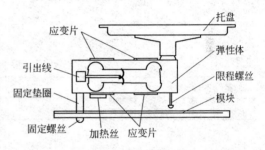

图 10 - 4 应变式传感器安装示意图

（2）接入模块电源 ± 15V（从主控箱引入），合上主控箱电源开关，将实验模块调节增益电位器 R_{W3} 顺时针调节大致到中间位置，再进行差动放大器调零，方法为将差放的正、负输入端与地短接，输出端与主控箱面板上的数显表电压输入端 V_i 相连，调节实验模块上调零电位器 R_{W4}，使数显表显示为零（数显表的切换开关打到 2V 挡）。关闭主控箱电源。

（3）将应变式传感器的其中一个应变片 R_1（即模块左上方的 R_1）接入电桥作为一个桥臂与 R_5、R_6、R_7 接成直流电桥（R_5、R_6、R_7 模块内已连接好），接好电桥调零电位器 R_{W1}，接上桥路电源 ±4V（从主控箱引入）如图 10 - 5 所示。检查接线无误后，合上主控箱电源开关。调节 R_{W1}，使数显表显示为零。

（4）在电子秤上放置一只砝码，读取数显表数值，依次增加砝码和读取相应的数显表值，直到 500g（或 200g）砝码加完。记下实验结果填入表 10 - 1，关闭电源。

（5）根据表 10 - 1 计算系统灵敏度 S，$S = \Delta u/\Delta W$（Δu 输出电压变化量；ΔW 质量变化量）计算线性误差：$\delta_{f1} = \Delta m/y_{F \cdot S} \times 100\%$，式中，$\Delta m$ 为输出值（多次测量时为平均值）与拟合直线的最大偏差；$y_{F \cdot S}$ 满量程输出平均值，此处为 200g。

（二）双臂电桥

根据图 10 - 6 接线。R_1、R_2 为实验模块左上方的应变片，注意 R_2 应和 R_1 受力状态相反，作为电桥的相邻边。接入桥路电源 ±4V，调节电桥调零电位器 R_{W1} 进行桥路调零，实验步骤同前，将实验数据记入表 10 - 2，计算灵敏度和线性误差。

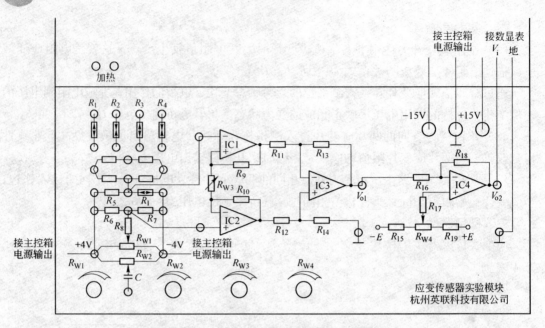

图 10 – 5　应变式传感器单臂电桥实验接线图

表 10 – 1　单臂电桥输出电压与加负载质量值

质量/g							
电压/mV							

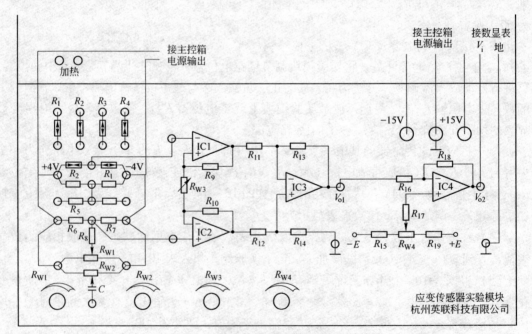

图 10 – 6　应变式传感器双臂电桥实验接线图

表 10 – 2　双臂电桥测量时输出电压与加负载质量值

质量/g							
电压/mV							

（三）全桥电路

根据图 10 - 7 接线，实验方法同前，将实验结果填入表 10 - 3，进行灵敏度和线性误差计算。

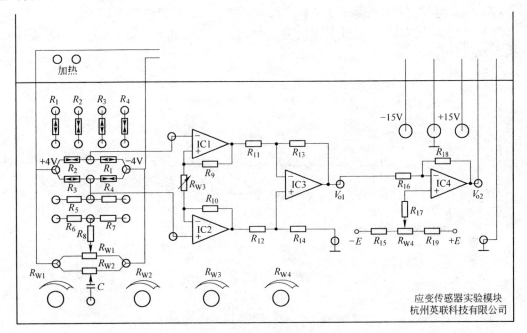

图 10 - 7 全桥电路接线图

表 10 - 3 全桥电路输出电压与加负载质量值

质量/g								
电压/mV								

10.2.2 实验 2 位移特性实验

一、实验目的

（1）熟悉电容式传感器结构及特点。

（2）熟悉电涡流传感器的结构和特点。

（3）掌握位移测量的方法。

二、基本原理

（1）利用平板电容 $C = \varepsilon A/d$ 的关系式通过相应的结构和测量电路可以选择 ε、A、d 三个参数中，保持两个参数不变，而只改变其中一个参数，则可以有测谷物干燥度（ε 变）、测微小位移（d 变）和测量液位（A 变）等多种电容传感器。

（2）通以高频电流的线圈产生磁场，当有导电体接近时，因导电体涡流效应产生涡流损耗，而涡流损耗与导电体离线圈的距离有关，因此可以进行位移测量。

三、需用器件

电容传感器、电容传感器实验模块、测微头、相敏检波、滤波模块、数显单元、直流稳压源、电涡流传感器实验模块、电涡流传感器、铁圆片。

四、实验步骤

（一）电容传感器测位移

（1）将电容传感器装于电容传感器实验模块上（图 10 - 8）。

（2）将电容传感器连线插入电容传感器实验模块，实验线路见图 10 - 8。

（3）将电容传感器实验模块的输出端 V_{o1} 与数显表单元 V_i 相接（插入主控箱 V_i 孔），R_W 调节到中间位置。

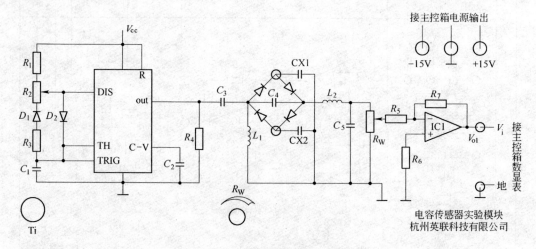

图 10 - 8　电容传感器位移实验接线图

（4）接入 ±15V 电源，旋动测微头推进电容传感器动极板位置，每隔 0.2mm 记下位移 x 与输出电压值，填入表 10 - 4。

表 10 - 4　电容传感器位移与输出电压值

位移 x/mm							
输出电压 V/mV							

（5）根据数据计算电容传感器的系统灵敏度和线性度。

（二）电涡流传感器测位移

（1）根据图 10 - 9 安装电涡流传感器。

（2）观察传感器结构，这是一个扁平绕线圈。

（3）将电涡流传感器输出线接入实验模块上标有 L 的两端插孔中，作为振荡器的一个元件（传感器屏蔽层接地）。

（4）在测微头端部装上铁质金属圆片，作为电涡流传感器的被测体。

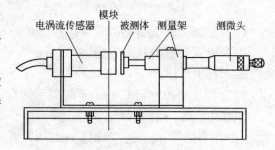

图 10 - 9　电涡流传感器安装示意图

（5）将实验模块输出端 V_o 与数显单元输入端 V_i 相接。数显表量程开关选择电压 20V 挡。

（6）用连接导线从主控台接入 +15V 直流电源到模块上标有 +15V 的插孔中。

（7）使测微头与传感器线圈端部接触，开启主控箱电源开关，记下数显表读数，然后每隔 0.2mm 读一个数，直到输出几乎不变为止。将结果列入表 10 – 5。

表 10 – 5　电涡流传感器位移与输出电压数据

位移 x/mm							
输出电压 V/V							

（8）根据表 10 – 5 数据，画出 $V-x$ 曲线，根据曲线找出线性区域及进行正、负位移测量时的最佳工作点，试计算量程为 1mm、3mm、5mm 时的灵敏度和线性度。

10.2.3　实验 3　转速测量实验

一、实验目的

（1）了解霍尔转速传感器的应用。

（2）了解光电转速传感器测量转速的原理及方法。

二、基本原理

（1）利用霍尔效应表达式 $U_H = K_H IB$，当被测圆盘上装上 N 只磁性体时，圆盘每转一周，磁场就变化 N 次，霍尔电势相应变化 N 次，输出电势通过放大、整形和计数电路就可以测量被测旋转物的转速。

（2）光电式转速传感器有反射型和直射型两种，本实验装置是反射型的，传感器端部有发光管和光电管，发光管发出的光源在转盘上反射后由光电管接收转换成电信号，由于转盘上有黑白相间的 12 个间隔，转动时将获得与转速及黑白间隔数有关的脉冲，将电脉冲计数处理即可得到转速值。

三、需用器件

霍尔转速传感器、光电转速传感器、转动源单元、转速调节 2～24V、数显单元的转速显示部分、+5V 直流电源。

四、实验步骤

（一）霍尔传感器转速测量

（1）根据图 10 – 10，将霍尔转速传感器装于传感器支架上，探头对准反射面的磁钢。

（2）将直流源加于霍尔元件电源输入端。红（+）接 +5V，黑（⊥）接地。

（3）将霍尔转速传感器输出端（蓝）插入数显单元 Fin 端。

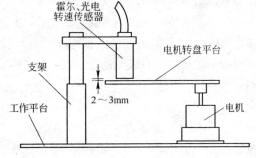

图 10 – 10　霍尔、光电转速传感器安装示意图

（4）将转速调节中的 2～24V 转速电源引到转动源的 2～24V 插孔。

（5）将数显单元上的转速/频率表波段开关拨到转速挡，此时数显表指示转速。

（6）调节电压使转动速度变化。观察数显表转速显示的变化，记录于表 10 – 6。

表 10 – 6　输入电压与霍尔传感器输出对应数据

U/V	0	4	8	12	16	20
v/r·min^{-1}						
F/Hz						

（二）光电传感器转速测量

（1）光电转速传感器安装如图 10 – 10 所示，在传感器支架上装上光电转速传感器，调节高度，使传感器端面离平台表面 2 ~ 3mm，将传感器引线分别插入相应的插孔，其中红色接入直流电源 + 5V，黑色为接地端，蓝色输入主控箱 Fin，转速/频率表置"转速"挡。

（2）将转速调节 2 ~ 24V 接到转动源 24V 插孔上。

（3）合上主控箱电源开关，使电机转动并从转速/频率表上观察电机转速。如显示转速不稳定，可调节传感器的安装高度。

（4）记录于表 10 – 7。

表 10 – 7　输入电压与光电传感器输出的对应数据

U/V	0	4	8	12	16	20
$v/\text{r} \cdot \text{min}^{-1}$						
F/Hz						

10.2.4　实验 4　温度测量实验

一、实验目的

（1）熟悉 Cu50 温度传感器的结构原理。

（2）熟悉热电偶测量温度的性能与应用。

二、基本原理

（1）在一些测量精度要求不高且温度较低的场合，一般采用铜电阻，可用来测量 – 50 ~ + 150℃的温度。铜电阻电阻温度系数 a 高，在温度范围内，铜的电阻与温度呈线性关系：$R_t = R_0(1 + at)$（其中 $a = 4.25 ~ 4.28 \times 10^{-3}/℃$）

（2）当两种不同的金属组成回路，如两个接点有温度差，就会产生热电势，这就是热电效应。温度高的接点称工作端，将其置于被测温度场，以相应电路就可间接测得被测温度值，温度低的接点就称冷端（也称自由端），冷端可以是室温值或经补偿后的 0℃、25℃。

三、需用器件

加热源、K 型热电偶、E 型热电偶、Cu50 热电阻、温度源、温度传感器实验模块、数显单元、万用表。

四、实验步骤

（一）热电阻测温

（1）将温度源模块的 220V 电源插头插入主控箱面板温度控制系统中的加热输出插座上。

（2）同时温度源中"冷却输入"与主控箱中"冷却开关"连接，同时"风机电源"和主控箱中"2 ~ 24V"电源输出连接（此时电源旋钮打到最大值位置），同时打开温度源开关。

（3）注意：首先根据温控仪表型号，仔细阅读"温控仪表操作说明"，（见附录一）学会基本参数设定（出厂时已设定完毕）。

（4）选择控制方式为内控方式，将热电偶插入模块加热源的一个传感器安置孔中（对应温度控制仪表中参数 K 型 Sn 为 0，或 E 型 Sn 为 4）。将热电偶自由端引线插入温度源模块上的传感器插孔中，红线为正极，它们的热电势值不同，从热电偶分度表中可以判别 K 型和 E 型（E 型热电势大）热电偶。

（5）Cu50 热电阻加热端插入加热源的另一个插孔中，尾部红色线为正端，插入实验模块的 a 端，见图 10-11，另一端插入 b 孔上，a 端接电源 +4V，b 端与差动运算放大器的一端相接，桥路的另一端和差动运算放大器的另一端相接。

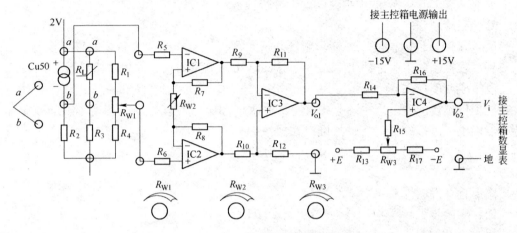

图 10-11　热电阻测温电路图

（6）合上内控选择开关，设定温度控制值为 40℃，当温度控制在 40℃时开始记录电压表读数，重新设定温度值为 40℃ + $n\Delta t$，建议 $\Delta t = 5$℃，$n = 1$，2，…，10，每隔 Δt 读出数显表输出电压与温度值。记下数显表上的读数，填入表 10-8。

表 10-8　热电阻与温度数据

$T/℃$									
V/mV									

（二）热电偶测温

（1）重复热电阻测温中的（1）~（4）步操作。

（2）将 E 型热电偶自由端接入温控模块上标有热电偶符号的 a、b 孔上，参见图 10-11，热电偶自由端连线中带红色套管或红色斜线的一条为正端。

（3）将 R_5、R_6 端接地，打开主控箱电源开关，将 V_{o2} 与数显表单元上的 V_i 相接。调 R_{W3} 使数显表显示零位，设定温控模块仪表控制温度值 $T = 40$℃。

（4）去掉 R_5、R_6 接地线，将 a、b 端与放大器 R_5、R_6 相接，并把 b 端与地相接，观察温控仪指示的温度值，当温度控制在 40℃时，调 R_{W2}，对照分度表将信号放大到比分度值大 10 倍的指示值以便读数，并记录下读数。

（5）重新设定温度值为 40℃ + $n\Delta t$，建议 $\Delta t = 5$℃，$n = 1$，…，10，每隔 Δt 读出数显表输出电压与温度值，并记入表 10-9。

（6）根据表 10-9 计算非线性误差。

表 10-9　E 型热电偶电势（经放大）与温度数据

$T/℃$								
V/mV								

10.2.5　实验 5　虚拟温度计的设计

一、实验目的

了解基于 LabVIEW 的虚拟仪器的设计过程。

二、实验原理

LabVIEW 软件内置信号采集、测量分析与数据显示功能，从简单的仪器控制、数据采集到过程控制和工业自动化系统，应用 LabVIEW 开发的程序称为虚拟仪器。

设集成温度传感器的灵敏度为 10mV/K，输出电压正比于绝对温度。采用"液罐"控件来模拟传感器的输出，并设定被测量介质温度范围，通过调节液罐中液体的多少来模拟传感器输出。虚拟的温度传感器可以在摄氏温标和华氏温标之间切换，换算公式为 $F = (C×9/5) +32$，式中，F 为华氏温度，C 为摄氏温度。

三、实验工具

图形化开发软件 LabVIEW。

四、实验步骤

（1）首先设计前面板，操作步骤如下。

1）启动 LabVIEW，打开启动界面，在"文件"菜单下，单击"新建"下的"VI"。

2）前面板窗口打开控件选项板：执行"查看""控件选板"菜单命令。

3）打开"经典""经典布尔"如图 10-12 所示。

4）放置"布尔"型的水平开关按钮：找出"水平开关"，在前面板设计区单击鼠标左键。双击文本标签"布尔"修改为"温标选择"，在水平开关按钮"假"的位置，放置文本字符串并编辑"摄氏"，"真"的位置编辑"华氏"，如图 10-13 所示。

5）放置和编辑"液罐"控件：从"控件选板"选项板中，选择"新式"选项板下的"数值"子选项板中的"液罐"控件，如图 10-14 所示。修改标签为"传感器电压输出：mV"。最大标尺为 4000，最小标尺为 2500。右键执行"显示项""数值显示"命令，允许数字显示油罐中液体的多少。修改后的液罐控件如图 10-15 所示。

6）从"控件选板""新式""数值"选项板下选择"温度计"控件，放置到前面板上，修改温度计的最大标尺为 250，修改后的温度计如图 10-15 所示。

（2）程序框图设计。设计完前面板后，执行"窗口""显示程序框图"菜单命令，切换到程序框图设计窗口下，自动生成了与前面板上放置的控件相对应的节点对象。

1）执行"查看""函数选板"菜单命令，打开"函数""编程""数值"选项板，选择"数值常量控件" 123 ，放置到程序框图设计区。

2）因为传感器的灵敏度为 10mV/K，所以传感器的输出与摄氏温标之间存在关系式：$T = S/10 - 273.16$，式中，S 为传感器输出，T 为待测温度，修改数值常量为"10"。

3）在"数值"子选项板中选择函数"除"节点对象，"减"节点对象和数值常量"273.16"放置到程序框图设计区适当的范围。

图 10 - 12　经典选项板的选择

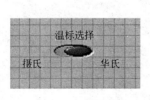

图 10 - 13　修改后的水平开关按钮

图 10 - 14　放置"液罐"控件

4）单击"工具"选项板上的■按钮，进入连线状态，按图 10 - 16 所示进行连线。

5）从"函数"选项板的"编程""结构"子选项板节点对象中选择"条件结构"节点，拖动光标形成适当大小的方框后释放，如图 10 - 17 所示。

6）首先设计条件为"真"时的条件结构的通道。在条件"真"设计下，要在如图 10 - 18 所示的条件结构内实现公式：$F = (C \times 9/5) + 32$，式中，F 为华氏温度，C 为摄氏温度，其中摄氏温度为输入量。所以按照如图 10 - 18 所示进行程序框图的设计和连线。

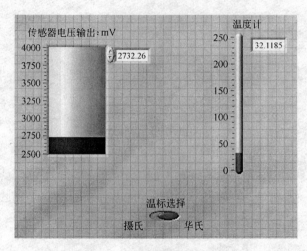

图 10-15　前面板的设计

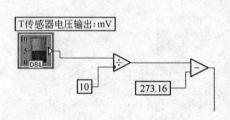

图 10-16　除法函数和减法函数的连接

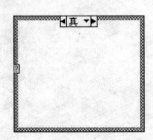

图 10-17　条件结构节点的放置

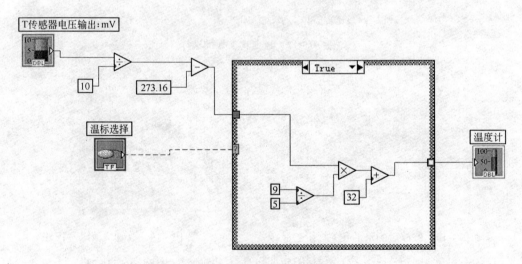

图 10-18　条件"真"通道的设计

7）转换到条件"假"的通道，由于在条件"假"时，减法函数输出即为摄氏温度，按图 10-19 所示进行连线，即可完成对虚拟温度的程序框图设计。

8）切换到前面板设计窗口，单击工具栏上连续运行程序按钮，开始调试程序。通过调整液罐内液体的体积，以模拟传感器的输出电压的高低，同时拨动水平开关按钮，改变温度计的温标选择，对设计的虚拟温度计进行测试。测试过程如图 10-20 所示。

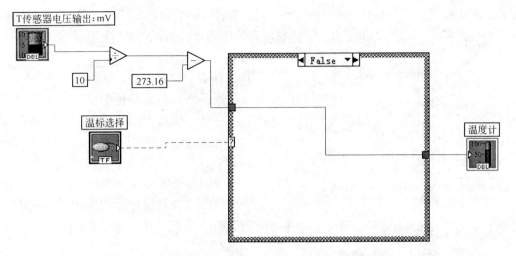

图 10-19 条件"假"通道的设计

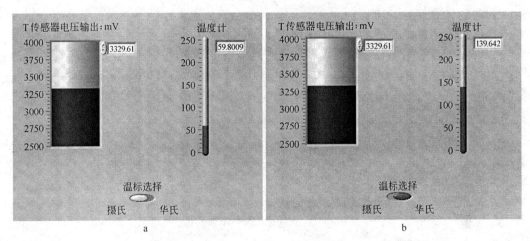

图 10-20 虚拟温度计的测试

a—摄氏温度的显示测试；b—华氏温度的显示测试

9）单击工具栏上 ⊙ 按钮，结束调试。

10）保存 VI：执行"文件""保存"菜单命令。

10.3 系 统 设 计

10.3.1 智能小车系统设计

10.3.1.1 设计要求

设计一个自动往返于起点和终点之间的小车，跑道表面为白色，两侧有挡板。要求小车能自动从起点出发向终点前进，一路过程中，如果运行方向出现偏差，能自动调整方向，保证正常运行，并且要求显示运行过程中的速度。

10.3.1.2 参考方案

设计采用单片机作为自动往返小车的控制核心，控制小车的启停、速度、位置等，在设计过程中可采用光电传感器检测标志线，超声波传感器可检测小车的位置，开关式霍尔传感器可检测小车的速度和距离，这样利用多种传感器，结合单片机来保证完成要求。系统框图如图 10 - 21 所示。

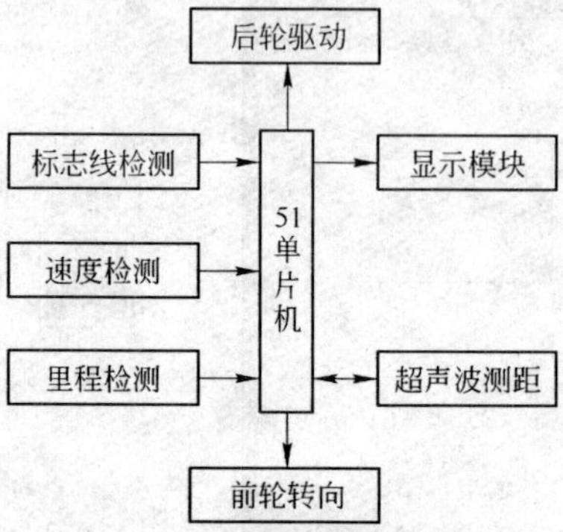

（1）控制核心。控制核心选用熟悉的 51 单片机，利用多种传感器检测到的信号传给单片机，单片机对信号进行分析判断，从而发出执行指令，让转向电机调整角度，让驱动电机旋转，带动小车前行。

（2）执行部件。执行部件用电机实现，可分为驱动部件和方向控制部件。如果方向控制部件选择步进式电机，能比较方便控制前轮转向的角度，便于实现小车方向的准确控制。

（3）检测部分。

图 10 - 21　智能小车系统框图

1）检测标志线。采用红外线光电反射传感器，通过检测到白色和黑色两种不同颜色，产生高低不同的电平，将检测信号发给单片机，然后单片机对信号进行分析，从而实现小车的加速、减速、刹车、倒车等状态控制。

2）检测里程。采用霍尔传感器，使用时只需要在车轮上安装一个小的磁铁。小车行驶过程中，霍尔传感器通过粘贴在车轮上的磁块对转动圈数进行检测，每转动一周产生一个低脉冲，通过单片机计数可得到脉冲个数，这样可得小车转动圈数即得到转速，再根据车轮周长可计算出小车前进或后退的距离。

3）检测位置。采用超声波传感器，超声波传感器可以给单片机提供精确的位置信号。单片机根据发射和接收到的超声波的时间差来判断小车离挡板的距离，根据这个距离再发出转向调整控制，实现小车的正常运行。

10.3.2　烤箱温度控制系统设计

10.3.2.1　设计要求

要求检测 10 ~ 90℃，温度检测精度 ± 0.5℃，当温度超过设定值时驱动电机启动风门，并进行报警。

10.3.2.2　参考方案

系统可采用 51 单片机为控制核心，温度传感器作为检测部件，实现系统设计，如图 10 - 22 所示。

根据系统要求的测量范围和测量精度可选择热电阻式传感器作为测温传感器。为了保证精度，测量电路上采用三

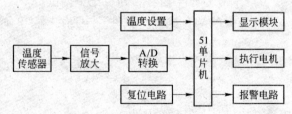

图 10 - 22　温度控制系统框图

线制的连接方法，补偿由导线引起的误差，放大电路选用高精度的放大器。然后信号再经过 A/D 转换电路（如 AD0809 等）得到数字信号输给单片机。

温度标准值可通过温度设置按钮设定，当检测到温度信号超过标准温度后，单片机控制电机运行带动风门打开，进行降温，同时发出蜂鸣报警。

附　录

附录 A　模拟试题

一、填空题（本大题共 7 小题，每空 2 分，共 30 分）

1. 检测系统在输入量由小增大和由大减小的测试过程中，对于同一个输入量所得到的两个数值不同的输出量，造成_____误差。传感器的灵敏度是指稳态标准条件下，_____与_____的比值。

2. 系统实现动态检测不失真的条件是_____、_____。

3. 热电式传感器中，能将温度变化转换为电阻的称为_____，能将温度变化转换为电势的称为_____，其中_____式传感器在应用时需要做温度补偿（冷端补偿）。

4. 空气介质变隙式电容传感器中，提高灵敏度和减少非线性误差是矛盾的，为此实际中大都采用_____式电容传感器。

5. 利用电涡流位移传感器测量转速时，被测轴齿盘的材料必须是_____。

6. 磁电式传感器是利用_____产生感应电势的。而霍尔式传感器为_____在磁场中有电磁效应（霍尔效应）而输出电势的。

7. 光电效应分为_____和_____两大类。光纤的结构核心是由_____构成的双层同心圆柱结构。

二、选择题（本大题共 8 小题，每小题 2 分，共 16 分）

1. 若两个应变量变化完全相同的应变片接入测量电桥的相对桥臂，则电桥的输出将（　　）。
   A. 增大　　　　　B. 减小　　　　　C. 不变　　　　　D. 可能增大，也可能减小

2. 变面积式自感传感器，当衔铁移动使磁路中空气缝隙的面积增大时，铁芯上线圈的电感量（　　）。
   A. 减小　　　　　B. 增大　　　　　C. 不变　　　　　D. 不确定

3. 应变式传感器用电桥做转换电路，理论上电桥输出带有非线性误差的是（　　）。
   A. 单臂电桥　　　B. 半桥　　　　　C. 全桥　　　　　D. 半桥和全桥

4. 平行极板电容传感器的输入被测量与输出电容值之间的关系中，（　　）是非线性的关系。
   A. 变面积型　　　B. 变极距型　　　C. 变介电常数型

5. 为了减小非线性误差，采用差动变隙式电感传感器，其灵敏度和单线圈式传感器相比，（　　）。
   A. 降低两倍　　　B. 降低一倍　　　C. 提高两倍　　　D. 提高一倍

6. 对热电偶传感器，形成热电势的必要条件是：（　　　）。

A. 两导体材料不同，节点温度不同

B. 两导体材料相同，节点温度不同

C. 两导体材料不同，节点温度相同

D. 两导体材料相同，节点温度相同

7. 压电传感器的等效电路，（　　　）。

A. 可等效电压源，不可等效电荷源

B. 不可等效电压源，可等效电荷源

C. 不可等效电压源，也不可等效电荷源

D. 可等效电压源，也可等效电荷源

8. 不属于自感型电感传感器的是（　　　）。

A. 变间隙式　　　B. 变面积式　　　C. 低频透射式　　　D. 螺管式

三、简答题（本大题共 3 小题，每小题 8 分，共 24 分）

1. 采用应变片测量质量。测量电路如果用单臂、半桥两种桥路，说明各桥路之间测量灵敏度的关系。（8 分）

2. 如图所示平板式电容位移传感器。已知极板尺寸 $a = b = 4mm$，间隙 $d_0 = 0.5mm$，极板间介质为空气（$\varepsilon_0 = 8.85 \times 10^{-12} F/m$）。

求：（1）初始电容量；（4 分）

（2）沿横向 x 移动 1mm 时的电容变化量。（4 分）

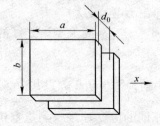

3. 下图为转轴的转速测量示意图，测得频率 $f = 10Hz$，求该转轴的转速。（8 分）

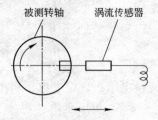

被测转轴　　　涡流传感器

四、分析题（本大题共 2 小题，每小题 15 分，共 30 分）

1. 一冶炼系统由 K 型热电偶测温。已知冷端环境温度为 30℃，此时测到的热电势为 33.3mV，（1）简述"热电效应"；（2）热电偶一般采用的温度补偿方法有哪些？（3）求真实的被测温度。（15 分）

附：K 型热电偶输出热电势（mV）

温度/℃	0	10	20	30	40	50	60	70
	热电势/mV							
0	0	0.40	0.80	1.20	1.61	2.02	2.44	2.85
800	33.28	33.69	34.10	34.50	34.91	35.31	35.72	36.12

2. 设计一个位移检测系统，说明传感器类型，测量框图及转换原理。（15分）

附录 B　模拟试题及习题参考答案

模拟试题参考答案

一、填空

1. 回程误差；输出变量；输入变量

2. 幅频特性是常数；相频特性是一条直线

3. 热电阻；热电偶；热电偶

4. 差动型

5. 金属

6. 电磁感应；半导体

7. 内光电效应；外光电效应；纤芯和包层

二、选择题

1. A　2. B　3. A　4. B　5. D　6. A　7. D　8. C

三、简答题

1. 解：单臂 $K_1 = 0.25 E(\Delta R/R)$

　　　半桥 $K_2 = 0.5 E(\Delta R/R)$

2. 解：（1）$\varepsilon_0 = 8.85 \times 10^{-12} \text{F/m}$

$$C_0 = \frac{\varepsilon_0 S}{d} = \frac{8.85 \times 10^{-12} \times 16 \times 10^{-6}}{0.5 \times 10^{-3}} = 0.284 \text{pF}$$

（2）电容变化量为 $= 0.07 \text{pF}$

3. 解：$n = 60 f/Z = 600 \text{r/s}$

四、分析题

1.（1）热电效应—两种不同的导体或半导体形成闭路，其两个节点分别置于不同温度的热源中，则该回路会产生热电动势。

（2）热电偶一般采用的温度补偿方法有：冷端温度补偿法，电桥补偿法，计算校正法等。

（3）求真实的被测温度。

由热电偶的测温原理可得：$E(T, 0) = E(T, T_0) + E(T_0, 0)$

即：$E(T, 0) = E(T, 30) + E(30, 0) = 33.3 + 1.20 = 34.5 \text{mV}$

查表：得 $T = 830℃$

2. 无固定答案，合理的均可。

习题参考答案

第 2 章

2-1 传感器是检测系统的第一个环节，主要作用是将感知的被测量按一定规律转化为某一种量值输出。传感器与检测技术的应用广泛，如应用在家电产品、工农业生产、医学领域，交通、灾害预测预防等领域。

2-2 传感器一般由敏感单元、转换单元和测量电路组成。敏感单元能直接感受被测量的变化，并输出与被测量有确定关系的某一物理量。转换单元能将敏感元件输出的物理量转换成适于传输或测量的电信号。测量电路能将转换单元输出的电信号进一步转换和处理。

2-3 传感器的静态特性是指当被测量的值处于稳定状态时的输入输出关系。只考虑传感器的静态特性时，输入量与输出量之间的关系式中不含有时间变量。衡量静态特性的主要指标有线性度、灵敏度、迟滞和漂移等。

传感器的动态特性是指输入量随时间作快速变化时，系统的输出随输入而变化的关系。通常是根据不同输入信号的变化规律来考察传感器响应的。最常用的标准输入信号有阶跃信号和正弦信号两种，与此对应的方法有阶跃响应法和频率响应法。

2-4 动态测量不失真的条件是系统的幅频特性曲线应当是一条平行于 ω 轴的直线，系统的相频特性曲线应是与水平坐标重合的直线或是一条通过坐标原点的斜直线。

2-5 灵敏度 $S = \dfrac{\Delta y}{\Delta x} = \dfrac{200\,\text{mV}}{5\,\text{mm}} = 40\,\text{mV/mm}$

2-6 系统的灵敏度 $S = S_1 \times S_2 \times S_3 = 0.2 \times 2.0 \times 5.0 = 2.0\,\text{mm/C}$

2-7 分析：仪表选型首先考虑量程，然后再考虑精度问题。本题中的量程相同，只用考虑精度。精度等级是去掉最大引用误差的"±"和"%"的值。选择仪表的精度等级时，仪表的允许误差应该小于或等于工艺上所允许的最大引用误差。

三台量程均为 800℃ 的温度仪表的相对误差分别为：

$$\delta_{2.5} = \frac{\Delta_{2.5}}{L} = \frac{800 \times 2.5\%}{500} = 3.4\% > 2.5\%$$

$$\delta_{2.0} = \frac{\Delta_{2.0}}{L} = \frac{800 \times 2.0\%}{500} = 3.2\% > 2.5\%$$

$$\delta_{1.5} = \frac{\Delta_{1.5}}{L} = \frac{800 \times 1.5\%}{500} = 2.4\% < 2.5\%$$

故应该选择精度等级 1.5 级的温度仪表。

2-8 分析：单位阶跃响应为：系统输出 $Y(t) = A(1 - e^{-\frac{t}{T}}) + C$，$t = 0$，$t$ 趋于无穷时，$t = 5\text{s}$ 时，得到输出表达式，从而得出时间常数 T。

2-9 测量系统是具有对被测对象的特征量进行检测、传输、处理及显示等功能的系统，是传感器、变送器和其他变换装置等的有机组合。测量系统可分为开环测量系统和闭环测量系统。根据获得测量值的方法还可分为直接测量、间接测量和组合测量；根据测量方式还可分为偏差式测量、零位式测量与微差式测量等。

2-10　测量误差的表示方法有绝对误差、相对误差、引用误差、基本误差和附加误差。

第3章

3-1　弹性元件利用各自的结构特点、不同的制造材料和变形来完成不同的功能。弹性元件按照受力变形可分为：拉伸弹簧、压缩弹簧、扭转弹簧和弯曲弹簧；按照几何形状可分为：片簧、螺旋弹簧、蜗卷弹簧、蝶形弹簧和环形弹簧；在电气开关和仪器仪表中使用的有热敏双金属片簧、膜片、膜盒、弹簧管、波纹管、张丝等。

3-2　常用的电阻应变片可分为两类：金属电阻应变片和半导体电阻应变片。半导体应变片是用半导体材料制成的，半导体应变片的突出优点是灵敏度高，比金属丝式应变片高50~80倍，尺寸小，横向效应小，动态响应好，但温度稳定性不如金属丝式应变片好。

3-3　根据半桥和全桥的输入输出关系，可得：

（1）半桥输出电压：$U_o = \dfrac{\Delta R}{2R_0}U_i = \dfrac{0.5}{2 \times 60} \times 12 = 0.05 \text{V}$

（2）全桥输出电压：$U_o = \dfrac{\Delta R}{R_0}U_i = \dfrac{0.5}{60} \times 12 = 0.1 \text{V}$

3-4　电桥为输出对称电路，$U_o = K \dfrac{\varepsilon}{2} U_i = 2 \times \dfrac{5000 \times 10^{-6}}{2} \times 3 = 15 \text{mV}$

3-5　单臂时，$U_o = K \dfrac{\varepsilon}{4} U_i$

应变为1时，$U_o = K \dfrac{\varepsilon}{4} U_i = \dfrac{4 \times 2 \times 10^{-6}}{4} = 2 \times 10^{-6} \text{V}$

应变为1000时，$U_o = K \dfrac{\varepsilon}{4} U_i = \dfrac{4 \times 2 \times 10^{-3}}{4} = 2 \times 10^{-3} \text{V}$

同理根据双臂时 $U_o = K \dfrac{\varepsilon}{2} U_i$，全桥时 $U_o = K\varepsilon U_i$，可分析得知，单臂最低，双臂时为单臂的两倍，全桥最高。

3-6　电阻应变片的温度误差是由于敏感栅温度系数、栅丝与试件膨胀系数之间的差异而给测量带来的附加误差，一般当现场的环境温度变化时会出现这种温度误差。可以从敏感栅温度系数和线膨胀系数两方面考虑对温度误差的影响。

3-7　电容式传感器能将被测量参数转换为电容参数，通常由一个或几个电容器组成。电容式传感器可分为变极距型、变面积型和变介电常数型三种类型。变间隙型电容传感器的极板间可采用高介电常数的材料作介质。这样可大大减小极板间的起始距离而不容易击穿，同时传感器的输出特性的线性度得到改善。另外可以采用差动式结构来改善线性。

3-8　$u_o = \dfrac{\Delta C}{C_0} u_i = \dfrac{\Delta x}{a} u_i = \dfrac{5}{20} \times 3\sin \omega t = 750\sin \omega t \quad \text{mV}$

3-9　（1）根据变极板型电容传感器特点可知：$\Delta C = \dfrac{\varepsilon_0 \varepsilon_r S \Delta d}{d_0^2}$

$$\Delta C = \frac{\varepsilon_0 \varepsilon_r \pi r^2 \Delta d}{d_0^2}$$

$$= \frac{1 \times 8.85 \times 10^{-2} \times \pi \times (4 \times 10^{-3})^2 \times 1 \times 10^{-6}}{(0.3 \times 10^{-3})^2}$$

$$= 4.94 \times 10^{-5} \mathrm{F} = 4.94 \times 10^{-3} \mathrm{pF}$$

（2）仪表指示值变化为：$\Delta C = 4.94 \times 10^{-3} \times 100 \times 5 = 2.47$ 格

3 – 10 变磁阻式传感器是基于电感线圈的自感变化来检测被测量的变化，从而实现位移、压强、荷重、液位等参数的测量，由线圈、铁芯和衔铁三部分组成，当衔铁移动时，气隙厚度 δ 发生改变，引起磁路中磁阻变化，从而导致电感线圈的电感值变化，因此只要能测出这种电感量的变化，就能确定衔铁位移量的大小和方向。

3 – 11 由于铁芯磁阻相比空气隙磁阻是很小的，可以忽略，因此根据可变磁阻式传感器的特点，可得灵敏度为：

$$S = \frac{\Delta L}{\Delta d} = \frac{N^2 \mu_0 S_0}{2d^2} = \frac{2000^2 \times 4\pi \times 10^{-7} \times 1 \times 10^{-4}}{2 \times (0.4 \times 10^{-2})^2} = 15.7 \mathrm{H/m}$$

若改为差动结构，则电感一个增加，一个减小：

$$L_1 = \frac{N^2 \mu_0 S_0}{2(d + \Delta d)} = \frac{2000^2 \times 4\pi \times 10^{-7} \times 1 \times 10^{-4}}{2 \times (0.4 + 0.1) \times 10^{-2}} = 0.201 \mathrm{H}$$

$$L_2 = \frac{N^2 \mu_0 S_0}{2(d - \Delta d)} = \frac{2000^2 \times 4\pi \times 10^{-7} \times 1 \times 10^{-4}}{2 \times (0.4 - 0.1) \times 10^{-2}} = 0.335 \mathrm{H}$$

则差动结构的灵敏度为：$S' = \dfrac{\Delta L}{\Delta d} = \dfrac{L_2 - L_1}{\Delta d} = \dfrac{0.335 - 0.201}{0.1 \times 10^{-2}} = 134 \mathrm{H/m}$

3 – 12 差动变压器在零位移时的输出电压称为零点残余电压，它的存在造成传感器的实际特性与理论特性不完全一致。零点残余电压主要是由传感器的两次级绕组的电气参数与几何尺寸不对称，以及磁性材料的非线性等问题引起的，在实际使用时应尽量减小这些非线性等因素。

3 – 13 变压器式传感器是根据变压器的基本原理制成的，并且次级绕组通常都用差动形式连接，故又称为差动变压器式传感器，能把被测的非电量变化转换为线圈互感量变化。

差动变压器结构形式较多，有变隙式、变面积式和螺线管式等，但工作原理相似。非电量测量中，应用最多的是螺线管式差动变压器，它可以测量 $1 \sim 100 \mathrm{mm}$ 范围内的机械位移，并具有测量精度高，灵敏度高，结构简单，性能可靠等优点。

3 – 14 差动变压器随衔铁的位移而输出的是交流电压，若用交流电压表测量，只能反映衔铁位移的大小，而不能反映移动方向。相敏检波电路能辨别移动方向及消除零点残余电压。相敏检波电路输出电压的变化规律反映了被测位移量的变化规律。

3 – 15 根据法拉第电磁感应原理，块状金属导体置于变化的磁场中或在磁场中作切割磁力线运动时，导体内将产生呈涡旋状的感应电流，该电流的流线呈闭合回线，该电流叫电涡流，该现象称为电涡流效应。电涡流式传感器的灵敏度与被测体的电阻率 ρ、相对磁导率 μ 以及几何形状有关，又与线圈几何参数、线圈中激磁电流频率 f 有关，还与线圈和导体间的距离 x 有关。

第 4 章

4-1　压电效应可分为正压电效应和逆压电效应。某些电介质物体在沿一定方向上受到外力的作用而变形时，其内部会产生极化现象，同时在它的两个相对表面上出现正负相反的电荷。当外力去掉后，它又会恢复到不带电的状态，这种现象称为正压电效应。相反，当在电介质的极化方向上施加电场，这些电介质也会发生变形，电场去掉后，电介质的变形随之消失，这种现象称为逆压电效应。在压电式传感器中，为了提高灵敏度，往往采用多片压电芯片构成一个压电组件。使用时压电芯片上须有一定的预紧力，可消除两片压电芯片因接触不良而引起的非线性误差。

4-2　因为需要测量电路具有无限大的输入阻抗，但实际上这是不可能的，所以压电传感器不宜作静态测量，只能在其上加交变力，电荷才能不断得到补充，并给测量电路一定的电流，故压电传感器只能作动态测量。如作用在压电组件上的力是静态力，则电荷会泄漏，无法进行测量，所以压电传感器通常都用来测量动态或瞬态参量。

4-3　压电式传感器本身的阻抗很高，而输出能量较小，为了使压电元件能正常工作，需要接入高输入阻抗的前置放大器，主要作用：一是放大压电元件的微弱电信号；二是把高阻抗输入变换为低阻抗输出。前置放大器有两种形式：一种是电压放大器，其输出电压与输入电压（压电元件的输出电压）成正比；另一种是电荷放大器，其输出电压与输入电荷成正比。

4-4　一块长为 l、宽为 d 的半导体薄片置于磁感应强度为磁场（磁场方向垂直于薄片）中，当有电流 I 流过时，在垂直于电流和磁场的方向上将产生电动势 U_h。这种现象称为霍尔效应。霍尔式传感器在测量技术、自动控制、电磁测量、计算装置以及现代军事技术等领域中得到广泛应用。

4-5　霍尔元件可测量磁场、电流、位移、压力、振动、转速等。霍尔元件的不等位电势是霍尔组件在额定控制电流作用下，在无外加磁场时，两输出电极之间的空载电势，可用输出的电压表示。温度补偿方法：（1）分流电阻法，适用于恒流源供给控制电流的情况。（2）电桥补偿法。

4-6　光电池核心部分是一个 PN 结，一般做成面积较大的薄片状，来接收更多的入射光。硅光电池是在一块 N 型硅片上，用扩散的方法掺入一些 P 型杂质（例如硼）形成 PN 结。硒光电池是在铝片上涂硒，再用溅射的工艺，在硒层上形成半透明的氧化镉，在正反两面喷上低熔合金作为电极。光电池是利用光生伏特效应把光量直接转变成电动势的光电器件，实质上它就是电压源。

4-7　光电池主要有两大类型的应用：一类是将光电池作光伏器件使用，即太阳能电池。另一类是将光电池作光电转换器件应用，这一类光电池需要特殊的制造工艺，主要用于光电检测和自动控制系统中。

4-8　热电动势：两种不同材料的导体（或半导体）A、B 串接成一个闭合回路，并使两个结点处于不同的温度下，那么回路中就会存在热电势。因而有电流产生相应的热电势称为温差电势或塞贝克电势，通称热电势。

接触电动势：接触电动势是由两种不同导体的自由电子，其密度不同而在接触处形成的热电势。它的大小取决于两导体的性质及接触点的温度，而与导体的形状和尺寸无关。

温差电动势：是在同一根导体中，由于两端温度不同而产生的一种电势。参考端温度受周围环境的影响。

措施：（1）0℃恒温法；（2）计算修正法（冷端温度修正法）；（3）仪表机械零点调整法；（4）热电偶补偿法；（5）电桥补偿法；（6）冷端延长线法。

4-9　热电偶测温原理：热电偶的测温原理基于物理的"热电效应"。所谓热电效应，就是当不同材料的导体组成一个闭合回路时，若两个结点的温度不同，那么在回路中将会产生电动势的现象。两点间的温差越大，产生的电动势就越大。引入适当的测量电路测量电动势的大小，就可测得温度的大小。

热电偶三定律：（1）中间导体定律。热电偶测温时，若在回路中插入中间导体，只要中间导体两端的温度相同，则对热电偶回路总的热电势不产生影响。在用热电偶测温时，连接导线及显示一起等均可看成中间导体。

（2）中间温度定律。任何两种均匀材料组成的热电偶，热端为 T，冷端为 T_0 时的热电势等于该热电偶热端为 T 冷端为 T_n 时的热电势与同一热电偶热端为 T_n，冷端为 T_0 时热电势的代数和。应用：对热电偶冷端不为0℃时，可用中间温度定律加以修正。热电偶的长度不够时，可根据中间温度定律选用适当的补偿线路。

（3）参考电极定律。如果 A、B 两种导体（热电极）分别与第三种导体 C（参考电极）组成的热电偶在结点温度为 (T, T_0) 时分别为 $E_{AC}(T, T_0)$，$E_{BC}(T, T_0)$，那么在相同温度下，又 A、B 两热电极配对后的热电势为 $E_{AB}(T, T_0) = E_{AC}(T, T_0) - E_{BC}(T, T_0)$。

实用价值：可大大简化热电偶的选配工作。在实际工作中，只要获得有关热电极与标准铂电极配对的热电势，那么由这两种热电极配对组成热电偶的热电势便可由上式求得，而不需逐个进行测定。

4-10　不对。因为仪表机械零位在0℃与冷端30℃的温度不一致，而仪表刻度是以冷端为0℃刻度的，故此时指示值不是换热器的真实温度。不能用指示温度与冷端温度之和表示实际温度，而要采用热电动势之和计算、查表，得到真实温度 t 值。

$$E(t, 0) = E_{AB}(t, 30℃) + E_{AB}(30℃, 0℃) = (28.943 + 1.801)\text{mV} = 30.744\text{mV}$$

查热电动势表可得到换热器内的正确温度值。

4-11　略。

第 5 章

5-1　光纤的传输原理是基于光的全内反射，光的传输限制在光纤中，当纤芯与界面的光线入射角 φ 应大于临界角 φ_c，这样光线就不会透射出界面而全部反射，呈锯齿状在纤芯向前传播，最后从光纤的另一个端面射出，这就是光纤的传光原理。

5-2　光导纤维简称为光纤，是一种特殊结构的光学纤维，由纤芯和包层组成，光纤传感器具有很多优异的性能，如灵敏度高、响应速度快、耐腐蚀、防燃防爆等，它能够接收人所感受不到的信息，能够在高温区或核辐射区等各种恶劣环境下使用，而且便于与计算机连接，适合远距离输出。

5-3　利用超声波在超声场中的物理特性和各种效应而研制的装置可称为超声波换能器、探测器或传感器。超声波探头按其工作原理可分为压电式、磁致伸缩式、电磁式等，压电式超声波探头是利用压电材料的压电效应来工作的：逆压电效应将高频电振动转换成高频机械振动，从而产生超声波，可作为发射探头；而正压电效应是将超声振动波转换成电信号，可作为接收探头。超声波传感器可以用于测量物位、流速等。

5-4 红外传感器一般由光学系统、探测器、信号调理电路及显示系统等组成。红外探测器是红外传感器的核心，利用红外辐射与物质相互作用所呈现的物理效应来探测红外辐射的。红外探测器种类很多，常见的有热探测器和光子探测器两大类。红外传感器可用于辐射和光谱辐射测量，搜索和跟踪红外目标，红外测距和通信系统等。红外技术在工农业生产、医学、军事、科技研究等领域获得了广泛的应用。

5-5 脉冲回波法测厚度的原理是，厚度是声速与声波传播时间一半的乘积。

$$工件厚度为 \delta = \frac{vt}{2} = \frac{5400 \times 20 \times 10^{-6}}{2} = 0.054\text{m}$$

5-6 智能传感器是引入微处理机并扩展了传感器功能，使之具备人的某些智能特质的新型传感器，通过各种软件功能来模拟人的感官和大脑的协调动作。智能传感器结构可有非集成化和集成化两种形式。非集成化的结构主要由传感器、微处理器及其相关电路组成。集成化的智能传感器采用大规模集成电路工艺技术，将传感器与相应的电路都集成到同一芯片上。

5-7 MEMS传感器是由微传感器、微执行器、信号处理和控制电路、通讯接口和电源等部件组成的一体化的微型器件，把信息的获取、处理和执行集成在一起，组成具有多功能的微型系统，从而大幅度地提高系统的自动化、智能化和可靠性水平。MEMS传感器可提高信噪比，可改善传感器性能，还可以把多个相同的敏感元件集成在同一芯片上形成传感器阵列。

5-8 仿生传感器是采用固定化的细胞、酶或其他生物活性物质与换能器相配合组成传感器。仿生传感器的设计思想一个是敏感机制的仿生，包括敏感材料与敏感原理的仿生设计；另一个是传感器功能的仿生。敏感材料仿生与敏感原理仿生是发展仿生传感器的基础，直接决定了仿生传感器技术的发展。

第6章

6-1 传感器信号放大的目的是得到标准电压、电流信号，以方便对被测信号的后续变换处理与记录。传感信号放大电路的类型很多，有电桥放大电路、仪用放大器、比例放大器、电荷放大器等。

6-2 仪用放大器是一种具有差分输入和单端输出的闭环增益组件，仪用放大器使用与输入端隔离的内部反馈电阻网络，增益设置灵活，可由用户选择电阻来设定。仪用放大器可用作传感器信号的放大，或者作差动小信号的前置放大。

6-3 调制就是利用缓变信号控制高频信号的某个参数（幅值、频率或相位）变化的过程。通过调制可以实现缓变信号的传输，特别是远距离传输，同时可以提高信号传输中的抗干扰能力和信噪比。调制可分为幅值调制（简称调幅AM）、频率调制（简称调频FM）、相位调制（简称调相PM）。

6-4 各分量的频率及振幅为：$f = \pm10000\text{Hz}$，$A_\text{f} = 50$；$f = \pm10500\text{Hz}$，$A_\text{f} = 7.5$；$f = \pm9500\text{Hz}$，$A_\text{f} = 7.5$；$f = \pm11500\text{Hz}$，$A_\text{f} = 5$；$f = \pm8500\text{Hz}$，$A_\text{f} = 5$。

6-5　解调就是对已调波进行鉴别以恢复缓变信号的过程。解调的目的就是恢复所需要的缓变信号。同步解调时调幅波再与高频载波相乘能复原出原信号。

6-6　滤波器是一种选频装置，可以使信号中特定频率成分通过，而极大地衰减其他频率成分，滤波器可分为低通、高通、带通和带阻四种，其中低通滤波器和高通滤波器是滤波器的两种最基本的形式。滤波器的主要指标有截止频率、带宽、品质因数、波纹幅度、倍频程选择、滤波器因数等。

6-7　数字信号处理的一般步骤为信号预处理、模数转换、数字分析及显示等。

6-8　采样间隔的选择很重要，如果采样间隔不合适则可能丢失有用的信息。根据采样结果，就不能分辨出数字序列来自于哪个信号，不同频率的信号的采样结果的混叠，造成了频率混淆。为了避免混叠，以便采样后仍能准确地恢复原信号，采样频率 f_s 必须不小于信号最高频率 f_c 的 2 倍，即 $f_s \geq 2f_c$，这就是采样定理。在实际工作中，一般采样频率应选为被处理信号中最高频率的 3~4 倍以上。

6-9　把采样信号经过舍入或者截尾的方法变为只有有限个有效数字的数，中间产生的误差，称量化误差。

6-10　自相关函数表达了同一过程不同时刻的相互依赖关系。

6-11　互相关函数表示不同过程的某一时刻的相互依赖关系。

第7章

7-1　温度测量方法可分为接触式与非接触式两大类。常见的接触式测温的温度传感器主要有将温度转化为非电量（热膨胀式温度传感器等）和温度转化为电量（热电偶、热电阻等）两大类。非接触式温度传感器按传感器的输入量可分为辐射式温度传感器、亮度式温度传感器和比色温度传感器。

7-2　略。

7-3　位移测量分为模拟式测量和数字式测量两大类。在模拟式测量中，需要采用能将位移量转换为电量的传感器。常见的有电阻式传感器（电位器式和应变式）、电感式传感器（差动电感式和差动变压器式）、电容式传感器（变极距式、变面积式和变介质式）等。数字式测量方法主要是指将直线位移或角位移转换为脉冲信号输出的测量方法。常用的转换装置有感应同步器（直线形、圆形）、旋转变压器、磁尺（带状、线状、圆形）、光栅（直线形、圆形）和各种脉冲编码器等。

此外，根据传感器原理和使用方法的不同，位移测量可分为接触式测量和非接触式测量两种方式。根据作用机理的不同还可分为主动式测量和被动式测量等方式。

7-4　光栅式位移传感器（计量光栅）作为一个完整的测量装置包括光电转换装置（光栅读数头）、光栅数显表两大部分。光栅读数头利用光栅原理把输入量（位移量）转换成相应的电信号；光栅数显表是实现细分、辨向和显示功能的电子系统。

测量过程：由于主光栅和指示光栅之间的透光和遮光效应，形成莫尔条纹，当两块光栅相对移动时，便可接收到周期性变化的光通量。由光敏晶体管接收到的原始信号经差分放大器放大、移相电路分相、整形电路整形、辨向电路辨向、倍频电路细分后进入可逆计数器计数，由显示器显示读出。

7-5　按测量原理可分为模拟法、计数法和同步法；按变换方式又可分为机械式、电气式、光电式和频闪式等。转速的测量方法及其特点参看正文表 7 - 3。

7 - 6　例如磁电式转速传感器，永磁体通过软铁与齿形铁芯构成磁路，若改变磁阻的大小，则磁通量随之改变。为了使气隙变化，在待测轴上装一个由软磁材料做成的齿盘。当待测轴转动时，齿盘也跟随转动，齿盘中的齿和齿隙交替通过永久磁铁的磁场，从而不断改变磁路的磁阻，使铁芯中的磁通量发生突变，在线圈内产生一个脉冲电动势，其频率跟待测转轴的转速成正比。

7 - 7　直读式、压力式、浮力式、电学式、声学式、光学式、核辐射式、其他形式（有微波式、激光式、射流式、光纤式等）。

7 - 8　电接点式：利用液体的导电性来测量液位，如锅炉的水位测量和控制。

浮子式液位计：利用浮子浮力的变化来进行液位的测量。

压力式：利用液体静压力的原理来测量，如差压式、吹气式等。

电容式：利用两个导体电极间的流体变化而导致静电容的变化来测量液位。

超声波式：向测量液面发射一束超声波，被其反射后，传感器再接收此反射波。如声速一定，则根据声波往返的时间就可以计算液面的高度。

激光式：是一种性能优良的非接触式高精度液位传感器，工作原理与超声波式相同，只是把超声波换成光波。

第 8 章

8 - 1　现代检测系统一般包括软件和硬件两大部分。硬件部分主要是由传感器、数据采集系统、微处理器、输入输出接口等部分组成。软件部分除了具有必要的计算机操作系统软件外，主要包含有信号的采集、处理与分析等功能模块软件。系统检测到现场各参数后，根据设定值与检测值的偏差经特定的控制算法运算处理后输出模拟量或数字量，在经放大后驱动执行机构改变被控参量。

8 - 2　略。

8 - 3　传感器信息融合又称数据融合，它是对多种信息的获取、表示及其内在联系进行综合处理和优化的技术，传感器信息融合技术从多信息的视角进行处理及综合，得到各种信息的内在联系和规律，从而剔除无用的和错误的信息，保留有用的成分，最终实现信息的优化。

传感器信息融合技术分为 4 类：组合、综合、融合、相关。传感器信息融合方法有：嵌入约束法、证据组合法、人工神经网络法。

8 - 4　多传感器信息融合技术的应用领域大致分为军事应用和民事应用两大类。军事应用是多传感器信息融合技术诞生的源泉，具体应用包括海洋监视系统，空对空或地对空防御系统，战场情报、战略预警和防御系统。在民事应用领域，主要用于智能交通、环境监测、医疗诊断、遥感等领域。

8 - 5　虚拟仪器是在以计算机为核心的硬件平台上，由用户设计定义具有虚拟面板，其测试功能由测试软件实现的一种计算机仪器系统。

虚拟仪器系统是由计算机、测控功能硬件（仪器硬件）和应用软件三大要素构成的。虚拟仪器与传统仪器相比，具有以下特点：（1）虚拟仪器凭借计算机强大的硬件资源；（2）由软件取代传统仪器中的硬件来完成仪器的功能；（3）增加了系统灵活性；（4）节省了物质资源；（5）研制周期大为缩短；（6）可与网络及其周围设备互联。

　　8–6　VI 包括三个部分：程序前面板、框图程序和图标/连接器。因此，一个 VI 程序的设计主要包括前面板的设计、框图程序设计以及程序的调试。

　　VI 程序设计的一般方法：（1）前面板的设计，根据实际中的仪器面板以及该仪器所能实现的功能来设计前面板。（2）框图程序设计，框图程序用 LabVIEW 图形编程语言编写，主要是针对节点、数据端口和连线的设计。（3）程序的调试，排除程序执行过程中可能遇到的错误。

附录 C PT100 分度表

温度/℃	0	1	2	3	4	5	6	7	8	9
	电阻值/Ω									
0	100	100.39	100.78	101.17	101.56	101.95	102.34	102.73	103.12	103.51
10	103.90	104.29	104.68	105.07	105.46	105.85	106.24	106.63	107.02	107.40
20	107.79	108.18	108.57	108.96	109.35	109.73	110.12	110.51	110.90	111.29
30	111.67	112.06	112.45	112.83	113.22	113.61	114.00	114.38	114.77	115.15
40	115.54	115.93	116.31	116.70	117.08	117.47	117.86	118.24	118.63	119.01
50	119.40	119.78	120.17	120.55	120.94	121.32	121.71	122.09	122.47	122.86
60	123.24	123.63	124.01	124.39	124.78	125.16	125.54	125.93	126.31	126.69
70	127.08	127.46	127.84	128.22	128.61	128.99	129.37	129.75	130.13	130.52
80	130.90	131.28	131.66	132.04	132.42	132.80	133.18	133.57	133.95	134.33
90	134.71	135.09	135.47	135.85	136.23	136.61	136.99	137.37	137.75	138.13
100	138.51	138.88	139.26	139.64	140.02	140.40	140.78	141.16	141.54	141.91
110	142.29	142.67	143.05	143.43	143.80	144.18	144.56	144.94	145.31	145.69
120	146.07	146.44	146.82	147.20	147.57	147.95	148.33	148.70	149.08	149.46
130	149.83	150.21	150.58	150.96	151.33	151.71	152.08	152.46	152.83	153.21
140	153.58	153.96	154.33	154.71	155.08	155.46	155.83	156.20	156.58	156.95
150	157.33	157.70	158.07	158.45	158.82	159.19	159.56	159.94	160.31	160.68
160	161.05	161.43	161.80	162.17	162.54	162.91	163.29	163.66	164.03	164.40
170	164.77	165.14	165.51	165.89	166.26	166.63	167.00	167.37	167.74	168.11
180	168.48	168.85	169.22	169.59	169.96	170.33	170.70	171.07	171.43	171.80
190	172.17	172.54	172.91	173.28	173.65	174.02	174.38	174.75	175.12	175.49
200	175.86	176.22	176.59	176.96	177.33	177.69	178.06	178.43	178.79	179.16
210	179.53	179.89	180.26	180.63	180.99	181.36	181.72	182.09	182.46	182.82
220	183.19	183.55	183.92	184.28	184.65	185.01	185.38	185.74	186.11	186.47
230	186.84	187.20	187.56	187.93	188.29	188.66	189.02	189.38	189.75	190.11
240	190.47	190.84	191.20	191.56	191.92	192.29	192.65	193.01	193.37	193.74
250	194.10	194.46	194.82	195.18	195.55	195.91	196.27	196.63	196.99	197.35
260	197.71	198.07	198.45	198.79	199.15	199.51	199.87	200.23	200.59	200.95
270	201.31	201.67	202.03	202.39	202.75	203.11	203.47	203.83	204.19	204.55
280	204.90	205.26	205.62	205.98	206.34	206.70	207.05	207.41	207.77	208.13
290	208.48	208.84	209.20	209.56	209.91	210.27	210.63	210.98	211.34	211.70
300	212.05	212.41	212.76	213.12	213.48	213.83	214.19	214.54	214.90	215.25
310	215.61	215.96	216.32	216.67	217.03	217.38	217.74	218.09	218.44	218.80
320	219.15	219.51	219.86	220.21	220.57	220.92	221.27	221.63	221.98	222.33

（续）

温度 /℃	0	1	2	3	4	5	6	7	8	9
	电阻值/Ω									
330	222.68	223.04	223.39	223.74	224.09	224.45	224.80	225.15	225.50	225.85
340	226.21	226.56	226.91	227.26	227.61	227.96	228.31	228.66	229.02	229.37
350	229.72	230.07	230.42	230.77	231.12	231.47	231.82	232.17	232.52	232.87
360	233.21	233.56	233.91	234.26	234.61	234.96	235.31	235.66	236.00	236.35
370	236.70	237.05	237.40	237.74	238.09	238.44	238.79	239.13	239.48	239.83
380	240.18	240.52	240.87	241.22	214.56	241.91	242.26	242.60	242.95	243.29
390	243.64	243.99	244.33	244.68	245.02	245.37	245.71	246.06	246.40	246.75
400	247.09	247.44	247.78	248.13	248.47	248.81	249.16	249.50	249.85	250.19
410	250.53	250.88	251.22	251.56	251.91	252.25	252.59	252.93	253.28	253.62
420	253.96	254.30	254.65	254.99	255.33	255.67	256.01	256.35	256.70	257.04
430	257.38	257.72	258.06	258.40	258.74	259.08	259.42	259.76	260.10	260.44
440	260.78	261.12	261.46	261.80	262.14	262.48	262.82	263.16	263.50	263.84
450	264.18	264.52	264.86	265.20	265.53	265.87	266.21	266.55	266.89	267.22
460	267.56	267.90	268.24	268.57	268.91	269.25	269.59	269.92	270.26	270.60
470	270.93	271.27	271.61	271.94	272.28	272.61	272.95	273.29	273.62	273.96
480	274.29	274.63	274.96	275.30	275.63	275.97	276.30	276.64	276.97	277.31
490	277.64	277.98	278.31	278.64	278.98	279.31	279.64	279.98	280.31	280.64
500	280.98	281.31	281.64	281.98	282.31	282.64	282.97	283.31	283.64	283.97
510	284.30	284.63	284.97	285.30	285.63	285.96	286.29	286.62	286.85	287.29
520	287.62	287.95	288.28	288.61	288.94	289.27	289.60	289.93	290.26	290.59
530	290.92	291.25	291.58	291.91	292.24	292.56	292.89	293.22	293.55	293.88
540	294.21	294.54	294.86	295.19	295.52	295.85	296.18	296.50	296.83	297.16
550	297.49	297.81	298.14	298.47	298.80	299.12	299.45	299.78	300.10	300.43
560	300.75	301.08	301.41	301.73	302.06	302.38	302.71	303.03	303.36	303.69
570	304.01	304.34	304.66	304.98	305.31	305.63	305.96	306.28	306.61	306.93
580	307.25	307.58	307.90	308.23	308.55	308.87	309.20	309.52	309.84	310.16
590	310.49	310.81	311.13	311.45	311.78	312.10	312.42	312.74	313.06	313.39
600	313.71	314.03	314.35	314.67	314.99	315.31	315.64	315.96	316.28	316.60
610	316.92	317.24	317.56	317.88	318.20	318.52	318.84	319.16	319.48	319.80
620	320.12	320.43	320.75	321.07	321.39	321.71	322.03	322.35	322.67	322.98
630	323.30	323.62	323.94	324.26	324.57	324.89	325.21	325.53	325.84	326.16
640	326.48	326.79	327.11	327.43	327.74	328.06	328.38	328.69	329.01	329.32

附录 D　热电偶 K 分度表

温度/℃	0	10	20	30	40	50	60	70	80	90
	热电势/mV									
0	0.000	0.397	0.798	1.203	1.611	2.023	2.437	2.851	3.267	3.682
100	4.096	4.509	4.920	5.328	5.735	6.136	6.540	6.841	7.340	7.739
200	8.139	8.540	8.940	9.343	9.748	10.153	10.561	10.971	11.362	11.795
300	12.209	12.624	13.040	13.457	13.875	14.203	14.713	15.133	15.554	15.975
400	16.397	16.820	17.243	17.667	18.091	18.516	16.940	19.366	19.792	20.218
500	20.644	21.071	21.497	21.924	22.350	22.776	23.203	23.629	24.055	24.480
600	24.906	25.330	25.755	26.179	26.602	27.025	27.447	27.869	28.290	28.780
700	29.129	29.548	29.965	30.362	30.798	31.214	31.628	32.041	32.453	32.865
800	33.275	33.685	34.093	34.501	34.906	35.313	35.718	36.121	36.524	36.925
900	37.326	37.726	38.124	38.522	38.918	39.314	39.708	40.101	40.494	40.885
1000	41.276	41.665	42.053	42.440	42.826	43.211	43.595	43.977	44.359	44.740
1100	45.119	45.497	45.873	46.247	46.623	46.996	47.357	47.737	48.105	48.473
1200	48.838	49.202	49.565	49.926	50.286	50.644	51.000	51.355	51.709	52.060
1300	52.410	52.759	53.106	58.451	53.795	54.138	54.479	54.819		

参 考 文 献

［1］俞志根．传感器与检测技术［M］．2版．北京：科学出版社，2010.

［2］胡向东，刘京诚，余成波．传感器与检测技术［M］．北京：机械工业出版社，2009.

［3］江征风．测试技术基础［M］．北京：北京大学出版社，2007.

［4］强锡富．传感器［M］．北京：机械工业出版社，2004.

［5］陈杰，黄鸿．传感器与检测技术［M］．北京：高等教育出版社，2011.

［6］王俊杰．传感器与检测技术［M］．北京：清华大学出版社，2011.

［7］胡向东，彭向华，李学勤．传感器与检测技术学习指导［M］．北京：机械工业出版社，2009.

［8］封士彩．测试技术学习指导及习题详解［M］．北京：北京大学出版社，2009.

［9］陈圣林，侯成晶．图解传感器技术及应用电路［M］．北京：中国电力出版社，2009.

［10］丁继斌．传感器［M］．北京：化学工业出版社，2010.

［11］吴建平．传感器原理及应用［M］．北京：机械工业出版社，2009.

［12］黄贤武，郑筱霞．传感器原理与应用［M］．成都：电子科技大学出版社，2004.

［13］赵玉刚，邱东，等．传感器基础［M］．北京：中国林业出版社，北京大学出版社，2006.

［14］雷勇．虚拟仪器设计与实践［M］．北京：电子工业出版社，2005.

［15］刘迎春，叶湘滨．传感器原理设计与应用［M］．长沙：国防科技大学出版社，2004.

［16］祝诗平．传感器与检测技术［M］．北京：中国林业出版社，2011.

［17］陶红艳．余成波．传感器与现代检测技术［M］．北京：清华大学出版社，2009.

［18］李增国．传感器与检测技术［M］．北京：北京航空航天大学出版社，2009.

［19］浙江英联科技有限公司，YL2000实验指导，2009.

［20］杨建华．西北工业大学传感器原理及检测技术精品课程网站．

［21］江征风．武汉理工大学测试技术精品课程网站．

［22］岳继光．同济大学传感器及检测技术精品课程网站．

［23］电流传感器在巡线机器人夹紧力测量中的应用．电子工程世界网．

［24］多传感器信息融合技术在车载自诊断系统的研究．华强电子网．

［25］汽车传感器发展综述．与非网．

［26］传感器与检测技术习题．道客巴巴网．

冶金工业出版社部分图书推荐